Excel效率手册

早做完，不加班(升级版)

陈锡卢　著

清华大学出版社

北京

内 容 简 介

这是一本有趣的Excel书籍，基于卢子的职场经历改编而成！通过聊天的方式讲解，让你在轻松、愉快的环境中学到各种Excel使用技能。

享受Excel，远离加班，享受更多生活，享受更多爱。跟着书中主角卢子前行，所有Excel疑难，所有阻挡你快点见到爱人和孩子的数据、表格等问题都将得到解决。

全书共分为9章，主要内容包括Excel使用习惯、数据录入技巧、数据分析排列技巧、最有价值的函数与公式及使用技巧、数据透视表技巧、SQL语句技巧、Excel数据分析经验、Excel娱乐、Excel最高境界——无招胜有招。

本书能有效帮助职场新人提升职场竞争力，也能帮助财务、品质分析、人力资源管理等人员解决实际问题。

图书在版编目(CIP)数据

Excel效率手册：早做完，不加班：升级版 / 陈锡卢著. —北京：清华大学出版社，2017(2022.6重印)
ISBN 978-7-302-45219-5

Ⅰ.①E…　Ⅱ.①陈…　Ⅲ.①表处理软件　Ⅳ.①TP391.13

中国版本图书馆CIP数据核字(2016)第264051号

责任编辑：秦　甲
封面设计：朱承翠
责任校对：吴春华
责任印制：杨　艳
出版发行：清华大学出版社
　　　　　网　　　址：http://www.tup.com.cn，http://www.wqbook.com
　　　　　地　　　址：北京清华大学学研大厦A座　　　　　邮　编：100084
　　　　　社 总 机：010-83470000　　　　　邮　购：010-62786544
　　　　　投稿与读者服务：010-62776969，c-service@tup.tsinghua.edu.cn
　　　　　质 量 反 馈：010-62772015，zhiliang@tup.tsinghua.edu.cn
印 刷 者：涿州汇美亿浓印刷有限公司
经　　销：全国新华书店
开　　本：180mm×210mm　　印　张：14　　字　数：449千字
版　　次：2017年1月第1版　　印　次：2022年6月第10次印刷
定　　价：42.00元

产品编号：070738-01

推荐语

作为中国会计视野论坛（bbs.esnai.com)的管理员，我和卢子版主有很多接触。他一直为网友们解答各种Excel问题，无论是低级的还是复杂的，都孜孜不倦地为他人答疑解惑。这本书中的经历，不少片段我也曾在论坛版面看其讲述过，如果你能够一直跟着书中卢子的脚步走下去，相信最后也会成为一名精通Excel的专业人士。

——胡晓栋
中国会计视野论坛管理员

别人看来技巧是枯燥的，但传授技巧的方法则可以是有趣的，卢子的讲述方式是如此的轻松诙谐，一问一答，办公场景再现，很容易让人融入对话中，从对话中得到我们要学习的Excel技巧。这种场景式教学，使得那些曾经枯燥乏味的函数、技巧及数据库查询语言变得更加生动具体。相信这本书能带给我们的不仅仅是技术，更加让我们懂得了分享知识的乐趣。

——丁志刚
中国会计视野论坛会计Office版主

从与卢子在EH认识，到应邀参加QQ群里讲解基础操作、函数等问题的解答，到成为IT部落窝的管理者之一，见识了卢子对Excel的热忱、执着、能力。本书主要通过Excel 2013版本，以两两对话的形式，将我们可能遇到的知识点或疑惑进行解析回答。本书中很多知识内容都是我们工

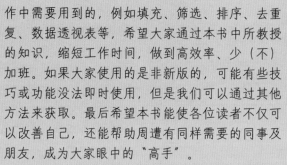

作中需要用到的，例如填充、筛选、排序、去重复、数据透视表等，希望大家通过本书中所教授的知识，缩短工作时间，做到高效率、少（不）加班。如果大家使用的是非新版的，可能有些技巧或功能没法即时使用，但是我们可以通过其他方法来获取。最后希望本书能使各位读者不仅可以改善自己，还能帮助周遭有同样需要的同事及朋友，成为大家眼中的"高手"。

——李应钦

广东南洋电缆集团股份有限公司

职场人士都在用Excel软件，但并非人人都能用好Excel。对于想用Excel提高工作效率、远离加班的朋友，卢子的这本书将是你正确的选择。

——李云龙

自然美国际事业集团财务经理

前言

十年磨一剑，写在书籍再版之时。

毕业并不代表学习的结束，而是另一种学习的开始。2007年毕业的时候，连电脑打字都不会，因香姐的一句话开始接触Excel，因要将一段感情遗忘就将业余的90%的时间投入在学习Excel上，接近疯狂。在2009年年底，因学习Excel曾有过一周瘦7斤的经历，从此以后肥胖与我无缘，至今体重从没变化过。

当Excel能力提升到一定程度的时候，就开始有种想跟大家分享自己所懂知识的想法。有人也许会说，你傻啊，教会了别人，你以后价值就变得很小。教会徒弟饿死师傅的时代已经一去不复返。互联网时代，必须时时刻刻地学习，否则不用几个月你就被淘汰了，所以你必须逼着自己学习更多的知识。现在我还有一周看1~2本书的习惯。

在这几年时间，也出版了"Excel效率手册 早做完，不加班"系列丛书（5本）。因为不断地免费分享，我朋友看不过去了，你天天分享这些，别人就不用买你的书，看这些就够了。其实我想说，Excel是我的兴趣，当分享成为习惯就很难改变，只要分享的知识对大家有用就可以。但也奇怪，我分享得越多，书籍反而卖得更好，2年的时间居然畅销20万本。借用一个粉丝的话来解释这个现象，我是被你无私分享的精神感动，每天在群内帮人解答疑难，所以我买了全套书籍。

网络上流传着这么一句话：Excel虐我千百遍，我待你如初恋，你如同我心中另一个世界，用我的真心跟你谈一场天长地久的恋爱。虽然Excel不是我的恋人，但6年来与Excel朝夕相处，不是恋人胜似恋人。

这是一场注定相恋终身的恋情。Excel给了我现在的工作，让我结识了很多人，让我感受到生活的美好和人与人之间的温情。我有一种萌动，需要将这几年我所感受到的、获得的快乐分享给更多人。唯有如此，才能表达我心中的喜悦，才能表达我对Excel以及所有曾帮助过我的人的热爱和感激。

本书以卢子为主角，通过他与各种各样职场人士的对话，来了解Excel的常用功能和提高工作效率的技巧。对效率的追求和表述，将贯穿全书。有时卢子会直接说出来，有时卢子只是通过前后对比来展现。

在这里，我最想说的是学习方法。这是感受温情和爱的学习方法。刚开始学习的时候，要善于向身边的同事及朋友请教问题。同时也要学会自觉学习，毕竟没有人可以帮助你一辈子。学到新知识要及时与同事、朋友、网友分享，这样你将会获得别人的好感，以后别人有好的方法也会告诉你。拥有6个苹果，如果拿5个分给别人，将会得到6种不同口味的水果；如果不分享，你只能有1种水果。当学习到一定程度的时候，要善于抓住在领导面前展示自己的机会，你不表现自己，学得再多又有何用，并不是每个领导都是伯乐。不善于表现自己，能力越强，你会越痛苦。除了工作上使用Excel，你还可以将Excel当成游戏。自从学了她以后，我就很少玩游戏，她成了我的游戏。当然也可以在生活上使用Excel，从2009年开始我就拿她来记账。有一个表格用了3年还在继续使用，用久了也是有感情的。学Excel不是以炫耀技能为目的，要以合适的方法做合适的事。无招胜有招，这才是Excel的最高境界。

再说一段励志的话：Excel与我们的生活息息相关，只要有数据的地方就有Excel，学好并应用她能快速地提高工作效率。坚持吧，朋友们！学习与不学习的人，在每天看来没有任何区别，在每个月看来差异也是微乎其微。在每年看来的差距虽然明显，但好像也没什么了不起。在每5年来看的时候，那就是财富的巨大分野。等到了10年再看的时候，也许就是一种人生对另一种人生不可企及的鸿沟。闲暇时把充电这事儿提上议程吧！

QQ交流群

576517640

记住这个经典的公式：不学习是0.9，而学习是1.1，10年的差距就是1.1^{3650}与0.9^{3650}的差距，这两者的差异何止十万八千里！

最后，我想直接说出我的感谢。感谢Excel，我的"恋人"；感谢"猪之星愿E之恋"群，虽然群里面只有3个人，却打开了我人生新的一面。感谢周庆麟，是他的帮助让我获得了学习Excel的快乐。感谢IT部落窝所有的Excel网友，是你们让我感受到更广泛地分享的快乐。还要感谢您——拿起这本书的读者，您的阅读，将我对Excel的爱传向广阔的世界。

另外，还得感谢参与本书编写的以下人员：郑晓芬、李应钦、邱显标、龚思兰、邓丹、陆超男、刘宋连、邓海南。

编　者

本书人物介绍

香姐：办公室文员兼翻译，卢子的老乡，两人情同姐弟，经常照顾卢子。

菜头：传说我们公司的CEO（Chief Excel Officer），毕业于华南理工大学，经常摆臭架
　　　子，不好相处。

网友：卢子帮过的所有人的统称。

领导：卢子公司的领导。

紫陌：卢子曾经的恋人。

卢子：本书的主角，一个好学且乐于助人的Excel爱好者。

本书阅读服务支持

　　想交流Excel的读者，可以加QQ交流群：576517640，一起交流。同时欢迎关注微博
（Excel之恋），每天都有Excel技能分享。

本书Excel版本说明

　　本书的操作版本为Excel 2013版和Excel 2016版，让你在了解新功能的同时，感叹新版
本功能的强大，同时会让你爱不释手。对于旧版本的朋友也不用担心，里面除了说到新版
本的解决方法外，同时提供了旧版本的解决方法。

第1章

养成好习惯

第2章

向有经验的人学习

目录
CONTENTS

第3章

常用小技巧

第4章

最受欢迎的函数
与公式

第7章
学E千日，用在一时

第8章
在娱乐中学习

第9章
用合适的方法做合适的事

第 1 章

养成好习惯

良好的开始等于成功了一半，在开始学习Excel之前就要养成好习惯。了解规范数据源的重要性，这样会给以后的学习带来极大的便利。

1.1 了解Excel的四类表格

在讲Excel之前先了解一下Access的三类表格。有些人或许会疑惑，不是说Excel吗，怎么扯到Access上面去了呢？其实，Excel跟Access本是一家，两者有很多地方都是可以相互借鉴的，只要对我们有好处就要去学。因此，在开始学习Excel之前，了解一下Access是有好处的。

下面是 *MrExcel* 说过的话：

> Access 就是严格自律、修炼成仙的 Excel，虽然少了Excel 的随意和灵活，但在某些方面的功力却远非Excel能比，如多表联合分析、数据参照完整性、级联更新和删除、对数据的操作和查询、宏、界面设计，以及和Excel的完美整合能力等，所有这些都会给我们的工作带来极大的便利！

这里涉及两个关键词：严格自律和多表联合分析。严格自律一般指对明细表要求很严格，而多表联合分析是指明细表通过跟参数表关联而获得汇总表，从而可以更好地进行数据分析。

下面一起来认识各类表格吧。

 参数表

产品清单又名参数表，前期设置好后，有新产品就添加进去。模式基本上不会变动，只要输入规范就行，只是起到引用的作用，如通过商品条码查找名称或者品牌名称，平常接触的概率很低。图1-1就是一张产品清单，了解下就可以。

ID	商品条码	商品名称	名称	品牌名称
1	6920053200018	娇妍女性护理液 220ml	日用品	流通品牌
2	6916999320002	邦迪透明防水创可贴 5片装	日用品	流通品牌
3	6902226158135	黑姝抗菌漱口水 250ml	日用品	流通品牌
4	6922731800800	ABC丝薄棉柔护垫22片(KMS)(K21)	日用品	流通品牌
5	692273180069501	ABC日用纤薄棉柔卫生巾8片(KMS)K11	日用品	流通品牌
6	692273180069501	ABC日用纤薄棉柔卫生巾8片(KMS)K11	日用品	流通品牌
7	692273180070101	飞日用丝薄棉柔卫生巾8片(T13)	日用品	流通品牌
8	6922731898104	ABC夜用超极薄棉柔卫生巾8片(KMS)K14	日用品	流通品牌
9	6903244370950	七度空间卫生巾纯棉日用(QSC6110) 10片	日用品	流通品牌
10	693466052855701	苏菲弹力贴身熟睡夜用(0304) 10片	日用品	流通品牌
11	6903244370912	七度空间卫生巾冰感护垫(QDBB818) 18片	日用品	流通品牌
12	6903244370912	七度空间卫生巾冰感护垫(QDBB818) 18片	日用品	流通品牌
13	6922731898808101	ABC日用超极薄棉柔卫生巾8片(KMS)K13	日用品	流通品牌
14	6922731898808101	ABC日用超极薄棉柔卫生巾8片(KMS)K13	日用品	流通品牌
15	6903244370974	七度空间卫生巾纯棉夜用(QSC6210) 10片	日用品	流通品牌
16	6903244371018	七度空间卫生巾绢爽日用(QSC7110) 10片	日用品	流通品牌
17	6903244371032	七度空间卫生巾绢爽夜用(QSC7210) 10片	日用品	流通品牌
18	6903244371032	七度空间卫生巾绢爽夜用(QSC7210) 10片	日用品	流通品牌
19	6903244370899	七度空间卫生巾女性护垫(BQ6018) 18片	日用品	流通品牌
20	6903244370899	七度空间卫生巾女性护垫(BQ6018) 18片	日用品	流通品牌

图1-1 产品清单

明细表

图1-2是一张产品每天销售明细表。

ID	营业员名称	商品条码	商品名称	类别名称	销售数量	销售金额
1	陈彩芳	6920053200018	娇妍女性护理液 220ml	女用护理液	2	32.44
2	陈彩芳	6922731898808101	ABC日用超极薄棉柔卫生巾8片(KMS)K13	卫生巾	2	12.12
3	陈彩芳	6903244371018	七度空间卫生巾绢爽日用(QSC7110) 10片	卫生巾	2	13.08
4	陈彩芳	6903244371032	七度空间卫生巾绢爽夜用(QSC7210) 10片	卫生巾	4	29.8
5	陈彩芳	6922731898036	ABC隐形超极薄棉柔护垫22片(KMS)(K22)	护垫	4	30
6	陈彩芳	6915324847023	妮维雅凝水活采凝露50ml	啫喱霜	2	89.58
7	陈彩芳	6915324846385	妮维雅修护手霜 50ml	护手霜	2	24.16
8	陈彩芳	6915324802107019	妮维雅深层润肤乳 200ml	身体乳	2	40
9	陈彩芳	6917246201419	曼秀雷敦薄荷润唇膏	润唇膏	2	35.74
10	陈彩芳	4892332100482	爱顺棉棒 200支装	棉棒	4	5.5
11	陈彩芳	4892332100406	爱顺塑料棉棒 100支袋装	棉棒	6	6.14
12	陈彩芳	6901070600173	云南白药牙膏(薄荷香型) 150g	牙膏	2	35.6
13	陈彩芳	6903244370790	七度空间优雅速爽网面薄型夜用(A98808) 8片	卫生巾	2	13.5
14	陈彩芳	6903244371056	七度空间优雅绢爽超薄特长夜用(QSC7808)8片	卫生巾	2	13.12
15	陈彩芳	6900077003475	隆力奇蛇油护手霜	护手霜	8	20
16	陈彩芳	6920177941033	孩儿面儿童倍护霜	面部使用膏霜	2	13.22
17	陈彩芳	6934675100472	鸿昇木棒棉签C047 200支	棉签	2	3.46
18	陈彩芳	6907376530114	强生美肌恒日水嫩润肤乳100ml	身体乳	2	35.18
19	陈彩芳	6903148043257	玉兰油多效修护霜 50g	面部使用膏霜	2	179.38
20	陈彩芳	6914068013343	洁柔面子迷你巾(百花香味)JM036	手帕纸	2	10.32

图1-2 明细表

这是一张极为普通的明细表,但里面包含了很多信息。

■ 每一列都有标题,但标题无重复,没有多行标题。
■ 同一列为同一数据类型,各列数据格式规范统一。
■ 没有合并单元格。
■ 各记录之间没有空行、小计与合计行。
■ 表格纵向发展,行数可达几十万行,列数控制在10列以内。

通过上面5点,我们可以清楚地知道,Access有很多限制,就如一个人做事情,不管做什么都很随便,别人指出他的问题后,他还反驳:差不多就可以啦!生活中的"差不多先生"很多,但这些人普遍混得不好,没啥成就。相反,一个做事认真、严格要求自己的人,往往会得到上级的重视和同事的尊重。

我们平常80%的时间都在与数据打交道,所以需要特别重视。说这么多,只是想让更多人从一开始学习就能意识到这个自律的问题,这样才会给以后的学习带来更多便利。Excel中有一个处理数据的利器——数据透视表,当数据源规范时,用它来处理数据将十分方便、简单,取Access之长补己之短,Excel将越来越强大。

温馨提示

数据类型是一个挺重要的东西，经常会接触到，需要好好地了解。

数据类型可以分成两大类：文本和数值。产品属于文本，金额属于数值。当然，日期也属于数值，日期是一种特殊形式的数值，如图1-3所示。

产品	日期	金额
A	4月1日	491
A	4月2日	342
A	4月3日	841
A	4月4日	296
B	4月1日	685
B	4月2日	236
B	4月3日	567

图1-3 产品记录表

此外，数据类型还可以细分为数值、货币、日期、分数……说白了，就是自定义格式的数据类型分类，如图1-4所示。

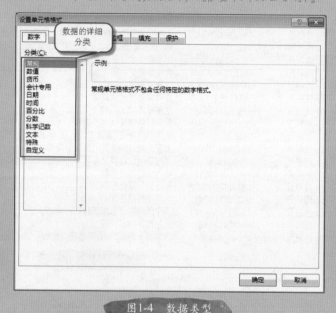

图1-4 数据类型

汇总表

汇总表可通过明细表和参数表关联"变"出来，至于怎么关联将在以后的章节讲解。如图1-5所示，这类汇总表是最基础的，这里根据名称汇总销售数量和销售金额。

汇总表		
名称	销售数量 之 合计	销售金额 之 合计
彩妆	242	9206.02
辅助经营	1190	295.8
护肤品(脸部)	142	8387.96
化妆工具	92	785.98
美发护理品	68	2373.26
面膜	90	2020.32
男士护理品	20	584.94
日用品	1232	6846.32
身体护理品	118	1348.1

图1-5 汇总表

Excel的汇总表有两种形式，第一种有固定模板，如图1-6所示。这种情况需要事先设置好模板，不允许改动，这时就得想办法设置公式来将数据源引用到汇总表。

52 期	4月	5月	6月	7月	8月	9月	10月	11月	12月	1月	2月	3月	最小数	最大数	合计	平均
检查回数	11	8	4	11	11	2	7	10	15	5	4	0	0	15	88	7.3
总人数	45	31	18	38	45	8	22	32	49	18	12	0	0	49	318	26.5
实绩时间	79	48	24	63	74	11	41	72	125	37	26	0	0	125	600	50
平均每回人数(人)	4	4	4	4	4	3	3	3	3	3	3	0	#####	#####	#####	#####
平均每回实绩时间(H)	7.2	6.0	6.0	5.7	6.7	5.5	5.9	7.2	8.3	7.4	6.5		#####	#####	#####	6.8
检查批数	25	11	10	17	20	2	9	10	26	7	6	0	0	26	143	11.9
不合格批数	25	9	10	17	20	2	9	10	26	7	6	0	0	26	141	12
合格批数	0												0		4	0.16667
批合格率	0.0%	18.2%	0.0%	0.0%	0.0%	0.0%	0.0%	0.0%	0.0%	0.0%	0.0%		0.0%	18.2%		3%
累计检查批数	25	36	46	63	83	85	94	104	130	137	143	143				
累积不合格批	25	34	44	61	81	83	92	102	128	135	141	141			—	
累计合格批数	0	2	2	2	2	2	2	2	2	2	2	2				
累积批合格率	0.0%	5.6%	4.3%	3.2%	2.4%	2.4%	2.1%	1.9%	1.5%	1.5%	1.4%	1.4%			—	
出货数(pcs)	8,025	2,696	1,340	3,287	4,650	278	389	900	4,381	2,255	1,121	0	0	8,025	29,322	2443.5
检查数(pcs)	8,235	2,244	1,371	3,364	4,697	278	447	1,783	4,476	2,298	1,238	0	0	8235	30,431	2535.92
良品率	97%	120%	98%	98%	99%	100%	87%	50%	98%	98%	91%		#####	#####	#####	—	96%
出货检工程异常(件)	0	0	0	0	0	0	0	0	0	0	0	0				
受入检查工程异常(件)	0	0	0	0	0	0	0	0	0	0	0	0				

表头信息：

Richell海外外注课52期　隆成小天使　殿 出货检查 实绩统计

作成者：陈锡产
作成日：2013/05/12

图1-6　有固定模板的汇总表

另一种汇总表是不做要求的，可以灵活变动，如图1-7所示。这种形式要考虑以下两个问题。

- 体现目的，一定要将说明的主要内容体现出来。
- 要容易汇总数据，可适当引用过渡表的数据。

通过上面的初步讲解，我们知道Access中有三类表格，分别是参数表、明细表和汇总表。汇总表可以通过其他表格关联获取，不需要我们自己录入数据。既然Access是修炼成仙的Excel，那我们就得向Access学习，从一开始就有三类表的概念，将Excel当系统用。

1月收支情况

收支情况	项目	金额	备注
收入	批发	351008	
	肉制品内购（零售）	14485	
	猪肉零售	73	
支出	猪肉费	150592	生产额
	杂费	33893	
	退货	7274	
	内购回扣	370	
	工资	?	
纯收入		173437	

图1-7　灵活变动的汇总表

过渡表

其实Excel中还应该存在一种表格——过渡表。很多时候，通过明细表并不一定能够直接得到汇总表，需要经过一系列的过渡才能真正转换成汇总表，如图1-8所示。过渡表的作用就是统计汇总表需要的某项信息，如猪肉生产金额。

内购回扣

类型	(全部)	
	值	
客户	金额	回扣额
零售	9005	0
金顺	1506	95
丽真	1028	74
树娇	600	39
美燕	487	42
少荣	375	24
惠玉	360	24
巧娇	344	17
巧花	306	20
雪红	194	12
惜兰	183	12
秀枝	170	11
总计	14558	370

肉类购买生产库存情况

肉类	生产量	购买量	库存量	库存单价
赤肉	11240	5279	-5961	11
肚肉	2527	791	-1736	9.5
白肉	1410	344	-1066	4.5
金额	150592	63732	-86860	

主要客户销售情况

	出（退）货		
	出货	退货	实际销售
金额	351008	7274	343734

图1-8　过渡表

有人也许会说，被你说得天花乱坠，我却越听越迷糊了。没事，等下就会明朗了。下面先来认识四类表格的示意图，如图1-9所示。

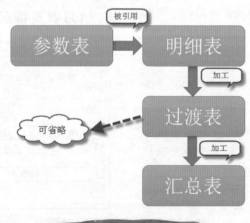

图1-9　Excel的四类表格

明细表(原始数据)通过引用参数表的数据，经过一系列加工就可以变成汇总表。

也许你还不是很明白，别急，继续看下去。让我们当一回家庭"煮男"。

鲜虾四季豆

原材料：四季豆、虾仁；

配料：油、盐、蒜头；

目标：鲜虾四季豆。

俗话说：巧妇难为无米之炊。要做鲜虾四季豆，首先就得有四季豆、虾仁，但光有原材料肯定是制作不出鲜虾四季豆来的，还需要从厨房找到一些油、盐、蒜头。原材料、配料齐全了，就得经过一系列的加工：

锅里加水加盐、煮开；

将四季豆摘洗好，下锅；

再将四季豆出锅，冲洗过冷水；

……

一道鲜虾四季豆完成。

原材料(明细表)加上从厨房(参数表)挑选合适的配料，经过多次加工变成鲜虾四季豆(汇总表)，而每次加工都只是临时的(过渡表)，目的就是制作鲜虾四季豆(汇总表)。

重新回到Excel中，认识一下这些表格的关系。

明细表就是日常登记产品详细信息的记录表，因为每个公司对产品都有一定的编号管理，所以存在一部分参数是固定对应的。为了节约登记时间及频率，就需要尽量减少登记内容。所以，在明细表中仅仅通过手工录入产品名及数量，而每种产品的单价及类型可以通过参数表直接引用。最后根据明细表所列详细内容按要求求出自己所要的结果，即为汇总表，如图1-10所示。

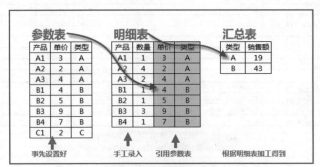

图1-10 产品表

说了这么多，只是为了让你知道，表格之间是可以互相关联的，需理清四类表格，从一开始就养成好习惯，设置好参数表，规范明细表，善用过渡表，这样才能让领导看到满意的汇总表。

成长是需要付出代价的，多从别人那里获取失败和成功的经验，这样你就能少走很多弯路。闭门造车是不可取的，否则终将付出惨重的代价！

2010年年初卢子接手中山隆成那边的工作，中山隆成有事先设置好的表格模板，如图1-11所示。这种二维表格经常会见到，它的好处就是录入数据简单。由于那时没有考虑到以后要对数据源进行汇总分析，所以也就没去重新设置表格模板。但是，表格存在很多不合理，如合并单元格，当时因贪图一时之便，后来害苦了自己。

供应商：中山隆成（小天使）

番号	俗称	不良数	不良率	次数	序号	不良内容	等级	4-29	4-30	5-7	5-8	5-9	5-10
4301	02	0	0.0%	0	13	管件毛刺残留	A						
		7	0.2%	3	14	三段高度调节紧	A						3
		0	0.0%	0	15	高度调节管和靠背管装合不良	A						
		5	0.1%	4	16	弹珠弹不出	A						
		2	0.0%	2	17	螺杆活动不良（紧）	A						
		11	0.2%	7	18	泡袋管套、扣子	A			2		1	
		15	0.3%	3	19	金属扣打歪	B						2
		15	0.3%	7	20	其他				2	2		2
		0	0.0%	0	21								
		0	0.0%	0	22								
		0	0.0%	0	23								
		0	0.0%	0	24								
		0	0.0%	0	25								
合计		140	3.0%			检查数				240	886	236	1306
		0	0.0%	0	1	内外箱印刷不良、破损、脏污	C						
		25	0.1%	7	2	内外箱条形码、日期印漏贴	C						
		10	0.0%	6	3	管件划伤、凹痕、玩法	C						
		10	0.0%	6	4	涂装不良	C						

图1-11 中山隆成模板

有一次，领导要卢子对不良数据进行汇总，以查看每个月各类产品的出货检查情况。通过对图1-11所示的明细表进行汇总，得到图1-12所示的一张汇总表。

通过明细表获得这张汇总表，对当时的我来说难度不亚于上青天。为了完成工作，我利用了各种转换方法，费了九牛二虎之力才勉强做完，效率极低。

	A	B	C	D	E	F	G	H	I
1	Richell海外外注课		51 期	中山隆成（小天使）			殿 出货检查 不良总结		
2									
3									
4	俗称		H142		月份		6		
6									
7	出货总数：				检查总数：	622			
9	序号		不　良　描　述			不良等级	不良数	不良率	影响度
10	1	站立脚不良				C	8		
11	2	顶篷不良（开线、破损、变形、脏污）				B	6		
12	3	漏部材				A	1		
13	4	涂装不良				C	1		
14	5	管件划伤、凹痕、坑注等				C	1		
15	6								
16	7								
17	8	其他				0	5		
18						合计：	22		

图1-12　汇总表

为了寻求更简便的方法，我苦思一周无果，不得已在网络上到处求助。皇天不负有心人，后来我在 *wangjguo44* 老师的帮助下完成了这项艰巨的任务，在这里我对他老人家说一声：谢谢！

我晒出其中一条公式，有兴趣的朋友可以研究一下。

```
=INDEX(小天使!G:G,RIGHT(TEXT(LARGE(MMULT((LOOKUP(ROW($5:$136),IF(小天使
!$B$5:$B$136<>"",ROW($5:$136)),小天使!$B$5:$B$136)=$B$4)*(MONTH(小天
使!$I$4:$DJ$4)=$F$4)*(小天使!$G$5:$G$136<>"检查数")*(小天使!$G$5:$G$136<>"其他")*小天使!$I$5:$DJ$136,ROW($1:$106)^0)+
(LOOKUP(ROW($5:$136),IF(小天使!$B$5:$B$136<>"",ROW($5:$136)),小天
使!$B$5:$B$136)=$B$4)*(小天
使!$G$5:$G$136<>"检查数")*(小天使!$G$5:$G$136<>"其他")*(小天使!$G$5:$G$136<>"")*0.1+ROW($5:$1
36)%%,ROW(A1)),"0.0000"),3)*1)
```

不知道你看到这里有什么想法？不过我可以肯定地告诉你，工作上不应存在任何炫耀技能的行为，公式越长，只能说明你的表格设置越不合理。这就是我前面花那么长的篇幅介绍Access的原因，其目的就是学会规范数据源。故事的结局是，我狠下心来对这张数据源"做手术"，将它变成一张标准的一维表格，然后用数据透视表轻松搞定，其结果如图1-13所示。

9

	A	B	C	D	E	F	G	H	I
1	序号	番号	俗称	不良内容	等级	日期	不良数	不良数次数	检查数
13692	13691	4041 4098 93668	H276	收车关节嵌合不良	B	2010-12-28	9	1	
13693	13692	4041 4098 93668	H276	后轮装取不良	B	2010-12-28			
13694	13693	4041 4098 93668	H276	站立脚不良	C	2010-12-28			
13695	13694	4041 4098 93668	H276	安全带不良	B	2010-12-28			
13696	13695	4041 4098 93668	H276	背肩带不良	B	2010-12-28			
13697	13696	4041 4098 93668	H276	漏部材（轮盖、贴纸）等	A	2010-12-28			
13698	13697	4041 4098 93668	H276	把手扭转不良（异响等）	B	2010-12-28			
13699	13698	4041 4098 93668	H276	下压塑胶垫板折伤	C	2010-12-28			
13700	13699	4041 4098 93668	H276	黑绳带固定不良（长短）	C	2010-12-28			
13701	13700	4041 4098 93668	H276	其他		2010-12-28			
13702	13701	4041 4098 93668	H276	后轮锁件松紧不一致	C	2010-12-28	4	1	
13703	13702	4041 4098 93668	H276	检查数		2010-12-28			829

图1-13 转换后的效果

VBA转换代码(好友——*无言的人*提供)。

```
Option Explicit
Public Sub 二维转一维()
    Dim Arr, Brr(), i As Byte, ii As Integer, T As Long
    Dim iR As Long, iC As Byte, iRC As Long, iTem As Long
    Arr = Sheets("小天使").Range("A4").CurrentRegion
    iR = UBound(Arr): iC = UBound(Arr, 2): iRC = iR * iC
    iTem = 1        '计数器
    ReDim Preserve Brr(1 To iRC, 1 To 9)

    For i = 9 To iC
        For ii = 2 To iR
'           If i = 113 And ii = 80 Then Stop
            Brr(iTem, 1) = iTem              '序号
            If Arr(ii, 1) <> "" And Arr(ii, 1) <> "合计" Then
                Brr(iTem, 2) = Arr(ii, 1)          '番号
                Brr(iTem, 3) = Arr(ii, 2)        '俗称
'           ElseIf Arr(ii, 1) = "合计" Then
' '               MsgBox Arr(ii, 1) & vbTab & ii
'               ii = ii + 1
'               Brr(iTem, 2) = Arr(ii, 1)
'               Brr(iTem, 3) = Arr(ii, 2)    '俗称
            Else
                Brr(iTem, 2) = Brr(iTem - 1, 2)
```

```
        Brr(iTem, 3) = Brr(iTem - 1, 3)    '俗称
      End If
      Brr(iTem, 4) = Arr(ii, 7)      '不良内容
      Brr(iTem, 5) = Arr(ii, 8)      '等级
      Brr(iTem, 6) = Arr(1, i)       '日期
      If Arr(ii, 7) <> " 检查数 " Then Brr(iTem, 7) = Arr(ii, i)            '不良数
      If Arr(ii, i) <> "" And Arr(ii, 7) <> "检查数" Then Brr(iTem, 8) = 1   '不良数次数
      If Arr(ii, 7) = "检查数" Then Brr(iTem, 9) = Arr(ii, i)               '检查数
      iTem = iTem + 1
    Next ii
  Next i
  With Sheet4.Range( " A2 " )
    .CurrentRegion.Clear
    .Resize(iRC, 9) = Brr
    .Offset(-1, 0).Resize(1, 9) = Array("序号", "番号", "俗称", "不良内容", "等级", "日期", "不良数", "不良
      次数", "检查数")
    .CurrentRegion.Columns.AutoFit
    .CurrentRegion.Borders.LineStyle = 1
    .CurrentRegion.Borders.ColorIndex = 3
  End With
End Sub
```

数据透视表汇总结果如图1-14所示。

俗称		H216		月份	5月
不良内容	等级	不良数			
菜篮不良	C	7			
铆钉、螺丝刮手	A	2			
后轮装取不良（扣位挂不住）	B	2			
总计		11			

图1-14　数据透视表汇总

注　如果你不会高级公式和VBA，那么最好还是规规矩矩地做表格，否则你只能无数次求助别人！规范做表后，
自己就能够轻松搞定，求人不如求己。

温馨提示

说了那么多，什么是二维表？什么是一维表呢？

如图1-15所示，左边是二维表，金额491对应产品A跟4月1日；右边是一维表，491对应金额，4月1日对应日期，A对应产品。也就是说，一维表每个数据只对应一个属性，而二维表每个数据对应两个属性。

因为以前没有人告诉我数据源规范的重要性，以致我走了很多弯路，靠自己摸索是件很痛苦的事情。成功是有捷径的，那就是站在巨人的肩膀上看问题、学习。

二维表

产品	4月1日	4月2日	4月3日	4月4日
A	491	342	841	296
B	685	236	567	424
C	376	280	167	317
D	776	531	892	469

一维表

产品	日期	金额
A	4月1日	491
A	4月2日	342
A	4月3日	841
A	4月4日	296
B	4月1日	685
B	4月2日	236
B	4月3日	567
B	4月4日	424
C	4月1日	376
C	4月2日	280
C	4月3日	167
C	4月4日	317
D	4月1日	776
D	4月2日	531
D	4月3日	892
D	4月4日	469

图1-15 二维表与一维表

1.3 小白重蹈覆辙

卢子从2010年开始犯错，至今已经第6年，这期间看见无数的小白在走我的老路，累死自己同时也累死别人。卢子很想大声地喊醒他们：NO！不要再这么做了，否则你将越陷越深。

1.3.1　Excel小白如何做表累死队友

不怕神一样的对手，就怕猪一样的队友。若使用下面的十二招，那么你将分分钟累死队友。

第一招：合并单元格大法，即不断合并单元格，甚至错位合并，如图1-16所示。

	A	B	C
1	年	产品	数量
2	2000		989
3	2001	冰箱	2011
4	2002		250
5		彩电	811
6	2003		2645
7		空调	470
8	2004	冰箱	280
9		空调	5280
10			

图1-16　合并单元格

第二招：不规范的日期录入方式，如图1-17所示。

	A	B	C
1	日期	数量	
2	5月~6月	1000	
3	2015.1.2~2015.3.20	500	
4	3.2~5.4	200	
5			

图1-17　不规范日期

第三招：多内容合一，在一个单元格输入多项内容，如图1-18所示。

	A	B
1	工号	工资
2	11、20-25、30	2000
3	31-40、50	3000
4	60-70、80-90	15000
5		

图1-18　多内容合一

第四招：同一列输入两种类别的数据，而不是用数据透视表，如图1-19所示。

	A	B
1	项目	数量
2	项目1	2
3	项目2	3
4	项目3	1
5	项目4	5
6	小计	11
7	项目5	4
8	项目6	5
9	小计	9
10	项目7	6
11	项目8	2
12	小计	8
13	总计	28
14		

图1-19　同一列输入两种类别的数据

第五招：不要的单元格没有删掉，而是隐藏掉，如图1-20所示。

	A	B
1	项目	数量
6	小计1	11
9	小计2	9
12	小计3	8
13	总计	28
14		

图1-20　隐藏不要的单元格

第六招：横竖混排，如图1-21所示。

	A	B	C	D	E
1	姓名	性别	地址	重庆市	
2	张三	男	身份证号	510221197412010219	第
3					1
4	姓名	性别	地址	(市辖区)昌平	组
5	美美	女	身份证号	110221290815224	
6					

图1-21　横竖混排

作死方法多种多样，防不胜防，唉！

以上方法可千万别用，否则被队友揍可别怪我哦，下面继续吐槽。

第七招：乱用批注，将数字记录在批注而不是单元格，如图1-22所示。

	A	B	C	D
1	项目	数量	实际数量	
2	项目1	2		
3	项目2	3	卢子： 其中2个是借别人的	
4	项目3	1		
5	项目4	5	卢子： 需要再扣减1个	
6	项目5	4		
7	项目6	5		
8	项目7	6		
9	项目8	2		
10				

图1-22　乱用批注

第八招，换行不使用Alt+Enter组合键，一定要敲空格，如图1-23所示。

A1		× ✓ fx	广东省潮州市		磷溪镇
	A	B	C	D	E
1	广东省潮州市 磷溪镇				
2					

图1-23　换行不使用Alt+Enter组合键

第九招：对不齐的姓名用空格补齐，不使用分散对齐，如图1-24所示。

	A
1	姓名
2	王小二
3	李　六
4	赵　武
5	

图1-24　用空格对齐姓名

第十招：一段分成多行，而不是选择Word，如图1-25所示。

	A
1	学好Excel真的很重要，
2	不为别的，就为了你自己，
3	不用以后每天加班加点，
4	不用每天到求助于人。
5	更高层次的靠Excel发家致富，
6	那就是你精通以后的事儿。
7	

图1-25　一段内容分成多行

第十一招：两个单元格的输入在一个格子里，位置不够用空格补齐，如图1-26所示。

A2		× ✓ fx	1月　　　100		
	A	B	C	D	E
1	月份	数量			
2	1月	100			
3					

图1-26　两个格子的输入在一个格子里

第十二招：没事在前后多打几个空格，反正VLOOKUP函数一时半会儿也发现不了，如图1-27所示。

A3		× ✓ fx	人事部	
	A	B	C	D
1	部门	金额		
2	财务部	100		
3	人事部	200		
4				

图1-27　在内容前后添加空格

还有很多反面教材，这里就不再继续说明，每次看见这些表格，都有种想吐血的感觉！

1.3.2 你Excel这么牛，BOSS知道吗

2016年某天，群内聊天感悟。

大神们，如图1-28所示，怎样将左边的格式批量转换为右边的格式？

	A	B	C	D	E	F	G	H	I	J
1	原数据		最终效果							
2	洋葱粒30芹菜粒40胡萝卜粒30土豆粒50		洋葱粒	30	芹菜粒	40	胡萝卜粒	30	土豆粒	50
3	白蘑菇100香菇60洋葱20鸡汤180		白蘑菇	100	香菇	60	洋葱	20	鸡汤	180
4	红腰豆听装15烟肉碎15番茄膏35		红腰豆听装	15	烟肉碎	15	番茄膏	35		
5	大虾30蘑菇20鲜柠檬汁10		大虾	30	蘑菇	20	鲜柠檬汁	10		
6	法葱5盐3胡椒3香味3		法葱	5	盐	3	胡椒	3	香味	3
7	小番茄10泰式辣椒膏20		小番茄	10	泰式辣椒膏	20				
8										

图1-28 数字跟汉字分离

我的天啊，你这是要累死队友的节奏！

卢子发了感慨后不再发言，而其他群友各出奇招。

有人说用分列再结合Word，有人说借助VBA，不过都是提建议没有出手。

最后有好事者帮忙写了一个很牛的数组公式，输入公式后需要按Ctrl+Shift+Enter组合键结束输入。

```
=MID(LEFT($A2,SMALL(IF(FREQUENCY(ROW($1:$49),((MID($A2,ROW($1:$49),1)>"Z")=(MID($A2,ROW($2:$50),1)>"Z"))*ROW($1:$49)),51,ROW($1:$50)),COLUMN(A1))),SUM(LEN($B2:B2))+1,99)
```

我不禁产生了疑惑，你们用Excel是来干什么的？难道就是为了折腾自己，同时折腾别人吗？

这样的数据源，提取出数据后，又有什么用途呢？可以直接统计各种材料的数量吗？当然也是可以的，是要花很长的时间，写一个超级公式或者VBA代码，这样有意义吗？

就以这个例子来说，若要完成各种统计，至少要花费半天时间，如此低的效率你老板知道吗？职场上并不存在任何炫耀技能，老板要的是效率！效率！除了效率还是效率！！！准确而又高效。

去年我去新公司应聘，老板看见我的书名《Excel效率手册 早做完，不加班》，就破格录取我了，仅仅就是一个书名。因为他实在太喜欢这个书名，现在要的是高效率。

对于刚才的问题，如果是我制作表格，一分钟就能完成各种统计分析。

来看看卢子是如何做表的，以及如何进行统计的？

以标准表格的形式记录数据，一列单元格一种格式，分成2列显示数据，如图1-29所示。

	A	B
1	品名	数量
2	洋葱粒	82
3	白蘑菇	7
4	大虾	3
5	洋葱粒	68
6	白蘑菇	21
7	大虾	10
8	白蘑菇	50
9	大虾	71
10	洋葱粒	77
11	白蘑菇	53
12	大虾	4
13	洋葱粒	14
14	白蘑菇	81
15		

图1-29 标准表格

标准表格形式记录数据有两大好处。

① 隔行填充颜色，以防止看错行。

② 能够提供动态的数据源，加上数据透视表堪称绝配。

接下来就是统计各种材料的数量。

如图1-30所示，单击数据源中的任意单元格，单击"插入"选项卡中的"数据透视表"按钮，弹出"创建数据透视表"对话框，保持默认设置不变，单击"确定"按钮。

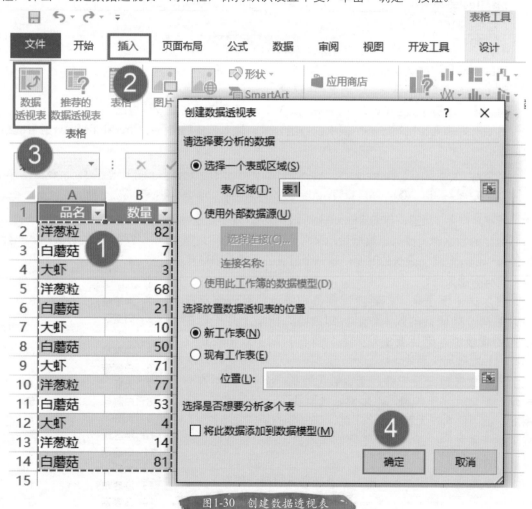

图1-30 创建数据透视表

如图1-31所示，在"数据透视表字段"窗格中选中"品名"和"数量"复选框完成统计。

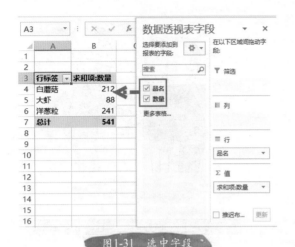

图1-31 选中字段

这个统计完成时，所用时间还不到30秒。

学好Excel真的很重要，不为别的，就为了你自己不用以后每天加班加点，不用每天到处求助于人。更高层次的是靠Excel发家致富，这是你精通Excel以后的事儿。

如果你还是小白，不妨好好学习一下如何做表吧！

1.4 注重细节

在日本企业工作，要绝对服从管理。日本企业一般都有一套管理模式，在某一阶段做什么事情是非常明确的，整个公司的工作模式基本上是按部就班。针对每个新人，公司会有专门的培训，告诉你做什么事情用什么样的方法比较好，甚至填表这样的事情也会有专门的人教你。因此，想在日本企业工作，就需要具备很强的责任心，做事绝不能够马虎。

同时，日本企业文化也提倡挑战精神，在日本企业，主动思考的部下才会得到赏识。即使挑战失败也没关系，但是不能自作主张，如果没有得到上司的许可，失败了，上司会发怒。在上司不知情又出现问题的情况下，上司也会因为"对部下的监督不力"而承担部下失败的责任。因此，挑战前应该先与上司"商量"。

此外，也要特别注重礼仪。早上到公司，"早上好"是一定要说的，要是对方是领导，那就一定再加上"敬语"；下班时要说"失礼了"或者"辛苦了"，如图1-32所示。和日本老板在一起步行时，一定要让老板走在前面，还要注意自己的仪表打扮。日本公司把注重自己的形象看成是对别人的礼貌，日本男人要求穿西装，日本女人还要求化淡妆。这些日本企业由于注重各种细节，所以，获得了巨大的成功。Excel同样注重细节问题，下面将通过几个小事例来说说Excel的细节问题。

图1-32　注意礼仪

 计划与实行

　　每年都有一个总计划，再逐步细分成月、周、日计划。每天再将实行的结果跟计划比较，找到自己没做好的，并及时改正。图1-33就是一个每周计划与实行表，其他表格类似。

项目	计划	实行	实施情况
周一	***	***	***
周二	***	***	***
周三	***	***	***
周四	***	***	***
周五	***	***	***
周六	***	***	***

图1-33　每周计划与实行表

 反馈

　　每天将所做的主要事情跟领导报告，如果出差在外，可以通过发送电子邮件把事情作简要说明，必要时添加Excel文档，如图1-34所示。发送前一定要确认称呼妥当，无错别字，附件添加没有，确认无误后再发送。如果是重要邮件，一定要打电话确认领导有没有收到。

主题 产品4006出货检查异常

继续添加　超大附件　照片　截屏　网盘　表情　音乐　A文字格式

产品4006异常明细表.xlsx (223.65K) 删除

正文　部长：
　　您好！
　　附件是2012/1/5产品4006异常明细表，请查阅！
　　如有问题，请及时联系。
　　　　　　　　　　　　　卢子
　　　　　　　　　　　　　2012/1/5

图1-34　发送电子邮件

 为领导节约每一秒钟

　　如图1-35所示，在给领导发送表格前，先将需要说明的重要数据标示出来，并将鼠标指针停留在标示的单元格那里，保存表格后再发送给领导。这样一来，领导一打开表格就可以看见您要给他看的重点数据，以免他再重新查找。虽然只是节约几秒钟，但是对领导来说，每一秒都有宝贵的价值。

=SUM(K3:K4)

项目	金额
食事代	1,003.5
杂费	54.0
总费用	1,057.5

图1-35　重点标示

站在领导的角度看数据

　　一般领导都是上了年纪的人，视力大都不好。所以，我们在给领导表格时，要尽量将字号调整大一点，或者隔行填充颜色，如图1-36所示，从而让他能够看清楚每个数据。

　　其实，还有很多需要注意的细节，这得靠自己慢慢摸索，别人说的你不一定适用，只有当你碰到某个问题时才会对处理细节记忆深刻。另外再说一句，同事之间的关系也很重要，一定要处理好。

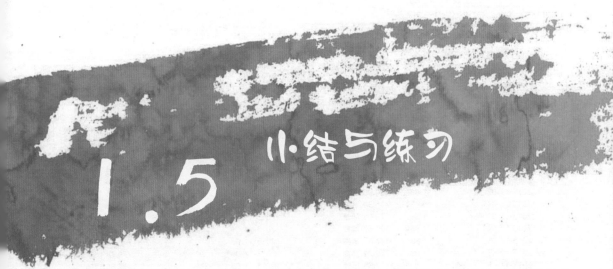

日期	型号	出货数	检查数	不良数
2012/4/1	H126	142	142	0
2012/4/2	H126	616	626	10
2012/4/3	H126	31	35	4
2012/4/4	H126	128	149	21
2012/4/5	H126	61	63	2
2012/4/6	R102	197	201	4
2012/4/7	R102	1140	1171	31
2012/4/8	R102	263	268	5
2012/4/9	R102	1176	1222	46
2012/4/10	R102	819	830	11
2012/4/11	R102	804	825	21
2012/4/12	H126	299	311	12
2012/4/13	H126	61	61	0
2012/4/14	H126	389	396	7

图1-36　调大字号、隔行填充颜色

1.5 小结与练习

　　本章讲述了Excel存在的四类表格——参数表、明细表、过渡表和汇总表，最重要的是从一开始就告诉大家要学习规范明细表，这样会给以后的工作带来极大的便利。其实做人又何尝不是这样，规规矩矩做人，远离抽烟、酗酒、赌博等不良恶习……偶尔放纵自己一两次也可以，不过不能养成坏习惯，只限于玩玩就行。好习惯一旦养成，日久必将给人留下好印象，以后有什么好事也会轮到自己。同时也要处理好和领导及同事间的关系，注意一些细节。能力再强，关系没处理好也没用。下面将通过几道练习题巩固本章所学知识。

1．如图1-37所示，左边区域是记录每个账号的详细收支情况，但因为合并了单元格，而且每个账户间还空了一行，导致在筛选的时候只能看到第一个账户，其他账户不能做筛选，应该如何处理才能让所有账户都可以进行筛选？

	A	B	C	D	E
1	帐号	日期	支出	收入	差异
2		11月10日	10000		
3		11月17日	10000		
4		11月20日		3820	
5		11月24日	5000		
6	钱多多	11月24日		11810	
7		11月25日		1500	
8		11月27日		11300	
9		12月1日	5000		
10		12月7日		5650	
11		12月10日	5000		
12					
13		11月17日	10000		
14		11月24日	10000		
15	毛毛	11月26日		11500	
16		12月7日		11300	
17		12月8日	10000		
18					
19	晶晶	11月17日	15000		
20		11月26日		17250	

升序(S)
降序(O)
按颜色排序(T)
从"帐号"中清除筛选(C)
按颜色筛选(I)
文本筛选(F)
搜索
☑ (全选)
☑ 钱多多
☑ (空白)
确定　取消

	A	B	C	D	E
1	帐号	日期	支出	收入	差异
				3820	
				11810	
				1500	
				11300	
				5650	
				11500	
				11300	
				17250	

图1-37　账号收支情况表

2．如图1-38所示，左边区域是交易信息明细表，要怎么样做才能制作出具有隔行填充色的明细表，从而让这些数据看起来更清晰？

	A	B	C	D	E	F	G	H	I	J	K
1	交易日期	收入	支出	余额	摘要		交易日期	收入	支出	余额	摘要
2	2015-11-01	1000		1015.94	杨丽苹		2015-11-01	1000		1015.94	杨丽苹
3	2015-11-02		30	985.94	消费		2015-11-02		30	985.94	消费
4	2015-11-02		1.88	982.18	消费		2015-11-02		1.88	982.18	消费
5	2015-11-02		1.88	984.06	消费		2015-11-02		1.88	984.06	消费
6	2015-11-03		196.8	785.38	消费		2015-11-03		196.8	785.38	消费
7	2015-11-03		1.88	783.5	消费		2015-11-03		1.88	783.5	消费
8	2015-11-04		1.88	781.62	消费		2015-11-04		1.88	781.62	消费
9	2015-11-05		1.88	777.86	消费		2015-11-05		1.88	777.86	消费
10	2015-11-05		1.88	779.74	消费		2015-11-05		1.88	779.74	消费
11	2015-11-05	340		1117.86	报销		2015-11-05	340		1117.86	报销
12	2015-11-06	6700		7820.34	CFT		2015-11-06	6700		7820.34	CFT
13	2015-11-07		5800	17820.34	消费		2015-11-07		5800	17820.34	消费
14	2015-11-07		10000	7820.34	消费		2015-11-07		10000	7820.34	消费
15	2015-11-07	15800		23620.34	代付业务		2015-11-07	15800		23620.34	代付业务
16	2015-11-08		100	7720.34	消费		2015-11-08		100	7720.34	消费
17	2015-11-08		6138.21	1582.13	b2c		2015-11-08		6138.21	1582.13	b2c
18	2015-11-09	9495		11077.13	魏志权		2015-11-09	9495		11077.13	魏志权

图1-38　交易信息明细表

第2章

向有经验的人学习

刚开始接触Excel时都会遇到各种疑难问题，如一些数据录入技巧。只要你虚心请教别人，别人也会乐于教你。但每个人都有自己的为人处世方法，不要因为别人态度冷漠而退缩，还有就是对你再好的人也只能帮助你一时而已，不可能帮助你一世。很多东西还得靠自己自觉地去学习，在摸索中成长。虽然这个成长过程并不会太快，但工作效率在逐步提高。

2.1 再当一回学生

毕业并不代表学习的结束，而是另一种学习的开始。工作上我们会碰到各种各样的新事物，不懂的要及时向有经验的人请教。请教别人不仅能让自己更快地掌握知识，同时也能增进彼此间的感情。从今天起，就一起跟着卢子学习录入数据的技巧吧！

2.1.1 初识Excel

2007年，卢子放弃读大学的机会只身来到了东莞工作，还好有香姐照顾，工作、生活都挺顺利。刚来公司，香姐就告诉卢子，有空的话要学点Excel的知识，这个在工作上经常用到。卢子那时啥也不懂，既然这个有用，那下班后就学习一下。那时晚上办公室是开放的，允许在里面用电脑。卢子来到办公室，打开了Excel，一看除了格子还是格子，这能干吗呢？先不管三七二十一，在格子里输入"我在学习Excel，这个有什么用呢？我相当地好奇。"如图2-1所示，没想到小小格子里可以容纳这么多内容，好神奇。往后几天，Excel就成了卢子抒发心情的地方，一有什么想法就写在里面。呵呵，其实卢子的打字水平也是在这个时候提高的。

	A	B	C	D	E	
1	我在学习Excel，这个有什么用呢？我相当地好奇。					
2						

图2-1　第一次输入的内容

2.1.2 这条线怎么画

刚开始上班挺闲的，有空的话就看资料，学习Excel。突然有一天，我打开了一个表格，发现有些字下面有一条线，如图2-2所示。心想这个是怎么画的呢？看见香姐并不忙，于是就上前请教问题。

卢子：姐，文字下面这条线是怎么画出来的，怎么以前没见过？

	A	B
1	联络：隆成（新厂）/技术课	
2		
3	供应商：隆成（新厂）殿	

图2-2　文字下面的线怎么画

香姐：这个是下划线，具体的操作是，选择B3单元格，在编辑栏用鼠标选中"隆成(新厂)"，然后切换到"开始"选项卡，再单击U按钮，如图2-3所示。

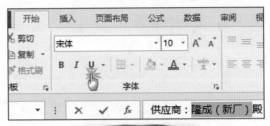

图2-3 添加下划线

卢子：姐，回头我试试看。

香姐：还可以用插入直线的方法画这条线，不过这种方法有点麻烦，你了解下也好。
如图2-4所示，切换到"插入"选项卡，然后单击"形状"按钮，再选择"直线"项。按住Shift键，然后将直线拉到合适的长度。

图2-4 插入直线

卢子：这个Shift键有什么作用？不用它也可以画出一条直线。

香姐：按住Shift键可保证画出来的线是直的，如图2-5所示。如果仅仅是画一条直线，那么按不按该键关系不大，但如果是画一个圆呢，你能保证画出一个圆吗？有的细节要从一开始就注意。

卢子：如果要画正方形是不是也这样操作？

香姐：没错，小脑袋转得挺快的。要画正圆、正方形等图形时，都需要按Shift键。

图2-5 Shift键的作用

卢子：姐，今天就麻烦你了，回头我将你教的这两个方法练习一下。

香姐：这么客气干嘛，我们又不是外人。对了，晚上有空的话，一起到阿伯那里喝茶。

卢子：好的，来这边这么久还没喝过功夫茶，还有点小小的怀念家乡的功夫茶。

香姐：来到这边就不要客气，我们是"胶己人"。

温馨提示

出门在外，潮汕地区的人遇到老乡，都称呼"胶己人"，虽然只有三个字，但意义非同一般。

功夫茶小知识

品茶礼仪

传统的潮汕功夫茶一般只有3个杯子，不管多少客人都只用3个杯子。第一杯茶一定先给左手第一位客人，无论其身份尊卑，无论其年龄大小，也不分性别。每喝完一杯茶要用滚烫的茶水洗一次杯子，然后再把带有热度的杯子给下一个用。这种习俗据说是人们为了表示团结、友爱和互相谦让的美好品德。

品茶，要先闻香味，然后看茶汤的颜色，最后才是品味道，一杯茶要刚好分为三口品完。香味从舌尖逐渐向喉咙扩散，最后一饮而尽，可谓畅快淋漓。这就是功夫茶的三个境界——"芳香溢齿颊，甘泽润喉咙，神明凌宵汉"。据说专业的品茶师可以凭一杯茶品出茶艺师当时的心情。说得很玄，不过功夫茶本来就是一种平和心境、修身养性的方法嘛。

日常生活

潮汕功夫茶，在潮汕地区深受人们喜爱，不少人早上起来就泡上一壶茶，倦意顿时一扫而光，只觉得神清气爽。潮汕人喜欢以茶会友，在细品慢酌、谈笑风生中，人们互通信息，加深了感情。品茶早已超越了简单的解渴的目的，它还蕴含着丰富的文化内容。六合家宴的江经理介绍说，潮汕人把茶叫作"茶米"，茶在潮汕人心目中就像米一样，足以看到潮汕人嗜茶如命，茶与米不可分了。

到城中的高档潮菜馆吃饭，席间总要穿插着上功夫茶。当你吃完海鲜鱼肉的时候，喝一杯可以消除腥味；当你吃着一碗甜品有点腻的时候，喝一杯可以去腻开胃；当你酒足饭饱觉得有点撑的时候，喝一杯可以解乏消滞。功夫茶与潮菜，就像一个硬币的两面，相辅相成，共同造就了潮汕饮食文化的博大精深。有人说吃潮菜不喝功夫茶，总是感觉不太正宗。

2.1.3　边框怎么显示不全

卢子：姐，我发现一件怪事，有一个单元格不管我怎么设置边框，边框死活也显示不出来，如图2-6所示。这是怎么回事呢？

图2-6　边框显示不全

卢子：如果有多列需要调整列宽，有没有快捷一点的操作方法？

香姐：如图2-8所示，选择E~H四列，双击H列标题栏就可以自动调整列宽。

香姐：这是列宽太小导致的。如图2-7所示，只需选中B列，将标题栏向右拖拉到列宽可以容纳所有内容为止。现在边框是不是自动出来了？

向右拖动

图2-7　调整列宽

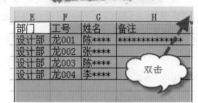

双击

图2-8　自动调整列宽

卢子：又学到了一招，还是自动调整列宽这招好用。

香姐：有的时候还可以通过双击获取最合适的行高。工作上还会遇到另一种情况，即行高跟列宽都为固定值，这时就不能通过上述两种方法来调整。如图2-9所示，这时要切换到"开始"选项卡，再单击"格式"下拉按钮，在弹出的下拉菜单中选择"列宽"项，在弹出的"列宽"对话框中可以更改列宽大小，最后单击"确定"按钮。用同样的方法设置行高即可。

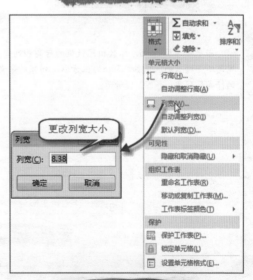

更改列宽大小

图2-9　设置列宽大小

卢子：我刚才看你设置列宽的时候发现一个问题，这些宽度都是以像素为单位，但我们平常都是以cm为单位，如图2-10所示，就如职工的照片宽度是3cm。如何让像素变成以cm为单位的列宽呢？

图2-10 "像素"变cm

香姐：这个问题问得好！如图2-11所示，切换到"视图"选项卡，再单击"页面布局"按钮，然后选择A列，右击，并从弹出的快捷菜单中选择"列宽"命令，这时就是以cm作为单位了。将数字改成3，再单击"确定"按钮即修改成功。用同样的方法可设置行高。

卢子：没想到小小的列宽就有这么多学问！

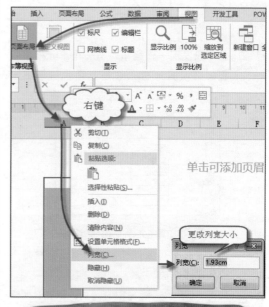

图2-11 设置以cm为单位的列宽

知识扩展

若长度单位为cm，那么相同数值的行高和列宽是一样长，但若以像素为单位，那么相同数值的行高和列宽是不一样长的。例如，3cm的正方形，列宽的像素是13.25，而行高的像素是65，差距很大。同样是20像素的行高和列宽，如图2-12所示。

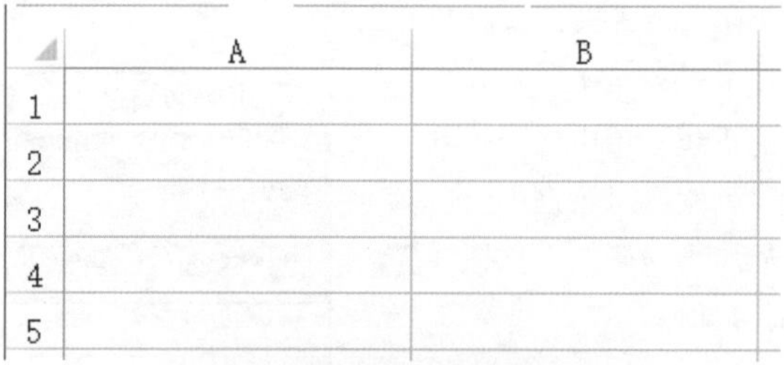

	A	B
1		
2		
3		
4		
5		

图2-12 20像素的行高和列宽

2.1.4 输入的0跑哪去了

卢子：姐，在输入出货日期时，不管我怎么输入，0都会消失，如图2-13所示，不知道它跑哪去了？

香姐：在常规格式下，数字前面的0会自动被忽略，若要显示这个0，可以将数据设置为文本格式。具体
　　　操作如图2-14所示，按组合键Ctrl+1，弹出"设置单元格格式"对话框。切换到"数字"选项卡，
　　　然后在"分类"列表框中选择"文本"项，再单击"确定"按钮。返回单元格重新输入数字，这
　　　时得到的就是文本数字，文本数字不管你输入什么内容都不会改变。

图2-13　自动消失的0

图2-14　设置文本格式

卢子：这个真好用，0再也跑不掉了。

香姐：平常在输入身份证号等长字符串时，数字超过15位的部分同样会变成0。这是因为Excel认为你这么
　　　有钱了，将后面的数字变成零去掉也没关系。如果需要正确显示，可将单元格设置为文本格式后再

输入。此外，这里也可以在数字前面输
入"'"，比如'445121198709055616，
这样也相当于文本格式。因为我们公
司的出货日期格式都是6位数，所以也
可以通过自定义单元格格式做到。按组
合键Ctrl+1，弹出"设置单元格格式"
对话框。切换到"数字"选项卡，然后
在"分类"列表框中选择"自定义"选
项，接着在右侧的"类型"下拉列表框
中设置自定义格式代码，再单击"确
定"按钮，如图2-15所示。

设置单元格格式有很多学问，以后你可以
慢慢了解。

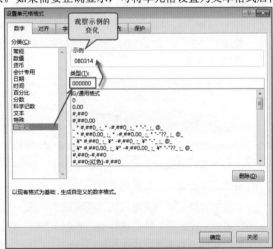

图2-15　自定义单元格格式

探索发现

N年以后，卢子发现了日期格式的秘密。香姐教我的方法虽然可以解决问题，但这样的日期并不是标准日期，在对日期进行分析时会有小小的麻烦。

按组合键Ctrl+；可以快速输入当天的日期(静态)，然后将自定义格式设置为YYMMDD。其中Y代表年，M代表月，D代表日。YY代表年为两位，MM、DD也是同样的道理。

如图2-16所示，Ctrl+；其实是同时按Ctrl和；两个键，不是按Ctrl+，可别按错哦。如果按Ctrl+；没法生成当天日期，这是由于安装的某个软件的快捷键与Excel的快捷键相同(冲突)，解决方法是找到引起冲突的软件，然后修改一下该快捷键。

图2-16　组合键Ctrl+；

这样设置有一个好处，就是以后在用透视表的自动组合时，可以轻松按年、月、日分组。如果要获取动态日期，可以用=TODAY()，如图2-17所示。

图2-17　获取动静态当天日期

2.1.5　分数怎么变成了日期

卢子：姐，我输入的分数怎么总是变成日期呢？如图2-18所示，Excel老是自作主张改我的东西。

输入	显示
5/8	5月8日

图2-18　分数自动变成了日期

香姐：在Excel的默认设置中，若以"/"或者"-"作为分隔符号的数字都被当作日期处理。如果要显示分数，需要做些设置。前面跟你讲过将单元格设置为文本格式，其实这个方法也可以用在此处。不过这样虽然看起来是分数，实际上并不是。这里先给你介绍一下分数的小知识。

 分数的储存形式

如图2-19所示，分数由五部分组成：整数部分+空格+分子+斜杠(/)+分母，一个都不能少，即使整数部分为0也不能省略。输入分数后，在编辑栏会显示分数对应的小数值。

图2-19　分数的组成形式

知识扩展

Excel会对你输入的分数进行化简、约分，将输入的分数化为带分数或最简真分数。如果你不希望Excel自作主张地改掉你输入的数字，那么可以通过设置自定义单元格格式，从而得到图2-20所示的效果。

假分数

0/0

不被化简的分数：分母固定为8。

0/8

假分数	5/4
不被化简分数	4/8

图2-20　自定义分数后的显示效果

卢子：回头我好好理解一下。

转折点

听说香姐怀孕了，要当妈妈了，这是一个好消息，以后我就不能老麻烦她了。从今以后要换一种方式来学习Excel，毕竟不是每个人都对你这么友善，耐心指导你的。

2.1.6　生成编号序列

今天卢子在给产品输入编号时，按下面的方法操作。

输入1，按Enter键；

输入2，按Enter键；

输入3，按Enter键；

……

突然，卢子停下了敲打键盘的手，思索着：应该有其他方法的，要不然这么多编号要输入到什么时候？

香姐现在的心都放在未出生的宝宝身上，去打扰她又不好。正一筹莫展之时，想起香姐曾经说过的一句话：菜头是我们公司Excel用得最好的人。想到这里，卢子立马跑到菜头面前。

卢子：菜头，向你请教个问题可以吗？

菜头：可以。

卢子：我刚才在输入编号，一个个手动输入，如图2-21所示，感觉输入很慢，有没有快捷的方法？

	A	B	C	D
1	编号	番号	品名	型号
2	1	40401	ファインアールカルネオアッパー（BK）	H126
3	2	40402	ファインアールカルネオアッパー（BR）	H126
4	3	40403	ファインアールカルネオアッパー（R）	H126
5		40404	ファインアールカルネオアッパー（O）	H126
6		40405	ファインアールカルネオアッパー（PU）	H126
7		40406	ファインアールカルネオアッパー（GR）	H126
8		40411	マルシェ（P）	H276
9		40412	マルシェ（B）	H276
10		40571	ワイリッシュロイド（BK）	H142
11		40572	ワイリッシュロイド（BE）	H142

图2-21　手工输入编号

菜头：如图2-22所示，在A2单元格中输入1，然后将鼠标指针放在A2单元格的右下方，待鼠标指针标变成"+"字形时，按住Ctrl键，拖动鼠标到A45单元格就可以生成1~44的编号。

	A	B	C	D
1	编号	番号	品名	型号
2	1	40401	ファインアールカルネオアッパー（BK）	H126
3		40402	按住Ctrl键，向下拖动 （BR）	H126
4		40403	ファインアールカルネオアッパー（R）	H126
5		40404	ファインアールカルネオアッパー（O）	H126
6		40405	ファインアールカルネオアッパー（PU）	H126
7		40406	ファインアールカルネオアッパー（GR）	H126

图2-22　自动生成编号序列

卢子：谢谢，这回我就省事多了。

菜头：嗯。

　　早就听说菜头这人不好相处，还是溜之大吉，自己去试这个功能吧。按照菜头教的方法操作，果然成功，此外，若不按

Ctrl键，数字将全部都是1。

　　在WPS中，不按Ctrl键下拉会得到序列，按Ctrl键下拉得到的全部是1，刚好跟Excel相反。

知识扩展

　　1. 如图2-23所示，输入1，然后双击单元格，在"自动填充选项"下拉列表中选择"填充序列"选项。

	A	B	C
43	1	93698	コンパクトバギ-ミニラ（GR）
44	1	93699	コンパクトバギ-ミニラ（PU）
45	1	41322	リベラフルエ
46			
47		○ 复制单元格(C)	
48		○ 填充序列(S)	
49		○ 仅填充格式(F)	
50		○ 不带格式填充(O)	
51		○ 快速填充(F)	
52			

图2-23　选择"填充序列"选项

　　2. 编号序列也可以通过先在单元格中输入1、2，然后下拉来生成。

　　3. 若先在单元格中输入2、4再下拉，就可以生成等差序列，如图2-24所示。

编号	等差
1	2
2	4
3	6
4	8
5	10
6	12

图2-24　自动生成编号序列和等差数列

　　4. 几个月后又发现"序列"对话框N多功能。在"开始"选项卡中，单击"编辑"组中的"填充"按钮，选择"序列"选项。在弹出的"序列"对话框中提供了好多选择，只需填写步长值跟终止值，再单击"确定"按钮就可以生成多种形式的序列。

　　有兴趣的朋友可以逐一测试一下序列的各种功能，如图2-25所示。

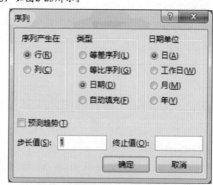

图2-25　"序列"对话框

　　当学习Excel到达一定的程度时，你会发现仅仅用技巧是没法完成所有序号的生成，有一些工作还要借助函数与公式，下面通过两个例子来说明。

1．如图2-26所示，若"序号"列使用上述方法生成1～N的序号，对项目进行筛选后，"序号"列中序号将不再连续。

▲	A	B	C	D
1	序号 ▼	欠费月份 ▼	欠费金额 ▼	欠费标识 ▼
5	4	201509	23.26	其他逾期欠费
8	7	201509	90.64	其他逾期欠费
14	13	201504	139.4	其他逾期欠费
16				

图2-26　筛选时序号不连续

若希望筛选后依旧获得连续的序号，则先取消筛选，在A2单元格中输入公式，并向下填充公式，然后再进行筛选，此时，不管你怎么筛选，结果序号都是连续的，如图2-27所示。

=SUBTOTAL(103,B$2:B2)*1

A2		✕ ✓ fx	=SUBTOTAL(103,B$2:B2)*1	
▲	A	B	C	D	E
1	序号	欠费月份	欠费金额	欠费标识 ▼	
2	1	201512	10	首账期欠费	
9	2	201512	32.6	首账期欠费	
11	3	201512	201.22	首账期欠费	
16					

图2-27　筛选时生成连续序号

2．如图2-28所示，数据源在合并单元格，下拉生成序号的时候，总是提示出错。

▲	A	B	C	D	E
1	序号	欠费月份	欠费金额	欠费标识	
2		201512	10	首账期欠费	
3	1	201511	86	次账期欠费	
4		201510	86	三账期欠费	
5		201509	23.26	其他逾期欠费	
6		201601	42.7	当月欠费	
7					
8					
9					
10					
11					
12					
13		201601	64.4	当月欠费	
14		201504	139.4	其他逾期欠费	
15		201601	29.67	当月欠费	
16					
17					
18					

Microsoft Excel ✕
⚠ 若要执行此操作，所有合并单元格需大小相同。
确定

图2-28　合并单元格生成序号

合并单元格是Excel的大忌，会增加你处理数据的难度。这种情况就不能直接下拉，因为合并单元格的大小不相同。

选择单元格区域A2:A15，在A2单元格中输入公式，并按组合键Ctrl+Enter结束。

=MAX(A$1:A1)+1

2.1.7　不相邻单元格输入同一数据

在制作不良产品报告的时候，经常会输入多个相同日期，每次单独输入很麻烦。看到上回菜头愿意帮忙，卢子再次跑去请教。

卢子：菜头，如图2-29所示，有没有办法在不相邻单元格中同时输入当天的日期？

菜头：利用Ctrl键的三种用途可以实现。

▲	A	B	C	D	E
1					
2			制作日期		
3					
4			完成日期		
5					
6					
7					
8		检查日期			
9		出货日期			
10					

图2-29　在不相邻单元格中同时输入当天的日期

STEP 01 按住Ctrl键依次选择D2、D4、C8和C9，如图2-30所示。

图2-30 选择单元格

STEP 02 按组合键Ctrl+;，生成当天日期，如图2-31所示。

图2-31 生成当天日期

STEP 03 按组合键Ctrl+Enter结束输入，如图2-32所示。

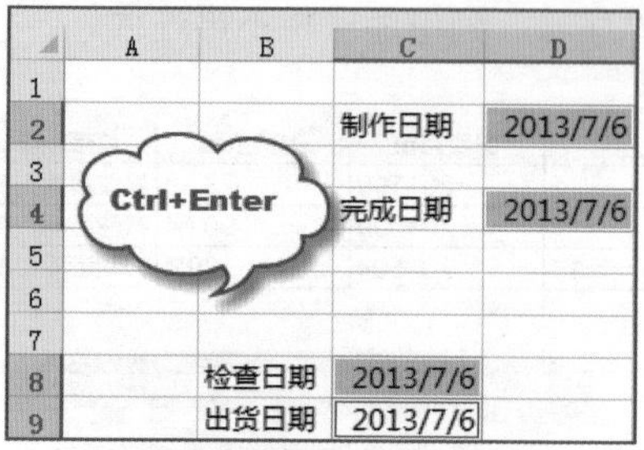

图2-32 批量生成日期

卢子：原来Ctrl键这么好用，上回就是借用这个键，快速生成序列的。

菜头：嗯。

　　还是老样子，连一句多余的话也不说。卢子没办法只得回到自己座位上去研究。

知识扩展

　　其实还可以在多个表的同位置单元格中输入相同内容。如要在Sheet2~Sheet5表的B2单元格中同时输入"卢子"。切换到Sheet2表，然后按住Shift键再单击Sheet5，这样就能选中4个表格。接着在B2单元格中输入"卢子"，这时就可以看到这4个表格同时输入了"卢子"，输入后的效果如图2-33所示。

　　如果要输入的表格不相邻，则可以按Ctrl键依次选择。

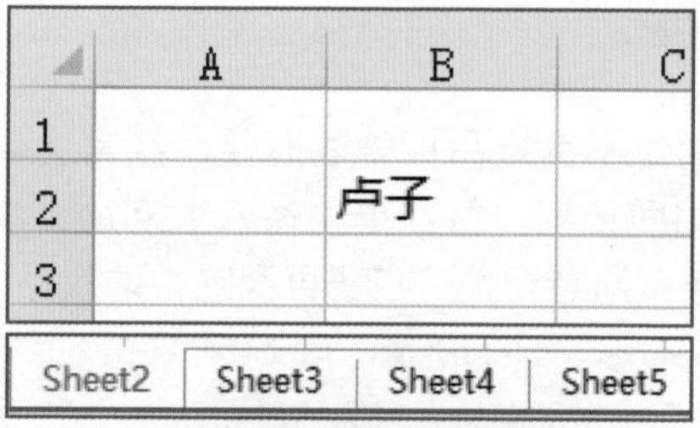

图2-33 多表格操作

2.1.8 快速录入大量小数

领导不知从哪里搞来了一份单价表，让卢子录入表中的数据。卢子仔细一看，单价表中的商品都是一些小零件，价格都是几毛钱而已，也就是说，所有单价都是零点几元。既然是领导安排的工作，卢子马上着手输入。结果输入了几个数据后，就发现了一些小问题。首先这样输入单价挺烦琐的，每个商品单价都得输入"0."，前面都是重复的，其次有时小数点还会点错位置，甚至忘记输入。如果连这件小事都出错，领导会怎么看卢子，没法只得请教菜头，虽然菜头不好说话，但一切以工作为主。

卢子：菜头，我这里有份单价表，但所有数字都含有小数点，如图2-34所示。有没有办法快速输入这些数字？

菜头：如图2-35所示，单击"文件"按钮，然后选择"选项"命令，接着在弹出的"Excel选项"对话框中选择"高级"选项，再在右边选中"自动插入小数点"复选框，最后单击"确定"按钮。

	A	B
1	产品	单价
2	A	0.09
3	B	0.12
4	C	
5	D	
6	E	
7	F	
8	G	
9	H	
10		

图2-34 输入大量带小数点的数字

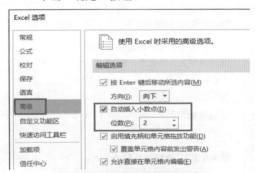

图2-35 自动插入小数点

卢子知道菜头的为人，所以也不继续多问，就自己动手尝试。经过这样的设置，只要输入整数部分即可，如要输入0.89，只要输入89。没多久，卢子就把领导交代的事情完成了，如图2-36所示。

	A	B	C
1	产品	录入89就可以	
2	A		
3	B	0.12	
4	C	0.89	
5	D	0.78	
6	E	0.56	
7	F	0.89	
8	G	0.67	
9	H	0.56	
10	......	....	
11			

图2-36 录入小数的效果

知识扩展

趁着空闲，卢子又仔细看了一下这个功能。发觉小数点的位数可以调节，而且允许为负数。如果将小数点位置设置为负数就是扩大的倍数，如-3就是扩大10^3倍。但这个功能有一个局限，就是设置后整个工作表不管输入什么数字都会自动扩大或者缩小，如果有其他数据录入，这个功能是不可取的。

录入完数据后，要记得重新改过来，如图2-37所示，也就是取消选中"自动插入小数点"复选框，否则会对其他表格造成影响！下面再列举3种其他的解决方案。

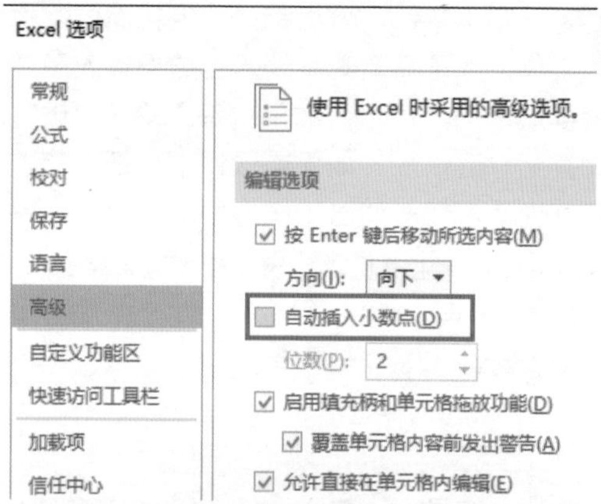

解决方案1：障眼法

通过自定义单元格格式得到，!就是强制显示的意思，!0!.就是强制显示0。当这样设置后，如输入89就变成0.89。

!0!.00

解决方案2：选择性粘贴(除)

如图2-38所示，在C1中输入100，然后复制C1。选择A1:A5，右击并在弹出的快捷菜单中选择"选择性粘贴"命令，选中"除"单选按钮，再单击"确定"按钮即可完成。这个方案我觉得最好，得到的是真正的小数，而不影响其他内容的输入。

解决方案3：带0开头小数的输入标准法

后来一个做会计的朋友说，这个只要输入.数字就行，前面的0可以不用输入，如.89就是0.89。

图2-37　取消选中"自动插入小数点"复选框

图2-38　选择性粘贴

2.2 偷师

职场中有两种人，一种是热情帮助你的人(香姐)，另一种是对你很冷漠的人(菜头)。遇到前一种是你的福气，遇到后一种也不要悲伤，毕竟没有人有义务帮助你，即使可以帮你也只是一时而已，很多事情都得靠自己努力。此外，身边从不缺乏有能力的人，只是缺乏发现这些人的眼睛。只要你留心，很多人都是你学习的榜样。明着我们可以不去请教他们，但暗地里可以看这些人以往留下的文档资料来学习。有时行走的步伐稍微放慢一点就可以学到知识，例如，走到有经验的人背后，偷偷瞄一眼都可以学到一个技能，曾经我就这么干过。偷学不在乎技能的大小，只要看到了就学习。日积月累，常用的小技巧都将被你所掌握。

2.2.1 输入多个0有技巧

 我们公司每天的出入账都是上百万，甚至上千万。这么大的金额，每次输入的时候都得数有多少个0，怕输入错误。如图2-39所示，怎么才可以快速、准确输入这么多个0呢？

 教你一招，既能准确输入，又能快速有效。

	A	B
1	日期	金额
2	2013/1/1	¥3,000,000
3	2013/1/2	¥200,000
4	2013/1/3	¥300,000,000
5	2013/1/4	¥82,000,000
6	2013/1/5	¥45,000,000
7	2013/1/6	¥780,000
8	2013/1/7	¥3,000,000,000
9	2013/1/8	¥20,000,000,000
10		

图2-39　快速无误输入多个0

STEP 01 如图2-40所示，按组合键Ctrl+1，弹出"设置单元格格式"对话框。在"分类"列表框中选择"货币"选项，将"小数位数"设置为0，再单击"确定"按钮。

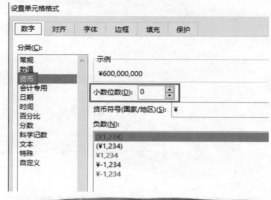

图2-40 将单元格设置为没有小数点的货币样式

STEP 02 如图2-41所示，输入：数字**N，只能用两个*，N代表几个0。

 N是指数字，如1、15等，不要直接输入字母N。

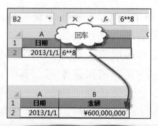

图2-41 快速、准备输入多个0的技巧

2.2.2 录入特殊字符

 现在要对每项对策进行评分，看哪些可行性强。评分依据是按特殊字符代表分值的多少，其中，○表示5分，□表示3分，×表示1分，如图2-42所示。怎么才能快速录入这些特殊字符呢？

	对策	评分
1		
2	各厂家资料统一存放到一个大文件夹里	
3	同种类型的文件用同一规格及同一颜色的文件夹来区分	
4	根据文件类型和放置区域编制文件清单	
5	根据文件清单用字母标识，方便查找	
6	新旧资料区分，把旧资料归档保存	
7	根据文件清单，在文件夹上作编号	
8	各厂家各款产品资料区分、统一放在一个文件夹里	
9		
10		
11	说明：○5分，□3分，×1分	

图2-42 录入特殊字符

 如图2-43所示，切换到"插入"选项卡，单击"符号"按钮，弹出"符号"对话框，在"子集"下拉列表框中选择"几何图形符"选项，再单击相应的符号，最后单击"插入"按钮。

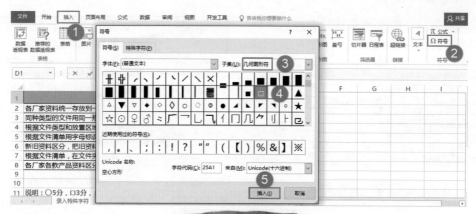

图2-43 插入符号

用同样的方法，插入其他符号。

插入符号虽然可以实现特殊字符的输入，但挺烦琐，找到需要的符号挺费劲。下面介绍一种更加方便的方法。

 在D3:D5中先插入几个符号作为辅助列，然后设置"数据验证"(低版本叫数据有效性)，如图2-44所示。选择B2:B8单元格区域，切换到"数据"选项卡，再单击"数据验证"按钮，弹出"数据验证"对话框，在"允许"下拉列表框中选择"序列"选项，设置来源为"=$D$3:$D$5"，最后单击"确定"按钮。

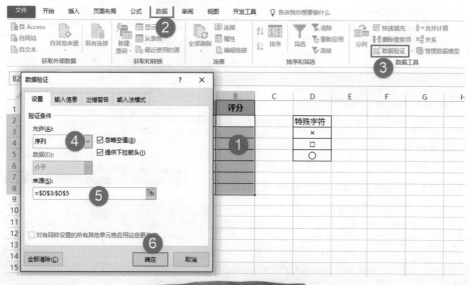

图2-44 数据验证(序列)

现在只需在下拉列表中选择合适的字符就可以了，如图2-45所示。

	A	B	C
1	对策	评分	
2	各厂家资料统一存放到一个大文件夹里	×	
3	同种类型的文件用同一规格及同一颜色的文件夹来区分	○	
4	根据文件类型和放置区域编制文件清单	□	
5	根据文件清单用字母标识，方便查找		
6	新旧资料区分，把旧资料归档保存	× □	
7	根据文件清单，在文件夹上作编号	○	
8	各厂家各款产品资料区分、统一放在一个文件夹里		
9			

图2-45　下拉选择字符

此外，还有一种情况是，输入了一部分数据后根据已有的数据选择，而不用设置"数据验证"。具体操作是按组合键Alt+↓，然后选择需要的数据，如图2-46所示。

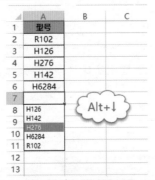

	A	B	C
1	型号		
2	R102		
3	H126		
4	H276		
5	H142		
6	H6284		
7			
8	H126		
9	H142		
10	H276		
11	H6284		
12	R102		
13			

Alt+↓

图2-46　按组合键下拉选择

很多人在输入√或者×等字符时都习惯用Alt键配合小键盘输入，但这样的操作在笔记本电脑上则比较麻烦，还要记住按哪些数字(如41420)。其实根本不用记住这些数字，可以利用搜狗拼音输入法快速输入特殊字符。输入dui就能得到√，输入cuo就能得到×，平方米(m^2)，立方米(m^3)等都可以使用搜狗拼音输入法获得，这大大减轻了用户记忆的负担，如图2-47所示。

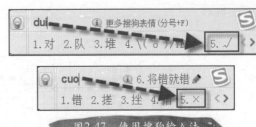

图2-47　使用搜狗输入法

这里再介绍一个Excel新技能，即输入☑☒。如果数字大于等于0，就输入带框的√，小于0就输入带框的×。正常情况下，这种要求很难做到，但通过将字体设置为Wingdings 2，再输入如下代码，就可轻易实现，其中，R就代表☑，Q就代表☒，如图2-48所示。这种方法是不是挺不错！

```
=IF(A2>=0,"R","Q")
```

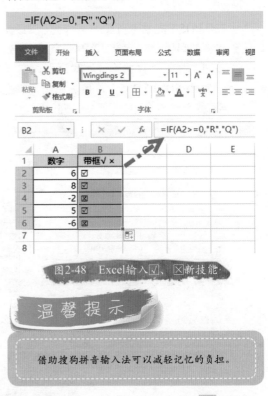

图2-48　Excel输入☑、☒新技能

温馨提示

借助搜狗拼音输入法可以减轻记忆的负担。

2.2.3 只允许输入某范围的日期

Q 我们公司的分工并不十分明确，谁有时间就去输入明细表。但是每个人的输入方法都不一样，很难保证所输入的数据格式都正确。以日期2009/1/1为例，输入的数据格式大概有以下几种：1/1、20090101、2009.1.1和2009-1-1，如图2-49所示。如果没有按照统一的日期格式输入数据，那么在实际汇总的时候会有很多麻烦，有没有什么办法可以避免这种现象呢？

	A	B
1	**日期**	
2	1/1	
3	20090101	
4	2009.1.1	
5	2009/1/1	
6		
7		
8		
9		
10		
11		

图2-49 不同的日期格式

 可以利用数据验证来控制，只要输入不正确的数据格式就让录入者重新输入。如图2-50所示，在"允许"下拉列表框中选择"日期"选项，再设置"开始日期"和"结束日期"，然后输入出错警告信息，最后单击"确定"按钮。

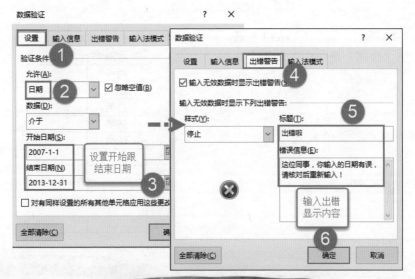

图2-50 设置允许日期范围与出错警告

如图2-51所示，设置完成后，再也不用担心别人会输入不同格式的数据了，当输入出错时会提示同事重新输入。

如果以后看到类似的提示信息，不要担心Excel是不是中毒了，这是有人设置了出错提醒的警告信息。

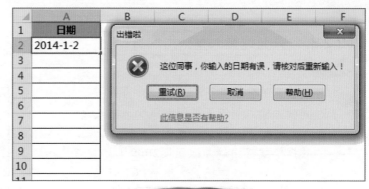

图2-51 出错提示

2.2.4 防止录入重复姓名

Q 每到月底核算员工工资的时候，都生怕姓名被录入重复，这样就会导致一个人得到多份工资，如图2-52所示。为避免这种情况发生，每次都得核对好多次录入的数据。有没有办法事先就做好预防，只要输入重复就有提示？

A 如图2-53所示，选择A2:A11区域，切换到“数据”选项卡，单击“数据验证”按钮，弹出“数据验证”对话框，在“允许”下拉列表框中选择“自定义”选项，在“公式”文本框中输入下面的公式，单击“确定”按钮。

```
=COUNTIF(A:A,A2)<2
```

	A	B	C
1	姓名	工资	
2	锡卢		
3	晓凤		
4	振美		
5	美姜		
6	晓凤		
7			
8			
9			
10			
11			
12			

图2-52 防止录入重复姓名

图2-53 自定义不重复设置

COUNTIF函数会统计某个区域内符合您指定的单个条件的单元格个数。例如，现在要统计晓凤(也可以直接引用单元格，如A3)在A2:A11中出现的次数，就可以用 "=COUNTIF(A2:A11, "晓凤")"。

思路：利用唯一值的个数小于2这个特点(也可以用=1)，一旦重复就会自动提示，如图2-54所示。

图2-54 重复值提示

知识扩展

数据验证有一个缺陷，就是对于复制、粘贴的值不会自动判定是否重复。不过数据验证又提供了一种补救方法——圈释无效数据，当数据全部输入完后再单击，如果有重复姓名就会被圈出来，如图2-55所示。

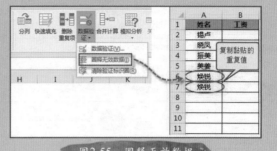

图2-55　圈释无效数据

2.2.5　数据验证其实很好骗

如图2-56所示，中山隆成有两个工厂，一个是小天使，另一个是医疗。这两个厂生产的产品不一样，所以分两列显示。在对这个明细表做数据验证(序列)检查时，出现了错误提示"列表源必须是划定分界后的数据列表，或是对单一行或一列的引用"，有什么方法解决这个问题吗？

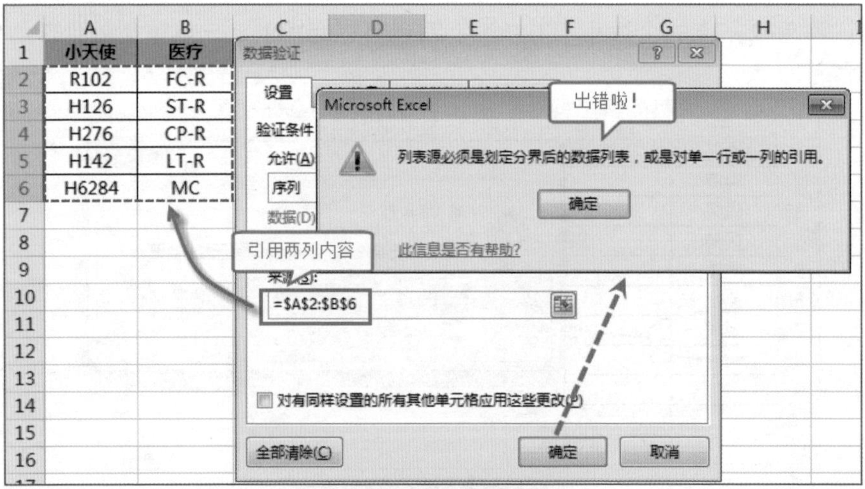

图2-56　多列引用出错

常规办法做不到，那就来骗骗数据验证吧。具体操作步骤如下。

STEP 01 如图2-57所示，选择A2:A6区域，切换到"公式"选项卡，单击"定义名称"按钮，弹出"新建名称"对话框。在"名称"文本框中输入"产品"，单击"确定"按钮。

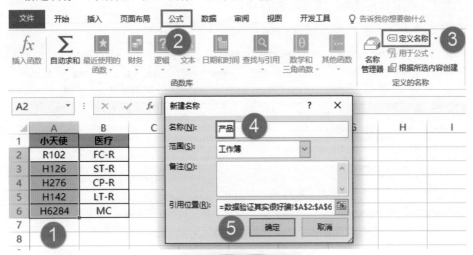

图2-57 新建名称

STEP 02 如图2-58所示，选择D2:D6区域，切换到"数据"选项卡，单击"数据验证"按钮，弹出"数据验证"对话框。在"允许"下拉列表框中选择"序列"选项。在"来源"文本框中输入"=产品"，再单击"确定"按钮。

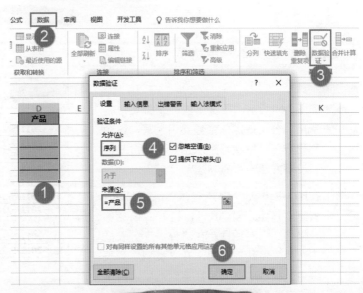

图2-58 设置数据验证

STEP 03 如图2-59所示，按组合键Ctrl+F3打开"名称管理器"对话框，设置"引用位置"为"=数据验证其实很好骗!\$A\$2:\$B\$6"，单击☑按钮，再单击"关闭"按钮。

"=数据验证其实很好骗!\$A\$2:\$B\$6"里面的"数据验证其实很好骗"其实是一个工作表的名字。其具体格式为：工作表名!区域。

经过上面3个步骤，就完成了预期目的。其实引用的区域跟刚开始一样，实际效果却不一样。先骗数据验证说：我只有一列，让其相信；接着更改引用位置，让其误以为也是一列。两地之间最短的距离有时并不是直线，绕一个弯，也许会更快到达终点。

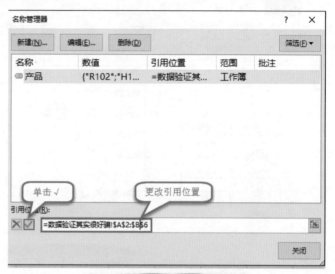

图2-59 重新设置数据验证

2.2.6 眼见不一定为实

 如图2-60所示，每次出差回来都要报销费用。公司规定总金额要用大写，这个愁死我了，每次都是从别处粘贴过来，有没有方便一点的办法？

 在B13中输入"=C13"。然后，如图2-61所示，按组合键Ctrl+1，打开"设置单元格格式"对话框。在"分类"列表框中选择"特殊"选项，在"类型"列表框中选择"中文大写数字"选项，再单击"确定"按钮。

	A	B	C
1	日期	类型	金额
2	2011/5/20	昼食	80
3	2011/5/20	夕食	70
4	2011/5/21	昼食	75
5	2011/5/21	夕食	65
6	2011/5/22	昼食	85
7	2011/5/22	夕食	100
8	2011/5/24	昼、夕两餐	150
9	2011/5/20	朝食（三天）	95
10	2011/5/23	朝食（两天）	87
11	2011/5/22	夕食	80
12	2011/5/21	杂费	30
13	合计	玖佰壹拾柒	917
14			

图2-60 大写金额

图2-61 设置中文大写数字"

A 自定义单元格格式的例子还有很多，举一个很实用的例子，如图2-62所示，这里要求快速输入包装N部。具体操作如下。

只需自定义单元格格式为：

"Richell公司包装"0"部"

现在只需输入数字N就会显示：Richell公司包装N部，但单元格的本质还是不变的，依然是N。自定义格式只是欺骗我们的眼睛而已。就像凤姐经过整容变李玟一样，脸有可能会变成一样，但身材变不了。

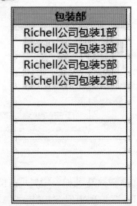

包装部
Richell公司包装1部
Richell公司包装3部
Richell公司包装5部
Richell公司包装2部

图2-62 快速输入包装N部效果图"

知识扩展

输入大写数字的其他方法如下。

1. 对于习惯用搜狗输入法的朋友，输入大写数字也挺方便的。如图2-63所示，只需在数字前面加一个v就行，如v123，选择b项就可以得到壹佰贰拾叁。

2. 这些方法对于做会计的朋友还不够，因为他们对大写的金额要求比较严格，仅仅按上面的方法是行不通的，还需要另外借助下面的公式才可以。如图2-64所示，就是标准的金额大写法。这个标准输入是通过最下面的公式获得的，对于90%的人不必去理解这条公式的含义，只需存起来，以备下次使用，如图2-65所示，将单元格C13替换成实际的单元格即可。

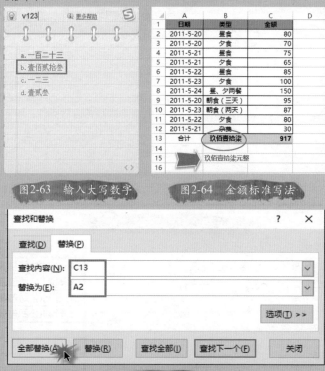

图2-63　输入大写数字　　　　图2-64　金额标准写法

图2-65　替换单元格

=IF(C13<0,"无效数值",IF(C13=0,"",IF(C13<1,"",TEXT(INT(C13),"[dbnum2]")&"元")&IF(INT(C13*10)-INT(C13)*10=0,IF(INT(C13)*(INT(C13*100)-INT(C13*10)*10)=0,"","零"),IF(AND((INT(C13)-INT(C13/10)*10)=0,INT(C13)>0),"零"&TEXT(INT(C13*10)-INT(C13)*10,"[dbnum2]")&"角",TEXT(INT(C13*10)-INT(C13)*10,"[dbnum2]")&"角"))&IF((INT(C13*100)-INT(C13*10)*10)=0,"整",TEXT(INT(C13*100)-INT(C13*10)*10,"[dbnum2]")&"分")))

2.2.7 所见即所得

 如图2-66所示，通过自定义单元格格式，效果看起来已经符合要求了，但本质没有改变，有没有办法让其表里如一，所见即所得呢？

图2-66 表里不一的自定义单元格

如图2-67所示，在"开始"选项卡中激活剪贴板，然后按组合键Ctrl+C复制自定义格式的单元格，再单击"全部粘贴"按钮，现在自定义的格式就变成了真正的格式。

如图2-68所示，得到转换后的效果。

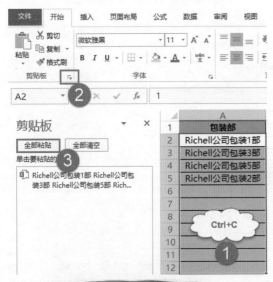

图2-67 利用剪贴板转换

图2-68 转换效果

知识扩展

如果经常需要调用剪贴板功能，可以设置按两次组合键Ctrl+C显示。

切换到"开始"选项卡，然后在"剪贴板"组中单击 按钮，再单击"选项"按钮，在弹出的下拉菜单中选中"按Ctrl+C两次后显示Office剪贴板"复选框，如图2-69所示。

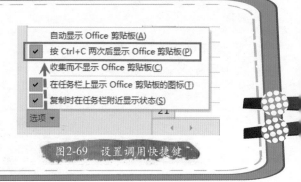

图2-69　设置调用快捷键

2.2.8　哪里不同刷哪里

Q 如图2-70所示，如何一次性在文本数据前面加单引号？因为从金蝶K3固定资产卡片批量导出来的Excel文件中的数据前面都有单引号，为了保证顺利导入，必须保持数据的一致性。

图2-70　部分数据前面没有单引号

A 既然要处理的数据都是文本类型，那就简单多了。如果类型不同，可以通过分列将所有数字变成文本格式。

如图2-71所示，选中A1单元格(包含单引号)，然后切换到"开始"选项卡，在"剪贴板"上单击"格式刷"按钮，鼠标将变成一把小刷子。然后用刷子刷一下包含数据的区域。

如图2-72所示，平常在设置表头的时候，经常需要设置各种格式，每次重复操作很麻烦。此时，你设置好一个表头，其他表头就可以通过格式刷轻轻一刷来统一格式，这种方法省时省力。

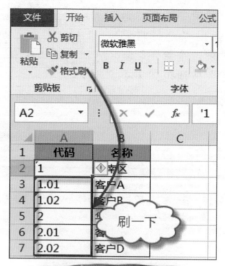

图2-71 格式刷的使用

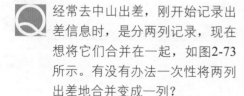

图2-72 统一表头格式

2.2.9 将两列的内容合并成一列

Q 经常去中山出差，刚开始记录出差信息时，是分两列记录，现在想将它们合并在一起，如图2-73所示。有没有办法一次性将两列出差地合并变成一列？

	A	B	C	D	E	F	G
1	日期	出差地	出差地		日期	出差地	
2	2010/6/3	小天使			2010/6/3	小天使	
3	2010/6/4		医疗		2010/6/4	医疗	
4	2010/6/5	小天使			2010/6/5	小天使	
5	2010/6/6	小天使			2010/6/6	小天使	
6	2010/6/7	小天使			2010/6/7	小天使	
7	2010/6/8	小天使			2010/6/8	小天使	
8	2010/6/9		医疗		2010/6/9	医疗	
9	2010/6/10		医疗		2010/6/10	医疗	
10	2010/6/11	小天使			2010/6/11	小天使	
11	2010/6/12	小天使			2010/6/12	小天使	
12							

图2-73 将两列的内容合并成一列

A 可以用选择性粘贴的方法实现两列合并为一列的操作。如图2-74所示，复制C2:C11区域，选择B2单元格，再右击，并在弹出的快捷菜单中选择"选择性粘贴"命令，弹出"选择性粘贴"对话框，选中"跳过空单元"复选框，再单击"确定"按钮。如果不需要C列，直接删除即可。

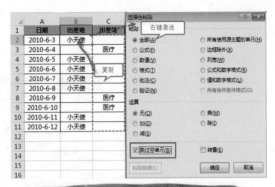

图2-74 选中"跳过空单元格"复选框

知识扩展

用IF函数作为判断，就可以将两列合并在一起，在F2中输入下面的公式，并向下填充公式，即可生成，如图2-75所示。

`=IF(B2="",C2,B2)`

图2-75 IF函数合并

函数非常好用，在以后的章节可要好好学习，这样可以让你提升工作效率。

2.2.10 将行变成列

Q 出差了好几天，准备报销费用，没想到表格布局没搞好，变成了矮矮胖胖的样子，可真难看，如图2-76所示。怎么将布局变成瘦瘦长长的呢？

	A	B	C	D	E	F	G	H	I	J	K	L
1	日期	2010/6/3	2010/6/4	2010/6/5	2010/6/6	2010/6/7	2010/6/8	2010/6/9	2010/6/10	2010/6/11	2010/6/12	合计
2	餐费	154.9	146	339.5	129	94	207.2	143	204.8	140	260	1818.4
3	杂费	66.5						27.3				93.8
4	合计	221.4	146	339.5	129	94	234.5	143	204.8	140	260	1912.2
5												

图2-76　表格布局

利用转置可实现这个效果，有人把这个功能戏称为"乾坤大挪移"。如图2-77所示，复制数据源，单击任意单元格，然后右击并在弹出的快捷菜单中选择"粘贴选项"命令，再单击"转置"按钮，调整列宽。

选择性粘贴还有很多功能，如粘贴成各式各样的功能，或者执行运算，有兴趣的朋友可以试试看。

图2-77　将行变成列

2.2.11　给单元格加把锁

出差刚回来，一大堆事情要处理，报告没时间做，只得交给其他同事做。模板虽然已经设置好，但有的地方涉及公式引用，如图2-78所示。如果让同事不小心给改了，麻烦就大了，这该怎么办呢？

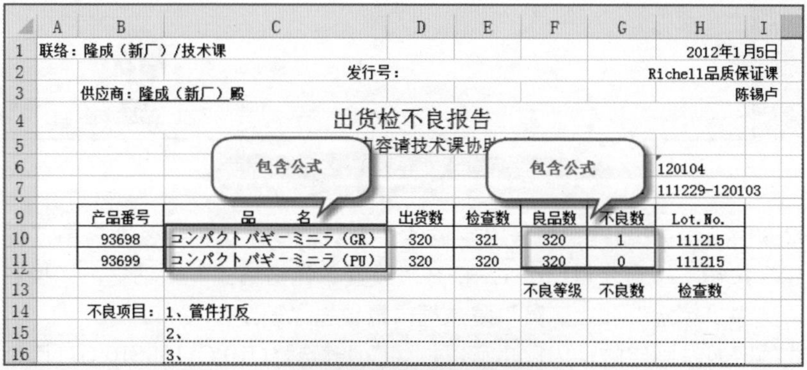

图2-78　包含公式

那就给单元格区域加把锁，将其保护起来，每把锁都只有唯一的钥匙(密码)，在没有钥匙的情况下别人是改不了的。具体操作如下。

STEP 01 如图2-79所示，单击"全选"按钮，然后按组合键Ctrl+1，打开"设置单元格格式"对话框。切换到"保护"选项卡，取消选中"锁定"复选框，再单击"确定"按钮。

图2-79 "设置单元格格式"对话框

STEP 02 如图2-80所示，按F5键，打开"定位条件"对话框。选中"公式"单选按钮，再单击"确定"按钮。按组合键Ctrl+1，打开"设置单元格格式"对话框，切换到"保护"选项卡，选中"锁定"和"隐藏"复选框，再单击"确定"按钮。

　　由于公式的区域是固定的，因此也可以按住Ctrl键选择C10:C11和F10:G11两个区域，然后再设置。这种方法也可以用于对其他固定区域的保护，而且保护的内容不仅仅限于公式。

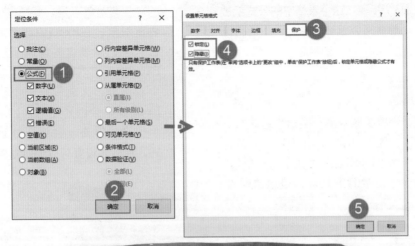

图2-80 定位公式，选中"锁定"和"隐藏"复选框

STEP〈03 如图2-81所示，在"审阅"选项卡中，单击"保护工作表"按钮，打开"保护工作表"
对话框，选中"编辑对象"复选框，设置密码，再单击"确定"按钮。在弹出的"确
认密码"对话框中重新输入密码，再单击"确定"按钮。

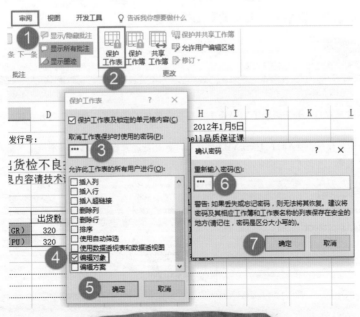

图2-81 设置保护工作表的密码

通过上面3个步骤，这个表格中的公式就被保护起来了，除了可以编辑对象外，不能再进行其他设置。

的，一些对象不是。概括来说就是，万物皆对象。在Excel中，图片、形状、艺术字、图表这些都属于对象。如果Excel中不存在这些对象，就会出现这个对话框。上面只是一个玩笑而已，Excel并不会诅咒任何人。因为是制作不良产品报告，会涉及一些图片的处理，所以才设置可以编辑对象。

关于对象

 看见你设置编辑对象，突然想起这么一段话，如图2-82所示，作为一名大龄青年，居然被Excel诅咒"找不到对象"，我觉得她是故意的！什么是对象呢？

图2-82 找不到对象

 对象可以是一件事、一个实体、一个名词，可以是获得的东西。一些对象是活

温馨提示

我们在使用别人的文档进行编辑前，最好事先备份。利用副本进行编辑，不要在原稿上进行修改，以免造成一些意想不到的麻烦。

知识扩展

设置工作表密码以后，如果遇到了VBA高手，那么密码就不安全了。但对于绝大多数人而言，还是非常安全的。

如图2-83所示，按组合键Alt+F11激活VBA编辑器，也就是进入后台，插入一个模板，输入下面的代码，然后按F5键运行代码。

```
Sub 破解工作表密码()
    ActiveSheet.Protect AllowFiltering:=True
    ActiveSheet.Unprotect
End Sub
```

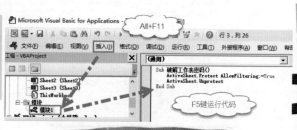

图2-83 VBA破解工作表密码

2.2.12　转换成PDF，放心将文档交给供应商

Q　报告做好了，一份留底，一份传给供应商。为了避免报告被修改，以前都是直接打印出来，然后再用打印件传真过去给供应商。现在提倡绿色办公，节约用纸，有没有办法直接发送电子文档过去，但是别人又无法修改电子文档中的内容呢？

A　可以将Excel转换成PDF，这样别人就不能轻易更改你的内容了。如图2-84所示，单击"另存为"按钮，选择存储位置，将"保存类型"设置为PDF，再单击"保存"按钮。

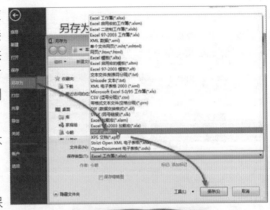

图2-84　另存为PDF

知识扩展

如图2-85所示，在百度搜索资料时，好多东西都是道客巴巴的，但是很多人都没有道客巴巴账户，所以没法下载查到的文档，这时怎么办呢？

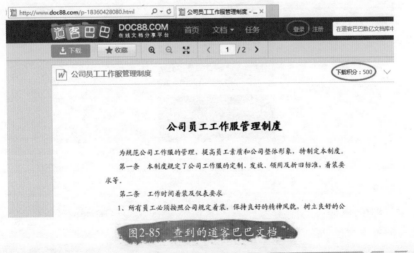

图2-85　查到的道客巴巴文档

知识扩展

如图2-86所示，可以借助冰点文库这款软件进行下载，下载后是PDF格式，再借助ABBYY FineReader就可以将PDF转换成Word，最后再进行简单的编辑修改即可。

图2-86 冰点下载

如图2-87所示，ABBYY FineReader可以将PDF转换成Excel或者Word。这款软件还有一个非常强大的功能，就是将扫描的文件或者图片中的文字转换在Word中以便于编辑，从而可以将原本几个小时的工作几分钟搞定。

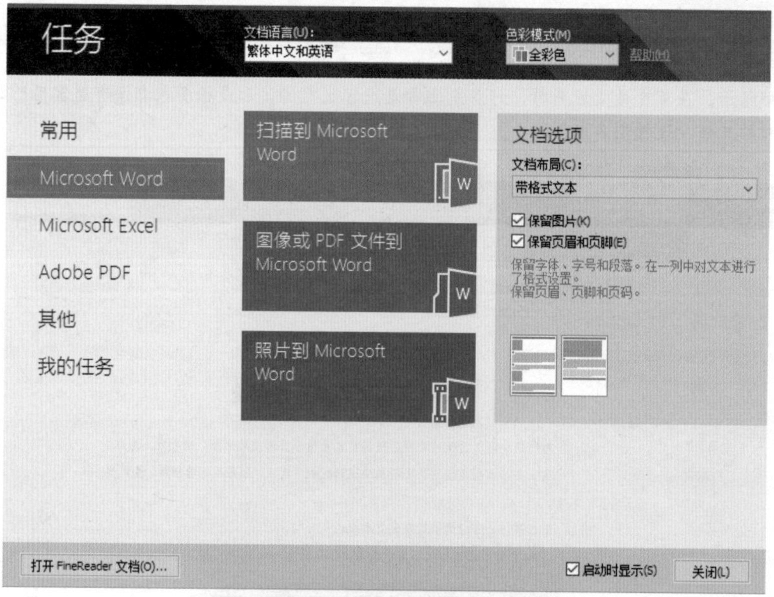

图2-87 ABBYY FineReader软件

2.3 十年磨一剑

转眼学Excel已经十年了，现在已经逐渐从当初的菜鸟，成为别人眼中的老师，同时也是公司的Excel专员，成为全公司水平最好的人。以前的学习方法已经不适合卢子了，卢子没法从同事和朋友那里学到更多技能。卢子现在能做的就是向全国的MVP(Most Valuable Player，最优秀选手)学习，他们现在才是卢子学习的目标。不同阶段，自己的目标都在逐步改变，而不是停滞不前。

MVP是全国最高水平的人，而这群人都在不断摸索新功能，卢子就刚好学习他们分享出来的神奇功能。而这群人早期是活跃在各大Excel论坛，现在逐渐转战在微博或者微信，借助Excel这个关键词很容易找到他们。

2.3.1 拯救未保存文档居然如此简单

电脑突然死机，表格没来得及保存怎么办？

是不是有种欲哭无泪的感觉？

其实借助Excel 2016的一个实用神技就能轻松恢复未保存的文件。

STEP 01 打开工作簿，单击"文件"按钮，如图2-88所示。

图2-88 单击"文件"按钮

STEP 02 如图2-89所示，单击"管理工作簿"下拉按钮，在弹出的下拉菜单中选择"恢复未保存的工作簿"命令。

图2-89 选择"恢复未保存的工作簿"命令

STEP 03 如图2-90所示，在UnsavedFiles文件夹内存放了所有没保存的表格，选择你需要保存的表格，单击"打开"下拉按钮，在弹出的下拉菜单中选择"打开并修复"命令。

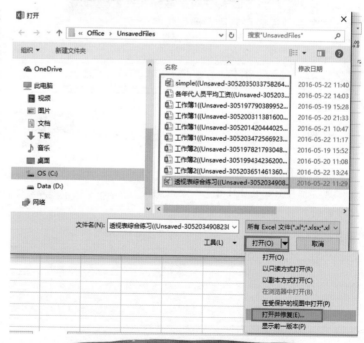

图2-90 打开并修复未保存的工作簿

STEP 04 如图2-91所示,在弹出的警告对话框中单击"修复"按钮。

这样就能恢复没有保存的工作簿,省去一大堆麻烦事。太贴心的功能,赞一个!

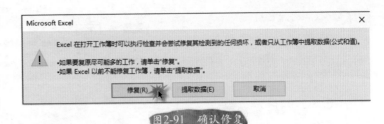

图2-91 确认修复

2.3.2 轻松逆透视,数据巧转置

如图2-92所示,左侧的表格数据方便数据记录,但这种表格后期处理分析难度很大,而右边的表格形式就没有这样的问题。如何才能将左边的表格形式转换成右边的形式呢?

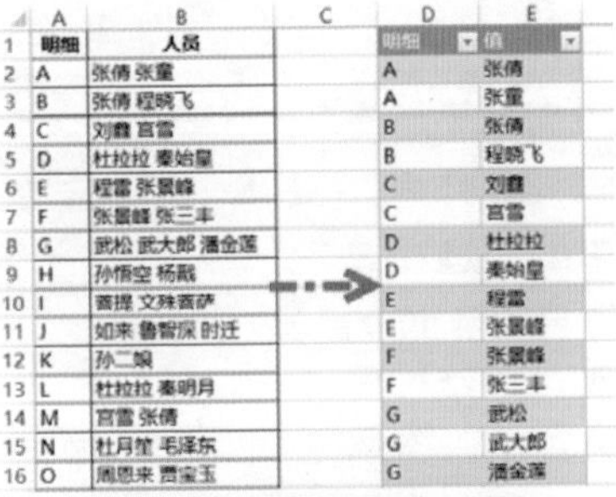

实现这样的转换有多种技巧,下面使用Excel 2016来说说具体的操作方法。

STEP 01 如图2-93所示,单击数据区域任意单元格,切换到"数据"选项卡,再单击"从表格"按钮,弹出"创建表"对话框,单击"确定"按钮。

图2-92 数据拆分转置

图2-93 创建表

STEP 02 这样Excel会自动
将数据区域转换为
"表"，并打开"查
询编辑器"界面。

如图2-94所示，单击
人员所在列的列标，
切换到"转换"选项
卡，依次单击"拆分
列"按钮，并在弹出
的下拉菜单中选择
"按分割符"命令。

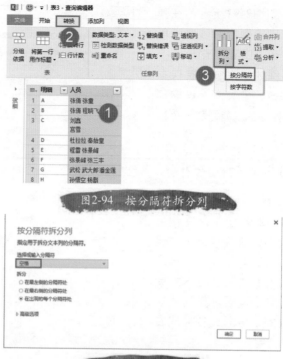

图2-94 按分隔符拆分列

STEP 03 如图2-95所示，在
"按分隔符拆分列"
对话框中的"选择或
输入分隔符"下拉列
表框中选择"空格"
选项，然后单击"确
定"按钮。

图2-95 按空格拆分

需要特别说明一点，这
里使用分列和在工作表中使
用分列有所不同。如果需要
分列的右侧列中还有其他的内
容，Excel会自动扩展插入新
的列，右侧已有数据列自动后
延。而在工作中使用分列，右
侧有数据时则会被覆盖掉。

STEP 04 如图2-96所示，按住
Ctrl键不放，依次选中
人员的几个列，在"转
换"选项卡中单击
"逆透视列"按钮。

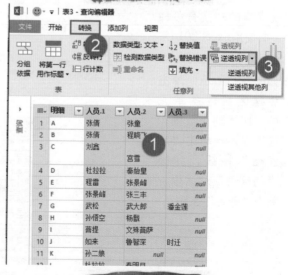

图2-96 逆透视列

STEP 05 如图2-97所示，右击"属性"列的列标，在弹出的快捷菜单中选择"删除"命令。

图2-97 删除属性列

STEP 06 如图2-98所示，切换到"开始"选项卡，单击"关闭并上载"按钮。这样就转换完毕，如图2-99所示。

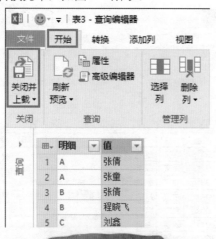

图2-98 关闭并上载

图2-99 转换后效果

这个功能是不是很逆天，如果其他版本要用到超级复杂的公式或者VBA，有了这个新功能处理数据变得更加简单。

2.3.3 二维表格转一维表格原来如此简单

二维表格在后期处理数据的时候没有一维表格方便，如何实现将二维表格转换成一维表格，如图2-100所示。

	A	B	C	D	E	F	G	H	I	J	K	L
1	班级	11	12	13	14	15	16	21		班级 ▼	属性 ▼	值 ▼
2	101班	语文	数学	阅读	音乐	语文	班队	语文		101班	11	语文
3	102班	语文	数学	阅读	品德	语文	体育	语文		101班	12	数学
4	103班	语文	数学	阅读	体育	语文	美术	语文		101班	13	阅读
5	104班	语文	数学	写字	武术	音乐	语文	语文		101班	14	音乐
6	105班	语文	数学	音乐	写字	语文	班队	语文		101班	15	语文
7	201班	数学	语文	品德	体育	语文	地方	语文		101班	16	班队
8	202班	数学	语文	美术	地方	语文	体育	语文		101班	21	语文
9	203班	数学	语文	音乐	写字	语文	班队	语文		102班	11	语文
10	204班	数学	语文	音乐	美术	语文	体育	语文		102班	12	数学
11	205班	数学	语文	品德	音乐	语文	体育	语文		102班	13	阅读
12	301班	语文	数学	英语	语文	体育	班队	数学		102班	14	品德
13	302班	语文	数学	武术	语文	音乐	地方	数学		102班	15	语文
14	303班	语文	数学	英语	语文	体育	品德	数学		102班	16	体育
15	304班	语文	数学	英语	语文	武术	音乐	数学		102班	21	语文

图2-100 二维表格转换成一维表格

在Excel 2016版出来之前，都是先创建一个多重合并计算区域的数据透视表，然后双击数据透视表的汇总项来实现的。

有了Excel 2016，这个方法估计就要成为历史了。

STEP 01 如图2-101所示，单击数据区域任意单元格，切换到"数据"选项卡，再单击"从表格"按钮，弹出"创建表"对话框，单击"确定"按钮。

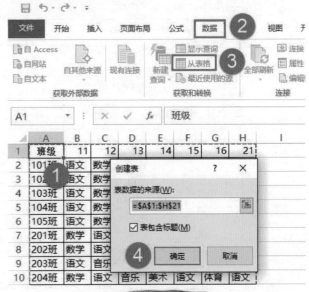

图2-101 创建表

STEP 02 这样Excel会自动将数据区域转换为“表”，并打开“查询编辑器”界面。

如图2-102所示，单击“班级”列中任意单元格，切换到“转换”选项卡，单击“逆透视列”按钮，在弹出的下拉菜单中选择“逆透视其他列”命令。

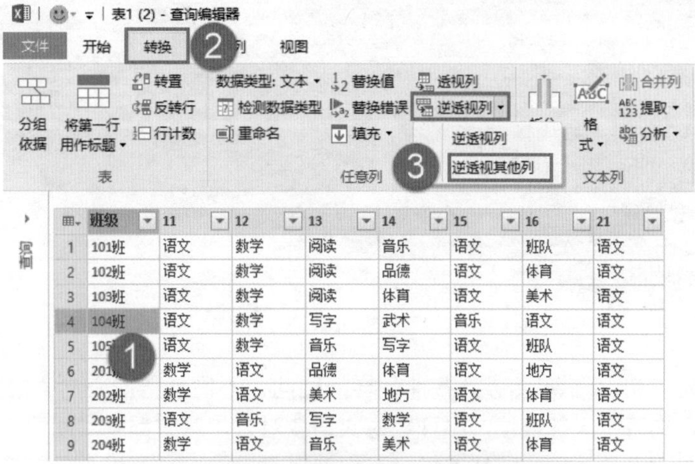

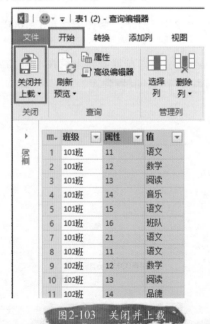

图2-102 选择“逆透视其他列”命令

STEP 03 如图2-103所示，切换到“开始”选项卡，单击“关闭并上载”按钮。这样就转换成功，如图2-104所示。

图2-103 关闭并上载

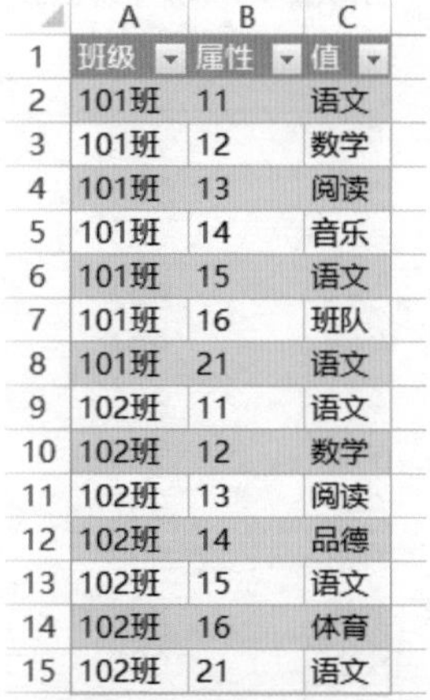

	A	B	C
1	班级	属性	值
2	101班	11	语文
3	101班	12	数学
4	101班	13	阅读
5	101班	14	音乐
6	101班	15	语文
7	101班	16	班队
8	101班	21	语文
9	102班	11	语文
10	102班	12	数学
11	102班	13	阅读
12	102班	14	品德
13	102班	15	语文
14	102班	16	体育
15	102班	21	语文

图2-104 转换后的效果

更多Excel 2016的新功能，让我们以后一起来挖掘！

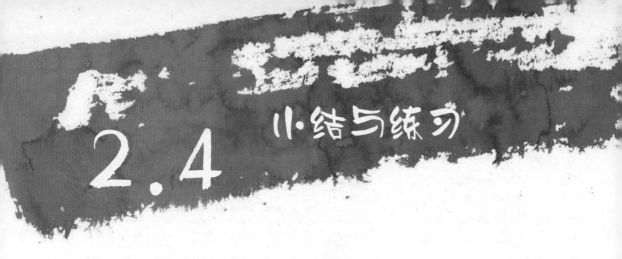

初识Excel会遇到各种各样的疑问，不懂就得虚心向有经验的人请教，懂得举一反三。但现在每个人都很忙，不可能每次请教对方，对方都有时间帮你解决问题，别人帮得了你一时，帮不了你一世。既然这样，我们就得靠自己，一有机会就去看对方操作，看他们留下的资料，机会是要靠自己争取的。有时仅仅10秒钟你就可以偷学一个技巧，一天学一两个，日积月累，那你就成了一个有经验的人。这个过程有时会相当漫长，要有信心坚持下去。其实还有一种方法，就是多看书，书籍会给我们提供一个更好的角度看问题，同时让我们在更短的时间内获取新知识。

1. 我们知道下拉可以生成1~N的序列，如图2-105所示，假如要生成1~1000，通过下拉会很慢，有什么办法可以快速生成1~1000呢？

2. 对于上班族而言，总是希望放长假，心里一直会盘算着距离国庆节还有多少天？除了看日历外，如图2-106所示，如何快速在Excel中进行倒计时提醒呢？

	A	B
990	990	
991	991	
992	992	
993	993	
994	994	
995	995	
996	996	
997	997	
998	998	
999	999	
1000	1000	
1001		

图2-105 快速生成1~1000的序列

	A	B
1	距离国庆节还有多少天	
2		159
3		
4		

图2-106 倒计时

第3章

常用小技巧

　　小小技巧能让你的工作效率提高很多倍。我们不必掌握每个技巧，只要了解一些常用的就可以了。排序、筛选、分列、查找、替换等就是最常用的，下面通过一些小实例一起来认识它们。学技巧没有捷径，唯有勤练，趁着有空多看看书。

3.1 排序

3.1.1 排序其实很简单

Q 如图3-1所示，刚收到一份快递费用汇总表，但中转费没有按从高到低排列，看起来很乱。怎么按中转费降序排序呢？

A 如图3-2所示，选择区域D1:D10，然后切换到"数据"选项卡，在"排序和筛选"组里单击 按钮，在弹出的"排序提醒"对话框中保持默认设置不变，单击"确定"按钮。

图3-1 乱序的快递费用表

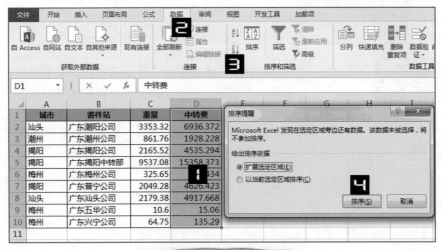

图3-2 按中转费降序排序

在"排序提醒"对话框中有个"以当前选定区域排序"单选按钮,如果选中这个单选按钮,排序结果会怎么样?

 "以当前选定区域排序"只能针对选择的区域排序,而没有选择的区域不排序。正常情况下,这种排序是没有意义的,同时也很危险。从图3-3可以很清楚地看出两种方式的差别。

城市	寄件站	重量	中转费		城市	寄件站	重量	中转费
揭阳	广东揭阳中转部	9537.08	15358.373		汕头	广东潮阳公司	3353.32	15358.37
汕头	广东潮阳公司	3353.32	6936.372		潮州	广东潮州公司	861.76	6936.372
汕头	广东汕头公司	2179.38	4917.668		揭阳	广东揭阳公司	2165.52	4917.668
揭阳	广东普宁公司	2049.28	4626.423		揭阳	广东普宁公司	9537.08	4626.423
揭阳	广东揭阳公司	2165.52	4535.294		梅州	广东梅州公司	325.65	4535.294
潮州	广东潮州公司	861.76	1928.228		揭阳	广东揭阳公司	2049.28	1928.228
梅州	广东梅州公司	325.65	708.434		汕头	广东汕头公司	2179.38	708.434
梅州	广东宁公司	64.75	135.29		梅州	广东五华公司	10.6	135.29
梅州	广东五华公司	10.6	15.06		梅州	广东兴宁公司	64.75	15.06
扩展选定区域排序					**以当前选定区域排序**			

图3-3 两种排序结果对比图

3.1.2 按城市的发展情况排序

 如图3-4所示,不管按升序排序还是按降序排序都不能得到我想要的排序结果。有没有办法实现我需要的排序呢?如现在这几个城市的发展情况从好到差依次是:揭阳、汕头、潮州、梅州,现按发展情况排序。

	A	B	C	D	E
1	**城市**	**寄件站**	**重量**	**中转费**	
2	汕头	广东潮阳公司	3353.32	6936.372	
3	潮州	广东潮州公司	861.76	1928.228	
4	揭阳	广东揭阳公司	2165.52	4535.294	
5	揭阳	广东揭阳中转部	9537.08	15358.373	
6	梅州	广东梅州公司	325.65	708.434	
7	揭阳	广东普宁公司	2049.28	4626.423	
8	汕头	广东汕头公司	2179.38	4917.668	
9	梅州	广东五华公司	10.6	15.06	
10	梅州	广东兴宁公司	64.75	135.29	
11					

图3-4 按城市发展升序

 汉字的排序方法通常有两种,一种是按首字母排序,还有一种是按笔画排序,如图3-5所示。 但这两种方法都得不到所需要的结果,既然没有所需要的排序结果,那就自定义一个排序方法吧。

图3-5 "排序选项"对话框

STEP 01 单击"文件"按钮,然后选择"选项"命令,再在弹出的"Excel选项"对话框的左侧选择"高级"选项,单击"编辑自定义列表"按钮,如图3-6所示。

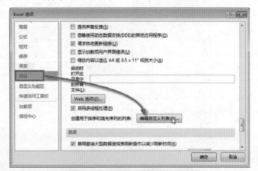

图3-6 "Excel选项"对话框

STEP 02 弹出"自定义序列"对话框，如图3-7所示，在"输入序列"列表框中依次输入城市(注：如果事先已经在单元格中输入排序依据，也可以用导入序列功能)，再单击"添加"按钮。"自定义序列"列表框中就出现了新增加的序列，单击"确定"按钮，返回工作表。

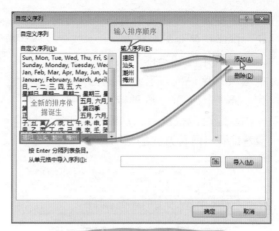

图3-7 "自定义序列"对话框

STEP 03 如图3-8所示，选择需要排序的区域，然后单击"排序"按钮。在弹出的"排序"对话框中，添加排序条件，在"次序"下拉列表框中选择"自定义序列"选项，找到自定义的新序列，单击"确定"按钮。

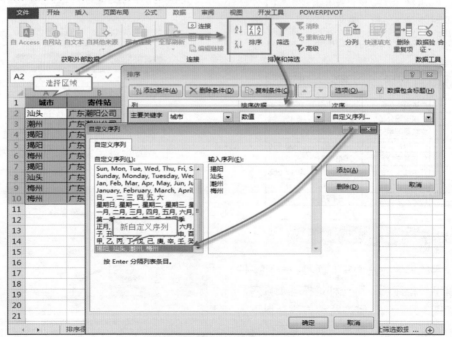

图3-8 自定义排序

如果需要多条件排序，只需在"排序"对话框中单击"添加条件"按钮，再选择需要排序的主要关键字，其他操作跟上面一样。

STEP 04 如图3-9所示，得到想要的排序结果。

	A	B	C	D
1	城市	寄件站	重量	中转费
2	揭阳	广东揭阳中转部	9537.08	15358.37
3	揭阳	广东普宁公司	2049.28	4626.423
4	揭阳	广东揭阳公司	2165.52	4535.294
5	汕头	广东潮阳公司	3353.32	6936.372
6	汕头	广东汕头公司	2179.38	4917.668
7	潮州	广东潮州公司	861.76	1928.228
8	梅州	广东梅州公司	325.65	708.434
9	梅州	广东兴宁公司	64.75	135.29
10	梅州	广东五华公司	10.6	15.06
11				

图3-9 自定义排序后的效果

知识扩展

自定义排序虽然挺好，但总让人感觉烦琐，如果你懂得函数，这个问题会变得更加简单。借助MATCH函数，将其作为辅助列，然后根据辅助列进行升序即可轻松完成，如图3-10所示。

| E2 | | | f_x | =MATCH(A2,{"揭阳","汕头","潮州","梅州"},0) |

	A	B	C	D	E	F	G
1	城市	寄件站	重量	中转费	排位		
2	揭阳	广东揭阳中转部	9537.08	15358.37	1		
3	揭阳	广东普宁公司	2049.28	4626.423	1		
4	揭阳	广东揭阳公司	2165.52	4535.294	1		
5	汕头	广东潮阳公司	3353.32	6936.372	2		
6	汕头	广东汕头公司	2179.38	4917.668	2		
7	潮州	广东潮州公司	861.76	1928.228	3		
8	梅州	广东梅州公司	325.65	708.434	4		
9	梅州	广东兴宁公司	64.75	135.29	4		
10	梅州	广东五华公司	10.6	15.06	4		
11							

图3-10 将MATCH函数作为辅助列排序

MATCH函数是用于获取排位的，比如，汕头在{"揭阳","汕头","潮州","梅州"}中排第2，就返回2，同理，潮州就返回3。有了排位，就可以按数字进行排序。

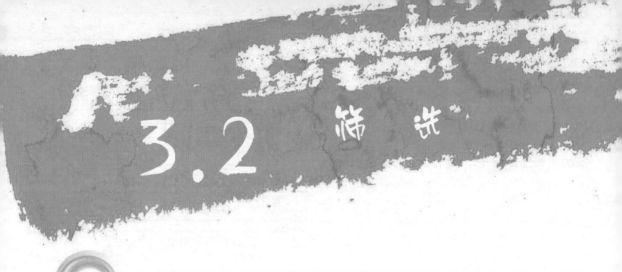

3.2 筛选

 ## 3.2.1 筛选中的搜索功能

 如图3-11所示，在搜索引擎中输入"潮州"，就会出现很多跟潮州有关的信息。在Excel中能否做到这点呢？

海量数据筛选，没有最快只有更快，利用筛选中的搜索功能可以让数据筛选更方便快捷。

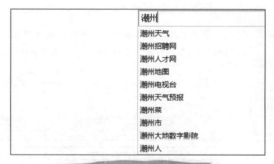

图3-11　搜索引擎

STEP 01 如图3-12所示，选择A1区域，然后单击"数据"选项卡下的"筛选"按钮。

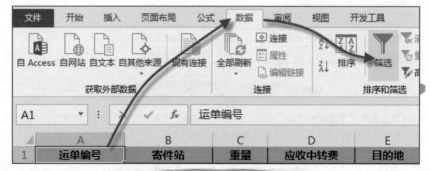

图3-12　单击"筛选"按钮

STEP 02 如图3-13所示，单击"寄件站"的筛选按钮，在搜索框中输入"潮州"，就会出现跟潮州有关的信息，再单击"确定"按钮。

旧版本操作：单击"寄件站"的筛选按钮，选择"文本筛选"→"包含"命令，输入"潮州"，就会出现跟潮州有关的信息，再单击"确定"按钮。

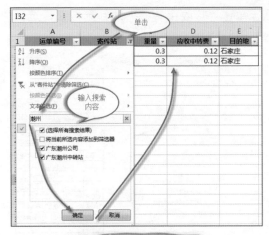

图3-13 搜索功能

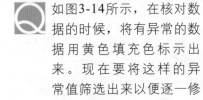

使用者有需求，Excel开发者就会改进。即使目前没有这个功能，只要需求的人多了，耐心等待，在不久的将来一定会有的。这个搜索功能就是一个明显的例子，2010版以后才有该功能。后文还会提到很多新功能，到时就不逐一说明了。

3.2.2 将带颜色的项目挑选出来

如图3-14所示，在核对数据的时候，将有异常的数据用黄色填充色标示出来。现在要将这样的异常值筛选出来以便逐一修改，应该怎么做呢？

	A	B	C	D	E
1	运单编号	寄件站	重量	应收中转费	目的地
2	368590253691	广东汕头公司	0.3	0.06	天津
3	368975438903	广东揭阳公司	0.3	0.12	石家庄
4	368982666910	广东揭阳公司	0.3	0.12	石家庄
5	368982698211	广东揭阳公司	0.3	0.12	石家庄
6	368974350150	广东汕头公司	0.3	0.12	石家庄
7	368982873380	广东潮阳公司	0.3	0.12	石家庄
8	368947334080	广东揭阳公司	0.3	0.12	石家庄
9	368973437482	广东潮阳公司	0.3	0.99	石家庄
10	468143288202	广东汕头公司	0.3	0.12	石家庄
11	368982873363	广东潮阳公司	0.3	0.12	石家庄
12	368982796885	广东潮阳公司	0.3	0.12	石家庄
13	368982768479	广东潮阳公司	0.3	0.12	石家庄
14	468031126521	广东潮阳公司	0.3	0.12	石家庄
15	368982873339	广东潮阳公司	0.3	0.12	石家庄
16	468143287314	广东汕头公司	0.3	0.22	石家庄
17	368974215309	广东汕头公司	0.3	0.12	石家庄
18	468066140293	广东汕头公司	0.3	0.12	石家庄
19	368886220657	广东普宁公司	0.3	0.12	石家庄
20	468031100262	广东潮州中转站	0.3	0.12	石家庄

图3-14 数据表

71

单击"应收中转费"的筛选按钮，选择"按颜色筛选"→"黄色填充色"命令，如图3-15所示。

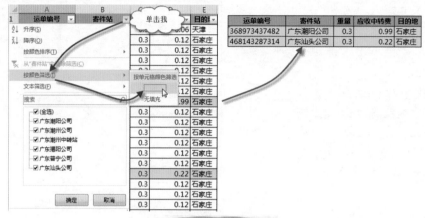

图3-15　按黄色筛选

旧版本操作需要借助宏表函数才可以。

STEP 01 如图3-16所示，单击F2单元格，切换到"公式"选项卡，单击"定义名称"按钮，弹出"新建名称"对话框，设置名称为"颜色"，在"引用位置"文本框中输入下面的公式，然后单击"确定"按钮。

```
=GET.CELL(63,将带颜色项目挑选出来!A2)
```

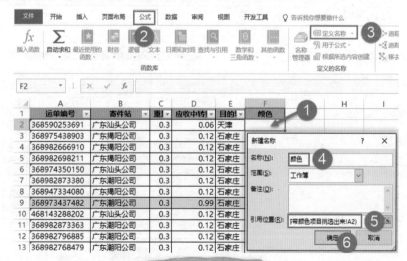

图3-16　定义名称

STEP 02 如图3-17所示，在F2单元格中输入公式，并向下填充。

=颜色

F2		× ✓ fx	=颜色			
▲	A	B	C	D	E	F
1	运单编号 ▼	寄件站 ▼	重量	应收中转费	目的地	颜色
2	368590253691	广东汕头公司	0.3	0.06	天津	0
3	368975438903	广东揭阳公司	0.3	0.12	石家庄	0
4	368982666910	广东揭阳公司	0.3	0.12	石家庄	0
5	368982698211	广东揭阳公司	0.3	0.12	石家庄	0
6	368974350150	广东汕头公司	0.3	0.12	石家庄	0
7	368982873380	广东潮阳公司	0.3	0.12	石家庄	0
8	368947334080	广东揭阳公司	0.3	0.12	石家庄	0
9	368973437482	广东潮阳公司	0.3	0.99	石家庄	6
10	468143288202	广东汕头公司	0.3	0.12	石家庄	0
11	368982873363	广东揭阳公司	0.3	0.12	石家庄	0
12	368982796885	广东潮阳公司	0.3	0.12	石家庄	0
13	368982768479	广东潮阳公司	0.3	0.12	石家庄	0
14	468031126521	广东潮州公司	0.3	0.12	石家庄	0
15	368982873339	广东潮阳公司	0.3	0.12	石家庄	0
16	468143287314	广东汕头公司	0.3	0.22	石家庄	6

图3-17　输入并填充公式

STEP 03 这时黄色填充色的返回6，没填充色的返回0，只需再对颜色进行一次筛选，筛选出6即可。

STEP 04 如图3-18所示，使用宏表函数需要将文件另存为"Excel 启用宏的工作簿"或者"Excel 97-2003工作簿"格式。

Excel 工作簿(*.xlsx)
Excel 启用宏的工作簿(*.xlsm) ✓
Excel 二进制工作簿(*.xlsb) ✓
Excel 97-2003 工作簿(*.xls) ✓
XML 数据(*.xml)
单个文件网页(*.mht;*.mhtml)
网页(*.htm;*.html)
Excel 模板(*.xltx)

图3-18　另存格式

3.2.3 借助高级筛选，让数据筛选更贴心

 如图3-19所示，普通筛选只允许按两个条件筛选，有没有办法按多个条件进行筛选呢？

 如图3-20所示，在B16:B19区域中罗列出所有条件的数据，切换到"数据"选项卡，单击"高级"按钮，在弹出的"高级筛选"对话框中选中"将筛选结果复制到其他位置"单选按钮，依次引用列表区域$A$1:$C$13，条件区域$B$16:$B$19，复制到$E$1:$G$1，再单击"确定"按钮。

自定义自动筛选方式
显示行：
行业
只允许两个条件
等于　科技
● 与(A) ○ 或(O)
等于　旅游

可用? 代表单个字符
用 * 代表任意多个字符

确定　取消

图3-19　只允许填写两个条件

图3-20 满足多条件的高级筛选

条件数据应写在同一列，在这里就是"或"的意思，只要满足其中一个条件就可以了。还有一种情况是筛选出满足公司或者行业中一列的数据。这样就分两行两列显示，如图3-21所示。

公司	行业
嘉元实业	
	旅游

图3-21 或的用法

假如要实现"且"的功能，则需要将条件写在同一行。如图3-22所示，就是同时满足公司为"嘉元实业"和行业为"旅游"的所有项目。

公司	行业
嘉元实业	旅游

图3-22 且的用法

Q 如果只要"公司"和"第1季度销量"两列，可以实现吗？

A 如图3-23所示，只需做小小的变动就可以了。在复制到的区域中，先把表头填写进去就行。

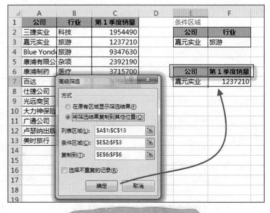

图3-23 选择需要的列

如果想将筛选的结果复制到新表格中,对于一个不存在的表格,高级筛选没法将筛选结果复制到那里。可以先插入一个新表格,然后再用高级筛选。

3.3 分列

3.3.1 按分隔符分列

 Q 如图3-24所示,尺寸数据中的长和宽都是用*隔开的,有没有办法提取长和宽?

	A	B	C
1	尺寸	长	宽
2	1158*491		
3	1158*160		
4	473*460		
5	1158*91		
6	1158*40		
7	677*16		
8	460*154		
9	380*82		
10	413*82		

图3-24 提取长、宽

 A 利用按分割符分列可以做到。

STEP 01 如图3-25所示,选择单元格区域A2:A10,然后单击"数据"选项卡中的"分列"按钮,并在弹出的"文本分列向导-第1步,共3步"对话框中保持默认设置不变,再单击"下一步"按钮。

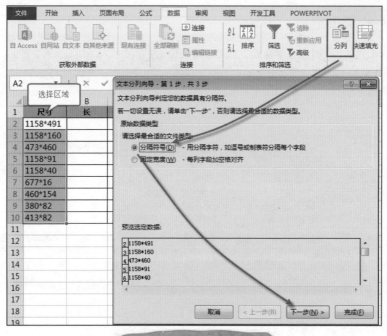

图3-25　文本分列第1步

STEP 02 如图3-26所示，在"分隔符号"的"其他"文本框中输入"*"，再单击"下一步"按钮。

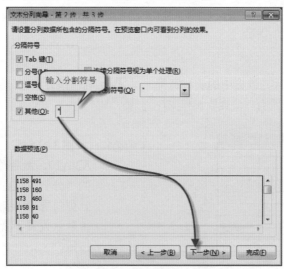

图3-26　文本分列第2步

STEP《03 如图3-27所示，设置"目标区域"为B2单元格，再单击"完成"按钮。

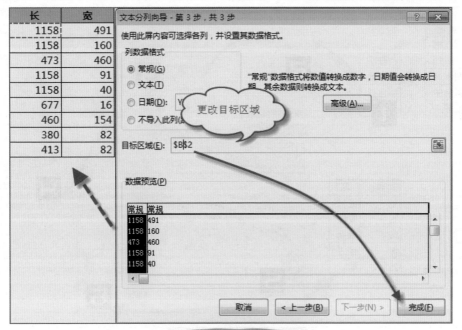

图3-27 文本分列第3步

3.3.2 将姓名分成两列显示

 如图3-28所示，怎么将姓名分成姓和名，并显示在两列呢？

 可以利用姓一般是一个字符这个特点并用固定宽度分列实现。

STEP《01 选择A2:A12区域，将姓名复制到B列。

STEP《02 单击"数据"选项卡中的"分列"按钮，然后在弹出的"文本分列向导-第1步，共3步"对话框中，选中"固定宽度"单选按钮，再单击"下一步"按钮。

	A	B	C
1	姓名	姓	名
2	刘红梅		
3	谷聪丽		
4	曲永晨		
5	彭金兰		
6	方琴		
7	杨红英		
8	刘朝贵		
9	罗恩梅		
10	杨刚		
11	罗志红		
12	王连美		
13			

图3-28 姓名清单

STEP 03 单击第一个汉字处，再单击"确定"按钮，如图3-29所示。

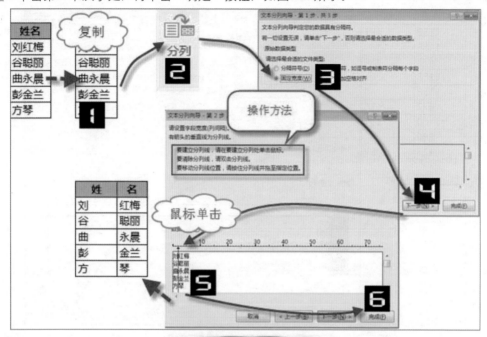

图3-29 按固定字符分列

3.3.3 将不标准日期转换成标准日期

Q 日期一般都是按Y/M/D形式显示的。如图3-30所示，却显示成M.D.Y。这种日期不能进行计算，怎么转换成可以计算的日期呢？

A 标准日期是用"-"或者"/"隔开的，其他形式都是不标准的，如果要显示为其他形式，可以通过自定义单元格得到。通过上面两个实例，我们知道了分列的一般作用，其实分列也可以将不标准日期转换成标准日期。

	A	B
1	不规范日期	标准日期
2	1.1.2012	
3	2.1.2012	
4	1.11.2012	
5	2.1.2012	
6	1.4.2012	
7	2.1.2012	
8	11.1.2012	
9	1.5.2012	
10	10.1.2012	
11	4.1.2012	
12	1.12.2012	
13		

图3-30 不标准日期

STEP 01 选择A2:A12区域，然后单击"数据"选项卡中的"分列"按钮，在弹出的文本分列向导对话框中保持默认设置不变，连续单击两次"下一步"按钮。如图3-31所示，在"列数据格式"选项组的"日期"下拉列表框中选择MDY选项，目标区域引用A2单元格，最后单击"完成"按钮。

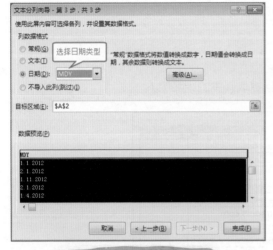

图3-31 按MDY分列

分列其实还有很多用途，如将文本转换成真正的数字以便计算，如图3-32所示，因为文本是不能直接求和的。数字默认靠右对齐，而文本则靠左对齐。位置站错，价值也就变了。

STEP 02 选择A2:A12区域，然后单击"数据"选项卡中的"分列"按钮，在弹出的"文本分列向导"对话框中保持默认设置不变，直接单击"完成"按钮，一步到位。如图3-33所示，虽然数据

暂时还是靠左对齐，但性质已经变了，可以自动求和。

	A
1	文本数字
2	3
3	2
4	11
5	33
6	54
7	122
8	234
9	124
10	234
11	234
12	234
13	0
14	

图3-32 不能求和的数据

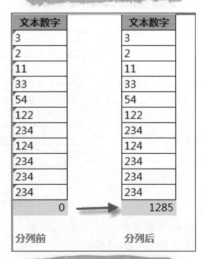

图3-33 分列前后对比图

如果要将数字转换成文本，也可以用分列完成。分列的时候，在"文本分列向导"对话框的"列数据格式"选项组中选中"文本"单选按钮就可以了。

3.4 零散小技巧

3.4.1 闪电式数据填充

Q 如图3-34所示，现在有一些电子邮件，如何提取其中的人名呢？

	A	B
1	电子邮件	名字
2	Nancy.Freehafer@fourthcoffee.com	
3	Andrew.Cencini@northwindtraders.com	
4	Jan.Kotas@litwareinc.com	
5	Mariya.Sergienko@graphicdesigninstitute.com	
6	Steven.Thorpe@northwindtraders.com	
7	Michael.Nelpper@northwlndtraders.com	
8	Robert.Zare@northwindtraders.com	
9	Laura.Giussani@adventure-works.com	
10	Anne.HL@northwindtraders.com	
11	Alexander.David@contoso.com	
12	Kim.Shane@northwindtraders.com	

图3-34 电子邮件列表

A 仔细观察发现，人名后面都有一个分隔符"."，因此可以按分隔符号分列获得人名。其实，Excel 2013提供了一个超级强大的填充功能，用"闪电式"这个词来形容它再恰当不过了，又快又好用。

在"名字"列，也就是B2单元格里输入第一个名字Nancy，并按Enter键。

如图3-35所示，单击"开始"选项卡中的"填充"按钮，然后在弹出的下拉菜单中选择"快速填充"命令。观察工作表发现，已实现了按名字填充。

旧版本操作：只能按分列完成，或者用函数提取。

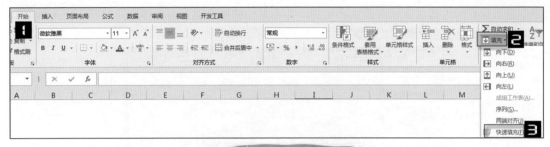

图3-35　快速填充名字

也许你还没反应过来，下面再通过一个小例子来说明这个"快速填充"功能。如图3-36所示，"调色配方"列每个单元格内都有3种配色，现在要获取中间的配色。

在"中间配色"列，也就是C2单元格中输入"B:28"，按Enter键。

单击"开始"选项卡中的"填充"按钮，在弹出的下拉菜单中选择"快速填充"命令。观察工作表发现，中间配色方案已全部生成。快速填充的快捷键是Ctrl+E，如果能记住快捷键会效率更高。

	A	B	C
1	产品	调色配方	中间配色
2	0001	A:38 B:28 C:34	
3	0002	A:38 C:24 E:38	
4	0003	B:30 D:40 F:30	
5	0004	A:35 C:40 C:25	
6	0005	B:5 D:25 F:70	
7	0006	A:38 D:28 E:34	
8	0007	C:70 D:28 F:2	
9	0008	D:8 E:12 F:80	
10	0009	A:38 B:40 C:22	
11			

图3-36　获取中间配色

3.4.2　删除错误值

 如图3-37所示，"平均每回人数"列中出现错误值，很不美观，有没办法将错误值替换成空？

 可以利用查找功能，将错误值删除。

如图3-38所示，按正常方法操作，选择D2:D13区域，然后按组合键Ctrl+F，弹出"查找和替换"对话框。在"查找内容"下拉列表框中输入"#DIV/0!"，单击"查找全部"按钮。Excel会提示需要更改查找范围值。为什么会出现

	A	B	C	D
1	月份	检查回数	总人数	平均每回人数
2	4月	11	45	4
3	5月	8	31	4
4	6月	4	18	5
5	7月	11	38	3
6	8月	11	45	4
7	9月	0	0	#DIV/0!
8	10月	7	22	3
9	11月	10	32	3
10	12月	15	49	3
11	1月	5	18	4
12	2月	4	12	3
13	3月	0	0	#DIV/0!

图3-37　没有容错产生的错误值

这个提示呢？因为错误值是由公式产生的，并不是公式存在错误值，错的只是显示出来的值。有时，错误的操作会让你记忆更深刻。

图3-38　错误的操作方法

如图3-39所示，选择D2:D13区域，然后按组合键Ctrl+F，弹出"查找和替换"对话框。在"查找内容"下拉列表框中输入"#DIV/0!"，将"查找范围"设置为"值"。单击"查找全部"按钮。按住Shift键选择第一个和最后一个错误值，关闭对话框，再按Delete键删除。

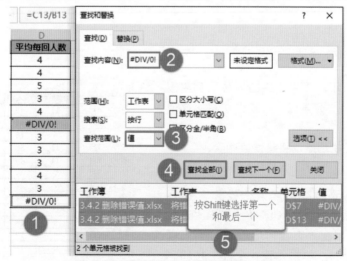

图3-39　将"查找范围"设置为"值"

　　直接按组合键Ctrl+H调出"查找和替换"对话框的"替换"选项卡，然后将"查找范围"设置为"值"，再单击"全部替换"按钮不就可以了吗？

　　做任何事情都得有自己的想法，这样才不会被别人牵着鼻子走，这样很好。来，我们一起来走一遍，试试你的想法能否行得通。

　　如图3-40所示，按组合键Ctrl+H调出"查找和替换"对话框，发现"查找范围"下拉列表中就只有一个"公式"选项，没有"值"哦！如果直接单击"全部替换"按钮，会提示找不到可以替换的内容。

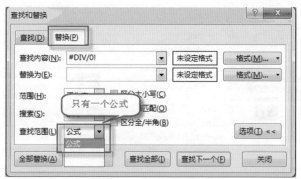

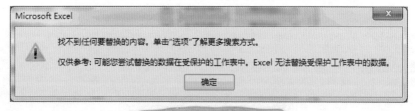

图3-40　直接替换效果图

温馨提示

　　正是因为出过错，我才知道这个"查找范围"的问题，所以特意把错误的做法写出来，让大家牢记这个错误。

　　也许，你一时半会还没法适应这个查找替换功能，先缓一缓，回头再练习几次就好了。其实，如果先定位错误值再删除，就会比较容易理解查找替换功能。记住，条条大路通罗马！

　　如图3-41所示，选择区域，然后按F5键，调出"定位"对话框。单击"定位条件"按钮，在弹出的"定位条件"对话框中选中"公式"单选按钮，在其下面只选中"错误"复选框，再单击"确定"按钮，按Delete键删除错误值。

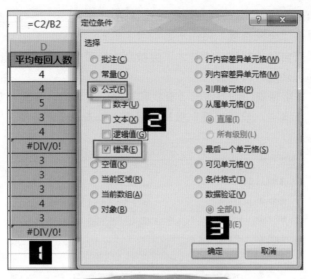

图3-41　定位删除错误值

温馨提示

在大多数情况下都是用下面的公式进行容错，公式部分在第4章将有详细介绍，这里就不做解释了。

=IF(C2,C2/B2,"")

=IFERROR(C2/B2,"")

3.4.3　让数据输入更简单

 如图3-42所示，经常要输入一些"缺陷描述"，有没有办法让输入更简单？

 如果数据量不超过5个，可以利用数据有效性的序列来处理，但当数据量比较大时这种方法反而更慢。

	A	B
1	缺陷描述	不良数
2	漏焊	3
3	焊穿	9
4	高低板	2
5	气孔	4
6	弹簧门	2
7	偏焊	10
8	变形	2

图3-42　缺陷描述

单击"文件"按钮，然后选择"选项"命令。如图3-43所示，在"Excel选项"对话框中选择"校对"选项，再单击"自动更正选项"按钮。在"自动更正"对话框中添加这些缺陷的首字母，更正为缺陷描述，但这个方法会导致后期输入这些字母时，Excel会"自作主张"帮你改正。

图3-43　自动更正

自动更正"后遗症"小例

@Magic赛琳娜：如图3-44所示，为什么我输入"R"时，Excel非要跳出"日"来呢？

输入	回车
R	日

图3-44　自动更正

要解决这个"后遗症"，如图3-45所示，只需取消选中"键入时自动替换"复选框即可。

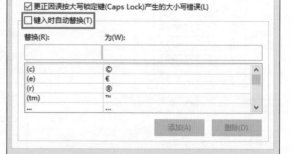

图3-45　取消选中"键入时自动替换"复选框

既然可以输入首字母来实现自动更正，那么查找替换也可以。如图3-46所示，如漏焊就输入LH，当单元格全部输入完后再用替换功能改正。这个至少比自动更正靠谱，没有后遗症。当字符越长时，这种查找替换更能体现出价值，如输入"Richell日本公司东莞代表处"，你可以简写为Rc。

如果使用函数，这种问题会变得很简单。只要设置一个对应表，然后用VLOOKUP函数引用过来就可以了，不过这里先不详细介绍。慢慢来，一口气吃不成胖子。

图3-46 查找和替换

3.4.4 重复值问题

如图3-47所示，有部分手机号重复，怎样获取不重复的手机号？

	A
1	手机
2	1303178468
3	1309412243
4	1310259262
5	1313695542
6	1320328561
7	1335360304
8	1335360304
9	1353219018
10	1353219018
11	1358977991
12	1359418119

图3-47 有部分重复的手机号

如图3-48所示，单击"数据"选项卡中的"高级"按钮，利用弹出的"高级筛选"对话框中的"选择不重复的记录"复选框可以获得。

图3-48 高级筛选去重复

除了高级筛选外，还有其他办法可以获取不重复的手机号吗？

如图3-49所示，选择A1:A12区域，然后单击"数据"选项卡中的"删除重复项"按钮。在弹出的"删除重复项"对话框中保持默认设置不变，单击"确定"按钮。

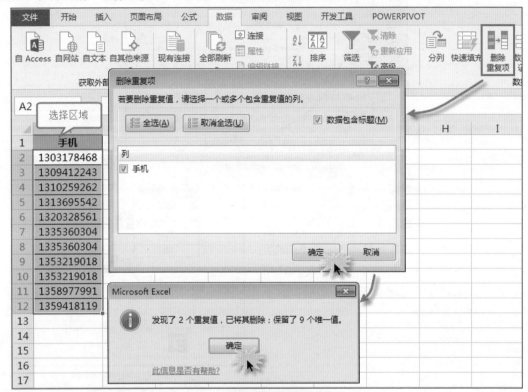

图3-49　删除重复项

当有多列需要删除重复数据时也可以用这种方法。多列其实就是将各列合并起来，相当于&("卢子"&872245780=卢子872245780)，软件会自动进行判别。

如果仅仅想要把重复的手机号标示出来而不删除，可以吗？

如图3-50所示，选择A1:A12区域，然后单击"条件格式"按钮，在弹出的下拉菜单中选择"突出显示单元格规则"→"重复值"命令，在弹出的"重复值"对话框中保持默认设置不变，再单击"确定"按钮。

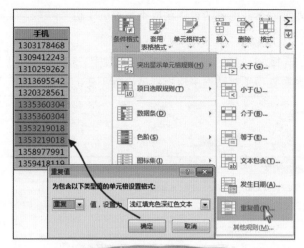

图3-50 标示重复值

如果其他文本值需要标示重复值，操作更简单。如图3-51所示，选择区域，然后选择"快速分析工具"→"重复的值"命令，Excel就自动帮你标示出来。如果是数值型数据，Excel更关心的是数字的其他分析而不是重复与否，所以没有直接出现这个"重复的值"功能。版本越高，Excel越懂你的心。

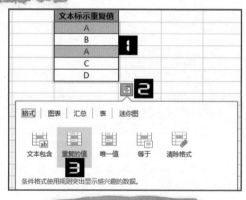

图3-51 快速分析工具

 ## 3.4.5 套用表格样式

在1.3节中提到过隔行填充颜色，以便领导看得更清楚。这个怎么做到呢？请先看下面的对话。

"小张，你这个表格里密密麻麻的这么多数据，看得我头大！"

"哦，老板，要不我给您泡杯茶，慢慢看。"

"不用了，你把数据隔行填上颜色，再拿给我，不然看着看着就串行。"

"隔行填色啊？好几千行呢……今天又要加班了。老板，咱们公司加班有加班费吗？"

"加班费？你如果做不出来，就准备卷铺盖走人吧，还加班费！人家小李怎么就不加班？上次几万行数据都是这样做的。"

A 其实，隔行填色很简单，只需要套用一个格式就行。

STEP 01 如图3-52所示，单击任意单元格，再单击"套用表格格式"按钮，然后选择你喜欢的样式。

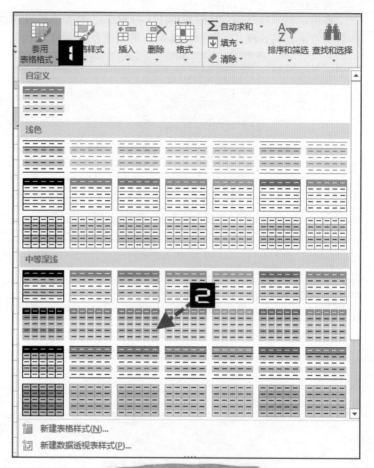

图3-52 选择样式

STEP 02 如图3-53所示，在弹出的"套用表格式"对话框中，单击"确定"按钮。

图3-53 确定样式

其实，利用组合键Ctrl+T或Ctrl+L创建表，也可以实现隔行填色，如图3-54所示，但创建的填充色为默认的样式。要改变颜色，需要重新套用样式。

日期	型号	出货数	检查数	不良数
2012/4/1	H126	142	142	0
2012/4/2	H126	616	626	10
2012/4/3	H126	31	35	4
2012/4/4	H126	128	149	21
2012/4/5	H126	61	63	2
2012/4/6	R102	197	201	4
2012/4/7	R102	1140	1171	31
2012/4/8	R102	263	268	5
2012/4/9	R102	1176	1222	46
2012/4/10	R102	819	830	11
2012/4/11	R102	804	825	21
2012/4/12	H126	299	311	12
2012/4/13	H126	61	61	0
2012/4/14	H126	389	396	7

创建表
表数据的来源(W):
=$A$1:$E$15
☑ 表包含标题(M)
确定　取消

图3-54 创建表格

知识扩展

表格有一个很好用的功能，就是实现各种各样的统计功能。

如图3-55所示，单击表格任意单元格，切换到"设计"选项卡，选中"汇总行"复选框，这样就实现了对"不良数"的统计。

图3-55 汇总行

如图3-56所示，单击不良数的汇总单元格，发现除了求和，还能执行各种统计操作。

	A	B	C	D	E	F
	日期 ▼	型号 ▼	出货数▼	检查数▼	不良数 ▼	
1						
2	2012-4-1	H126	142	142	0	
3	2012-4-2	H126	616	626	10	
4	2012-4-3	H126	31	35	4	
5	2012-4-4	H126	128	149	21	
6	2012-4-5	H126	61	63	2	
7	2012-4-6	R102	197	201	4	
8	2012-4-7	R102	1140	1171	无	
9	2012-4-8	R102	263	268	平均值	
10	2012-4-9	R102	1176	1222	计数	
11	2012-4-10	R102	819	830	数值计数	
12	2012-4-11	R102	804	825	最大值 / 最小值	
13	2012-4-12	H126	299	311	求和	
14	2012-4-13	H126	61	61	标准偏差	
15	2012-4-14	H126	389	396	方差 / 其他函数...	
16	汇总				174	
17						

E16 = SUBTOTAL(109,[不良数])

图3-56　各种统计

如图3-57所示，对型号进行筛选，能够自动汇总筛选后的不良数的总数。

	A	B	C	D	E
1	日期 ▼	型号 ▼	出货数▼	检查数▼	不良数 ▼
2	2012-4-1	H126	142	142	0
3	2012-4-2	H126	616	626	10
4	2012-4-3	H126	31	35	4
5	2012-4-4	H126	128	149	21
6	2012-4-5	H126	61	63	2
13	2012-4-12	H126	299	311	12
14	2012-4-13	H126	61	61	0
15	2012-4-14	H126	389	396	7
16	汇总				56
17					

图3-57　对筛选的数据汇总

对于不精通函数的朋友而言，这个"表格"简直就是神器，太棒了！

3.5 小结与练习

了解排序、筛选、分列等常用小技巧，会让我们以后处理数据更加得心应手。相似的知识点一定要一起学，不要看到什么就学什么，那样反而学得不快。学习的过程就是一个积累的过程，是从量变到质变的一个过程。有空的时候，多练几次，基本上就记住了这些技巧。当技巧学得差不多的时候，就得进攻函数，那将是另外一片天地！

1. 如图3-58所示，在数量很多的情况下，如何快速筛选出90这个数据对应的项目？

	A	B
1	品名 ▼	数量 ▼
2	标桂	1200
3	鲈鱼	200
4	鲜标桂	3000
5	鲜桂鱼	3200
6	鲜桂鱼（小）	112200
7	多宝鱼	20
8	18头鲍	90
9	15头鲍	4390
10	8头鲍	6130
11	10头鲍	9980
12	12头鲍	9840
13	3头贝	6560
14	6头贝	8110
15	黄甲鱼	3300
16	黄甲鱼	6680

图3-58 筛选90对应的项目

2. 如图3-59所示，如何将0替换成空白？

	A	B
1	品名	数量
2	标桂	1200
3	鲈鱼	200
4	鲜标桂	3000
5	鲜桂鱼	3200
6	鲜桂鱼（小）	112200
7	多宝鱼	20
8	18头鲍	0
9	15头鲍	4390
10	8头鲍	6130
11	10头鲍	9980
12	12头鲍	9840
13	3头贝	6560
14	6头贝	0
15	黄甲鱼	3300
16	黄甲鱼	6680

图3-59 将0替换成空白

第4章

最受欢迎的函数与公式

函数与公式可以说是Excel的精髓，每天都有无数人在讨论她的用法。基本上每天都有一些精妙的公式被发掘出来。学公式靠的是逻辑思维和思考问题的方法(角度)，不像掌握前面的技巧那样须死记硬背。不经过认真思考、举一反三是永远学不好公式的。学好公式，绝大部分的工作都可以轻松搞定。曾经有人说过，只要学好公式再配合一些技巧，你就可以成为Excel高手。下面让我们一起向高手迈进一小步！

4.1 一起来学习函数与公式

温馨提示

　　基础知识学起来很枯燥，却很重要。万丈高楼平地起，要想直接盖顶层而没有地基肯定行不通，因此应用心学好基础知识。基础知识需要怎么学呢？一般我是先粗略地看完全部内容，然后从中挑选感兴趣的内容并细读。对基础知识有初步的了解后，暂时先放一边，等实际遇到相关问题时再来看这部分内容，无限循环，从而在不知不觉中就记牢了这些知识。切忌贪多，一次是无法记住全部基础知识的。

学习前的准备

　　"实用为王"：这才是学习的目的，毕竟我们学习技术为的就是要解决问题，不要一味贪多，现在用不上的函数就可以先不学习。到现在，我对财务函数还一无所知，但这并不妨碍我解决实际问题，等到需要时再学习也不迟。

　　"助人为乐"：各人的思维习惯与角度不尽相同，导致水平有高低之分，思维也有差异。帮助别人就是帮助自己。

图4-1　三个快捷键

　　请牢记三大快捷键，如图4-1所示。熟练掌握这三个快捷键，对你会有莫大的好处！

4.1.1　基本概述

什么是公式

　　也许有人会说，公式有什么好学的，我们从小学开始就一直在接触"公式"，如圆的面积公式。这是数学公式，跟Excel的公式是不同的。Excel中的公式是以"="号开始的，通过使用运算符将数据和函数等元素按一定顺序连接在一起形成对工作表的数值进行计算的等式，如图4-2所示。

圆的面积

$$A = \pi r^2$$

图4-2　数学公式

 关于=号的位置的小故事

很久很久以前，我在刚学Excel的时候，想要用它来进行计算。如图4-3所示，在单元格中输入1+2后没反应，输入"1+2="后依然没反应，不禁叹息，原来Excel是不能计算的。直到有一天，无意间单击自动求和按钮，出现=SUM(C2:C6)，才恍然大悟，原来是将=放在最前面，然后输入"20+30"，立刻出现50，输入"=2*9"，立马出现18。正如英文中称呼Mr.Chen，与中文相比，完全颠倒。

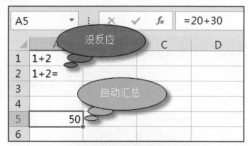

图4-3　无反应的输入

 允许用+符号替代=。

 你也敢跟计算器比速度

有很多人喜欢用计算器进行计算，因为他们总觉得电脑录入数字的速度比不上计算器。真的吗？NO！因为=号的位置跟小键盘隔得远，第一次录入"=1……"这一步比在计算器输入慢。但其实可以不输入=号，而是利用+号取代=，效果也是一样的。如输入"+1+1"，按Enter键后就会得到2，且单元格的公式变成=1+1，如图4-4所示。

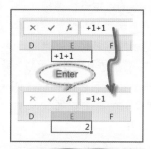

图4-4　用+取代=

 什么是函数

简单来说，函数就是预先定义好的公式。如图4-5所示，对A1:A10单元格区域中的数字进行求和，利用Sum可以轻松完成，但用常规公式很麻烦。

	A	B	C	D
1	1			
2	2			
3			55	=A1+A2+A3+A4+A5+A6+A7+A8+A9+A10
4			55	=SUM(A1:A10)
5	5			
6	6			
7	7			
8	8			
9	9			
10	10			

图4-5　函数与常规公式的比较

使用函数可以简化公式，同时也可以实现公式无法完成的功能。如图4-6所示，查询表中所列人员属于哪部影片：

=VLOOKUP(D2,A:B,2,0)

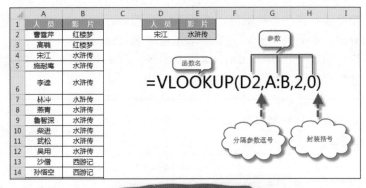

图4-6 使用函数简化公式

4.1.2 初识函数

可以将函数看成一个"黑箱"，我们只需关心它的输入与输出，无须关心其具体实现。这些黑箱能对输入的数据进行某种处理，最后输出结果。这些输入就叫参数，各参数之间用半角逗号"，"来隔开，输出就是函数返回值，而黑箱可以用一对半角括号"(,)"来表示，这种表示比较形象，就是将参数包裹起来。当然，人有姓，树有名，为了标识这些黑箱，就在括号之前贴上"标签"，这个标签就是函数名。函数名除用于标识函数外还起到一定的功能描述作用。

每个函数都有自己的名称，如果函数名错，就会出现#NAME?。

如图4-7所示，函数名少了一个字母O：

=VLOKUP(D2,A:B,2,0)

正确写法：

=VLOOKUP(D2,A:B,2,0)

图4-7 函数分解示意图

4.1.3 快速、准确输入函数名的两种方法

 函数名输入错误，一般发生在2003版，高版本Excel中发生函数名输入错误的可能性很小。怎么快速、准确地输入函数名呢？

 解决方案：

插入函数

单击"公式"选项卡中的"插入函数"按钮，出现"插入函数"对话框。在"或选择类别"下拉列表框中选择"查找与引用"选项，并选择VLOOKUP函数。单击"确定"按钮，设置每个参数，再次单击"确定"按钮，如图4-8所示。

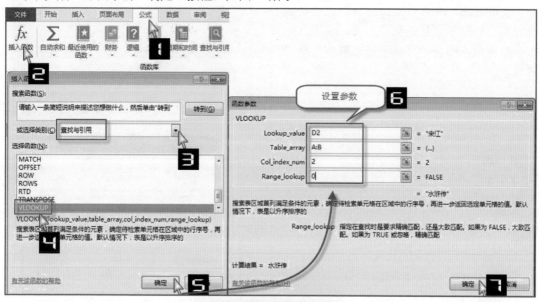

图4-8　插入函数

这种方法适用于前期学习阶段，对函数熟练后就得学会用下面的第二种方法。

公式记忆式键入

不要担心Excel的记忆力，她远比你想象的还要好。只要输入前一两个字母，就会出现跟这些字母有关的所有函数。如在单元格中输入"=v"(函数名不区分大小写)，即可在弹出的列表中双击VLOOKUP，如图4-9所示。

如果有一天，你在工作表里输入前几个字母后没有任何提示，不要怀疑是不是Excel老了，记忆力减退了，而是你的工作表被别人动了手脚，重新更改过来即可。

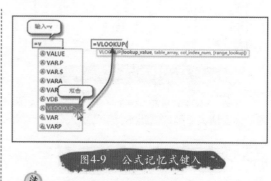

图4-9　公式记忆式键入

2003版本不存在这个功能。

单击"文件"按钮，选择"选项"命令，打开"Excel选项"对话框。单击"公式"选项，选中"公式记忆式键入"复选框，再单击"确定"按钮，如图4-10所示。

设置好后，又可以重新提示。这个功能很好用，特别是函数嵌套的时候，用插入函数很难完成，而用"公式记忆式键入"却很轻松。

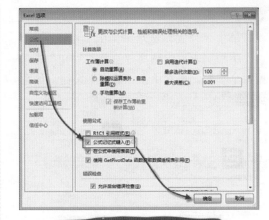

图4-10　设置公式记忆式键入

4.1.4　输入公式三招

 A列数字的总计减去C列数字的总计，统计结果如图4-11所示。

=SUM(A1:A10)-SUM(C1:C10)

	A	B	C	D	E
1	1		2		
2	2		2		
3	3		2		
4	4		2		
5	5	减去	3	结果	29
6	6		3		
7	7		3		
8	8		3		
9	9		3		
10	10		3		

图4-11　两列数字差异的和

不要以为这些都是手工输入的，这样会令人很头疼。懒人原则，借助外力帮你输入公式。

 解决方案：

 鼠标选取

输入"=SUM("，然后用鼠标选取

A1:A10单元格区域，如图4-12所示。

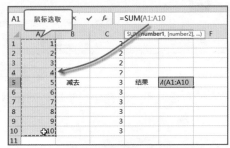

图4-12　鼠标选取

 复制相同内容

当输入到"=SUM(A1:A10)-"时，停下你的小手，不要再次输入"SUM("，而是直接复制SUM(A1:A10)，然后用鼠标更改区域，如图4-13所示。

=SUM(A1:A10)-SUM(A1:A10)

图4-13　复制

你也许会对这事不以为然，"我输入这些内容比复制要快"，真的如此吗？

那假如是下面的情况，又该如何？

```
=SUMIF($A$1:$A$10,">5")-SUMIF($A$1:$A$10,">9")
=SUMIF($A$1:$A$10,">5")/COUNTIF($A$1:$A$10,">5")
```

 在=号前面录入空格

写公式能一气呵成，那是最好不过的，但有些时候出于某些原因却无法一次性输入完成。当写到一半的时候，突然有朋友找你有事，但你已经录入了一大半公式，此时若单击"√"则会提示出错，若单击"×"则前功尽弃，如图4-14所示。

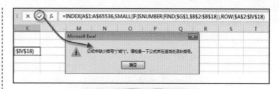

图4-14 错误提示

其实，只要在=号前面输入一个空格，就可以搞定这个问题。现在的公式变成了文本，直接按Enter键就可以了。等事情忙完，去掉空格，重新编辑公式即可。

该技巧虽小，但挺实用，如图4-15所示。

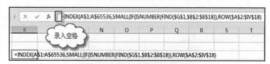

图4-15 录入空格

4.1.5 三种引用方式

 细心的你一定可以看到很多公式中都带有$符号，这个符号是干什么用的呢？

 一美元($)的差别:

 相对引用

如图4-16所示，不给行列(行就是数字1，列就是字母A)美元($)，想让行列不动，没门！

图4-16 相对引用

 混合引用

如图4-17所示，给行美元($)，美元($)一给，行就乖乖不动了。

图4-17 混合引用1

如图4-18所示，给列美元($)，美元($)一给，列也乖乖不动了。

图4-18 混合引用2

绝对引用

行列都给美元($)，美元($)一给，行列都不动，如图4-19所示。

有一句俗语，有钱能使鬼推磨，有美元($)，行列都听你的，叫谁不动，谁就乖乖不动。

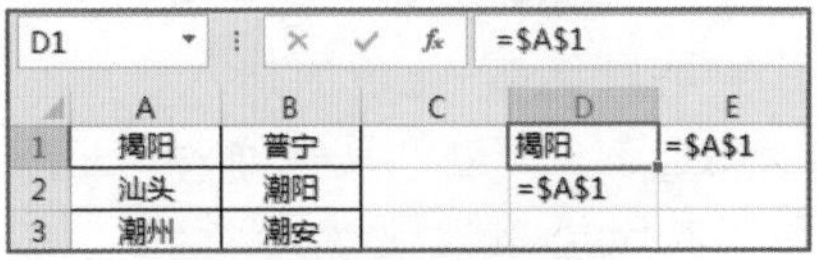
D1
=$A$1
A
B
C
D
E
1
揭阳
普宁
揭阳
=$A$1
2
汕头
潮阳
=$A$1
3
潮州
潮安

图4-19 绝对引用

实际例子

求人口累计和累计占比，如图4-20所示。

	A	B	C	D
1	区（县）	人口	人口累计	累计占比
2	潮安县	123.28	123.28	46%
3	饶平县	88.5	211.78	79%
4	湘桥区	45.4	257.18	96%
5	枫溪区	10.62	267.8	100%
6	总人口	267.8		

图4-20 引用类型实例

人口累计：

```
=SUM(B$2:B2)
```

累计占比：

```
=C2/$B$6
```

三种引用方式中混合引用最难理解。当你理解了如何得到图4-21所示的九九乘法表的时候，也就理解混合引用了。当初我就是练这个学会混合引用的。

	A	B	C	D	E	F	G	H	I	J
1		1	2	3	4	5	6	7	8	9
2	1	1×1=1								
3	2	1×2=2	2×2=4							
4	3	1×3=3	2×3=6	3×3=9						
5	4	1×4=4	2×4=8	3×4=12	4×4=16					
6	5	1×5=5	2×5=10	3×5=15	4×5=20	5×5=25				
7	6	1×6=6	2×6=12	3×6=18	4×6=24	5×6=30	6×6=36			
8	7	1×7=7	2×7=14	3×7=21	4×7=28	5×7=35	6×7=42	7×7=49		
9	8	1×8=8	2×8=16	3×8=24	4×8=32	5×8=40	6×8=48	7×8=56	8×8=64	
10	9	1×9=9	2×9=18	3×9=27	4×9=36	5×9=45	6×9=54	7×9=63	8×9=72	9×9=81

图4-21 九九乘法表

```
=IF($A2>=B$1,B$1&"×"&$A2&"="&B$1*$A2,"")
```

公式的思路我就不说了，这个靠自己去领悟，自己悟出来的东西才能记得牢。

这些引用方式不是手工输入的，而是在编辑栏中选择单元格引用，按F4键不断切换而来的。默认是相对引用A1，按一下F4键则变成绝对引用$A$1，再按一次F4键则变成混合引用A$1、$A1，如图4-22所示。

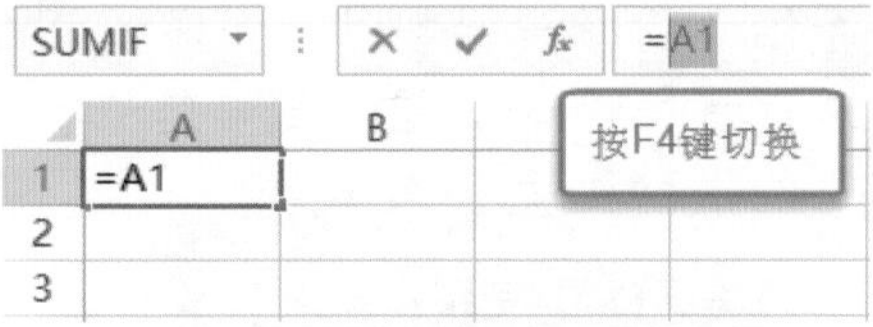
SUMIF
=A1
A
B
按F4键切换
1
=A1
2
3

图4-22 切换引用类型

4.1.6 两种引用样式

最常用的引用样式是A1 引用样式，而R1C1 引用样式用得相对比较少。

A1 引用样式

如图4-23所示，这是默认的A1引用样式，此样式引用字母标识列(行号从 A 到 XFD，共 16 384 列)以及数字标识行(列标从 1到1 048 576)。若要引用某个单元格，就输入后跟行号的列标。

例如，B2 引用列 B 和行 2 交叉处的单元格。

前面涉及的公式全部是 A1 引用样式，如图4-23所示。这里就不再说明了。

R1C1 引用样式

R1C1 引用样式对计算位于宏内的行和列的位置很有用。在 R1C1 样式中，Excel 指出了行号在 R 后而列号在 C 后的单元格的位置。这种引用在公式中用得比较少，读者稍微了解就行，如图4-24所示。

一般情况下，R1C1样式都是跟INDIRECT函数结合运用的，如：

```
=INDIRECT("R1C1",)
```

R1C1就是A1，相当于绝对引用A1的值。

```
=INDIRECT("R[-1]C",)
```

若要引用	用途
列 A 和行 10 交叉处的单元格	A10
在列 A 和行 10 到行 20 之间的单元格区域	A10:A20
在行 15 和列 B 到列 E 之间的单元格区域	B15:E15
行 5 中的全部单元格	5:5
行 5 到行 10 之间的全部单元格	5:10
列 H 中的全部单元格	H:H
列 H 到列 J 之间的全部单元格	H:J
列 A 到列 E 和行 10 到行 20 之间的单元格区域	A10:E20

图4-23　A1 引用样式

引用	含义
R[-2]C	对同一列中上面两行的单元格的相对引用
R[2]C[2]	对在下面两行、右面两列的单元格的相对引用
R2C2	对位于第二行、第二列的单元格的绝对引用
R[-1]	对活动单元格整个上面一行单元格区域的相对引用
R	对当前行的绝对引用

图4-24　R1C1 引用样式

R[-1]表示上一行，C没有数字，表示本列，R[-1]C也就是始终引用本列上一个单元格。

在VBA中经常出现这种R1C1引用样式，其效率比A1引用样式稍高。现在举一个经典的提取目录的例子。

利用组合键Alt+F11调出VBA 编辑器，然后选择ThisWorkbook，输入代码，再单击"运行"按钮。

Cells(R,C)中，R的取值范围为1到N，C为1，也就是说，将目录罗列在A列，如图4-25所示。

```
Sub 目录()

For i = 1 To Sheets.Count

Cells(i, 1) = Sheets(i).Name

Next

End Sub
```

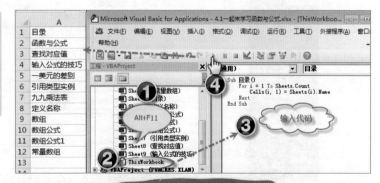

图4-25　罗列目录到A列中

跟R1C1有关的两则例子

@Tina-雨：我的Excel睡了一觉，今早上就变成这样了，如图4-26所示。请问横列的字母怎么变成了数字，求解？

@小笨熊奥特曼：求解，Excel单元格求和公式显示异常，但是结果正常，如图4-27所示。有没有达人可以解释一下啊？

图4-26　列号变成字母

图4-27　求和公式异常

一般使用VBA写代码经常会用到R1C1引用样式，但在使用函数的时候很少使用这种引用样式，因为不容易解读。怎么解决呢？其实很简单，只要取消对"R1C1引用样式"复选框的选中就可以了。

具体操作方法：单击"文件"按钮，再选择"选项"命令，打开"Excel选项"对话框。选择"公式"选项，再取消选中"R1C1引用样式"复选框，单击"确定"按钮，如图4-28所示。

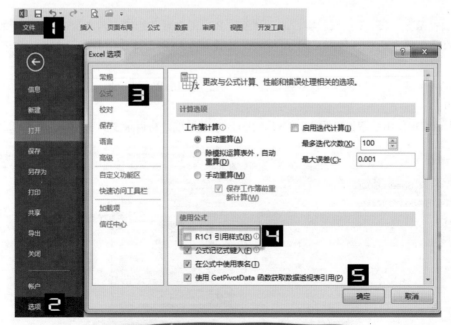

图4-28　取消选中"R1C1引用样式"复选框

4.1.7 借助名称让公式更容易理解

Q 在2.2.5小节中我们提到利用定义名称的方法欺骗数据有效性，其实在公式中也经常定义名称，借助名称让公式更好理解。

=VLOOKUP(D2,对应表,2,0)

对应表就是一个名称，它是引用A:B两列的数据。

如果要知道对应表的第1列，则第2个对应值可以用

=INDEX(对应表,2,1)

名称在公式比较长的时候更能体现出价值，如图4-29所示。

图4-29 定义名称

A 创建名称的三种方法：

使用"名称框"

最快捷的方法就是利用"名称框"，先选择区域，再输入名称，按Enter键即可，如图4-30所示。

图4-30 名称框

以选定区域的值创建名称

当需要创建很多名称时，这是最好的办法。选择区域，然后单击"公式"选项卡中的"根据所选内容创建"按钮，选中"首行"复选框，再单击"确定"按钮，如图4-31所示。

图4-31 以选定区域的值创建名称

使用功能区命令

这种方法适用于创建动态名称。当数据源经常变动时，这种方法是首选的。单击"公式"选项卡中的"定义名称"按钮。在"名称"文本框中输入"动态数据源"，在"引用位置"文本框中输入下面的公式，然后单击"确定"按钮，如图4-32所示。

=OFFSET(定义名称!$A$1,,,COUNTA(定义名称!$A:$A),2)

图4-32　使用功能区命令

当然，这里没有强制性要求使用哪种方法，习惯用哪种方法就用哪种。我通常用第三种方法创建。

 怎么给命名呢？

命名原则：简单、容易记，就好。

当然，如果你不嫌麻烦的话，可以起一个长长的名字，比如"我吃饱了撑着你拿我

怎么办"。

 管理名称：

单击"公式"选项卡中的"名称管理器"按钮，这时定义的所有名称就会展示在我们面前。我们可以对名称进行编辑和删除。如刚才那个"我吃饱了撑着你拿我怎么办"的名称是开玩笑的，没有意义，选择这个名称，然后单击"删除"按钮，再单击"确定"按钮，如图4-33所示。

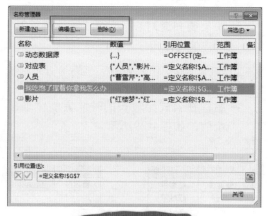

图4-33　管理名称

4.1.8　了解另外一片天地——数组公式

假如把Excel划分成九级，你学好普通公式最多也就到了第三级，而数组公式算第四级。别看两者相差不多，但每往上一级能力相差就越大。

 什么是数组？

 如我国古典长篇小说四大名著是一个整体，"西游记"就是其中一个组。只要我一说"西游记"，就会一次性出现唐僧、孙悟空、猪八戒和沙僧。再如点"三国演义"，里

面的四个人也会一齐出现，而不用逐个点名，这就是数组公式跟普通公式的差异，如图4-34所示。

F2		:	×	✓	fx	{=西游记}	
	A	B	C	D	E		F
1	西游记	红楼梦	水浒传	三国演义			
2	唐僧	曹雪芹	李逵	诸葛亮			唐僧
3	孙悟空		林冲	张飞			孙悟空
4	猪八戒		燕青	刘备			猪八戒
5	沙僧		鲁智深	关羽			沙僧
6			柴进				
7			武松				
8			吴用				
9			宋江				

图4-34 西游记组

 Q 什么是数组公式？

 A 数组公式可以执行多项计算并返回一个或多个结果。数组公式必须按组合键Ctrl+Shift+Enter结束。在输入数组公式时，Excel 会自动在大括号｛｝之间插入该公式，目的是告诉Excel：我可不是普通公式，要对我特殊对待，一副"盛气凌人"的样子。

一般情况下，能力跟脾气是成正比的，能力越强，脾气越大。正因为数组公式的能力比普通公式强，所以它脾气大点，动不动就要脾气不干了。

 需谨记于心的内容

你不是说一喊"西游记"所有人就出来了吗，怎么只出来一个唐僧，其他人跑哪去啦？

选择区域，记得要按组合键Ctrl+Shift+Enter结束，如图4-35所示。

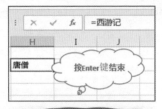

图4-35 没按三键

注意编辑栏的变化，如图4-36所示。

图4-36 按三键

"西游记"只有四人，如果区域多选的话也会出错，如图4-37所示。

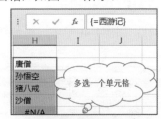

图4-37 区域不匹配

"西游记"的四人是一个整体，不能更改其中一个，要改就得全部改，如图4-38所示。

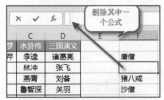

图4-38 删除部分公式

在2013版中连按Enter键都不允许，在其他版本中则显示"不能更改数组的某一部分"。可以单击"×"按钮，然后选择整个区域，删除(或修改)公式。

单击包含多单元格数组的任意单元格，使用组合键Ctrl+/就可以快速选中整个数组区域，如图4-39所示。

图4-39　快速选中整个数组区

只要你摸清数组公式的脾气，以后注意点就没事。

"西游记"是一个定义好的名称。

 玩笑开完，进入正题

 案例1：如图4-40所示，根据单价跟数量，求总金额。

	A	B	C	D	E
1	项目	单价	数量	金额	常规法
2	A	2	3	6	=B2*C2
3	B	10	2	20	
4	总金额		26	26	=SUM(D2:D3)
5					

图4-40　求总金额

 常规方法是分两步进行：先用辅助列求金额之和，然后汇总。

利用数组公式只需一步就可以，记得按组合键Ctrl+Shift+Enter结束。

=SUM(B2:B3*C2:C3)

 案例2：如图4-41所示，将数值四舍五入并保留整数。

	A	B	C	D
1	数值	整数	常规法	
2	1.688995	2	2	=ROUND(A2,0)
3	4.499245	4	4	
4	0.776781	1	1	
5	8.777211	9	9	
6	5.730132	6	6	
7	2.66626	3	3	
8	8.724077	9	9	

图4-41　将数值四舍五入并保留整数

 常规方法需要下拉公式才能获取结果。利用数组公式，选择区域B2:B8，然后输入公式，一步就可以，记得按组合键Ctrl+Shift+Enter结束。

=ROUND(A2:A8,0)

也就是说，不管中间过程有几步，数组公式都能一步到位，省去了中间步骤。

常量数组

数组公式的参数有时候并不是直接引用单元格，而是自己输入的，如{0,60,80}，{"差","中","优秀"}，这些就是常量数组。常量数组跟数组公式有点不同，不需要按组合键Ctrl+Shift+Enter结束。

案例：将分数小于60的划分为差，60~80为中，80以上为优秀，如图4-42所示。

=LOOKUP(A2,{0,60,80},{"差","中","优秀"})

	A	B
1	分数	等级
2	60	中
3	20	差
4	80	优秀
5	30	差
6	90	优秀
7	67	中

图4-42　划分等级

一般来说，划分区间都是用常量数组，其他情况则直接引用单元格区域。当然，常量数组也可以通过引用单元格，然后按F9键获得，如图4-43所示。

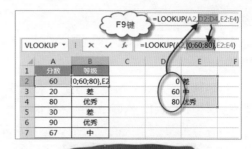

图4-43　引用单元格

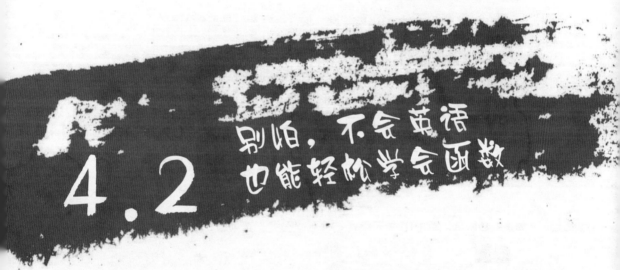

4.2 别怕，不会英语也能轻松学会函数

Excel中内置的函数就有几百个，很多人看到这么多的函数头都大了，其实，只要掌握十分之一的函数就是高手，对于普通用户来说，学会20个左右的函数即可完成绝大部分的工作。抓住重点，才能事半功倍。

函数难学吗？

NO！

不会英语能学好函数吗？

函数其实并不难，比你想象中的更容易，即使不会英语照样可以学好函数。

为什么这样说呢？

因为卢子本身就是从菜鸟走过来，当初什么都不懂。还有，卢子的英语水平很差，像卢子这种水平的人都能学好函数，你有什么理由学不好呢？只要你对自己多一点信心，就一定可以学会！来，让我们一起来学习函数，相信你会有意想不到的收获。

4.2.1 如果这都不会的话，那又和按计算器有什么区别

好不容易记下了一堆基本功能，是不是已经能玩转Excel了？得了吧，这么用和按计算器有什么区别！Excel，你要学习的还有很多。

当你算完第一个人的总分时，继续算第二个人，不妨停下手中的计算器，来感受一下Excel函数的魅力！图4-44所示是某班级的成绩表，要如何才能依次统计出总分、平均分、最大分和最小分？

	A	B	C	D	E	F	G	H	I	J	K
1	编号	姓名	语文	数学	英语	化学	物理	总分	平均分	最大分	最小分
2	1	天丽华	39	88	99	69	46				
3	2	姚映全	96	34	42	74	48				
4	3	叶应波	32	47	71	84	60				
5	4	尹连菊	75	99	35	56	38				
6	5	尹莲琼	49	97	65	53	58				
7	6	尹思平	37	99	76	36	74				
8	7	永开虎	47	89	71	76	79				
9	8	余洪菊	99	100	91	47	60				
10	9	余兰美	75	60	44	44	43				
11	10	余文翠	44	39	50	77	83				
12	11	余学利	79	97	67	100	21				
13	12	俞廷宝	59	32	96	83	45				
14	13	袁树存	83	27	27	51	77				
15	14	曾建忠	31	74	47	81	60				
16											

图4-44 某班级的成绩表

STEP 01 如图4-45所示，单击H2单元格，切换到"公式"选项卡，单击"自动求和"按钮。

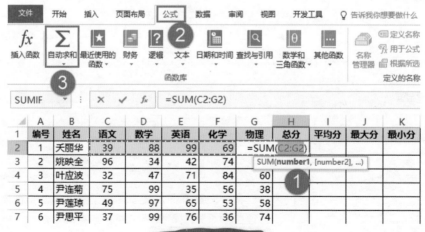

图4-45 自动求和

STEP 02 如图4-46所示，按
Enter键后，将鼠标放
在单元格右下角，双
击，所有总分就全部
出来了。

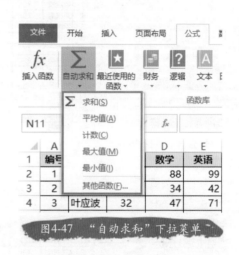

图4-46 双击填充公式

在很长的一段时间内，
卢子也只会用这个自动求和
公式。后来在某一次无意操作
中，如图4-47所示，单击"自
动求和"下拉按钮后，让卢子
大吃一惊的一幕发生了，原来
"自动求和"下拉菜单中还隐
藏了这么多功能！

图4-47 "自动求和"下拉菜单

STEP 03 如图4-48所示，单击
I2单元格，在"自动
求和"下拉菜单中选
择"平均值"，Excel
就会自动添加平均值
的公式。

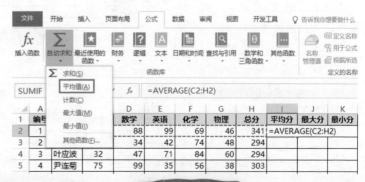

图4-48 求平均值

STEP 04 这时你会发现Excel帮你智能选择的区域出了点小失误，把总分这个单元格也选上了。如图4-49所示，重新选择区域C2:G2。

C2			×	✓	f_x	=AVERAGE(C2:G2)				
	A	B	C	D	E	F	G	H	I	J	K	L
1	编号	姓名	语文	数学	英语	化学	物理	总分	平均分	最大分	最小分	
2	1	天丽华	39	88	99	69	46	341	=AVERAGE(C2:G2)			
3	2	姚映全	96	34	42	74	48	294	AVERAGE(number1, [number2], ...)			
4	3	叶应波	32	47	71	84	60	294				
5	4	尹连菊	75	99	35	56	38	303				
6	5	尹莲琼	49	97	65	53	58	322				

图4-49 重新选择区域

STEP 05 按Enter键后，将鼠标放在单元格右下角双击，所有平均分就全部出来了。

STEP 06 用同样的方式可以获取最大分和最小分。

```
=MAX(C2:G2)
=MIN(C2:G2)
```

如图4-50所示，这样就轻松完成了四种统计，且比按计算器要高效得多。

	A	B	C	D	E	F	G	H	I	J	K
1	编号	姓名	语文	数学	英语	化学	物理	总分	平均分	最大分	最小分
2	1	天丽华	39	88	99	69	46	341	68.2	99	39
3	2	姚映全	96	34	42	74	48	294	58.8	96	34
4	3	叶应波	32	47	71	84	60	294	58.8	84	32
5	4	尹连菊	75	99	35	56	38	303	60.6	99	35
6	5	尹莲琼	49	97	65	53	58	322	64.4	97	49
7	6	尹思平	37	99	76	36	74	322	64.4	99	36
8	7	永开虎	47	89	71	76	79	362	72.4	89	47
9	8	余洪菊	99	100	91	47	60	397	79.4	100	47
10	9	余兰美	75	60	44	44	43	266	53.2	75	43
11	10	余文翠	44	39	50	77	83	293	58.6	83	39
12	11	余学利	79	97	67	100	21	364	72.8	100	21
13	12	俞廷宝	59	32	96	83	45	315	63	96	32
14	13	袁树存	83	27	27	51	77	265	53	83	27
15	14	曾建忠	31	74	47	81	60	293	58.6	81	31
16											

图4-50 统计效果图

细心的你可能已经发现，这四个函数的语法完全一样，也就是说，学会其中一个，其他的都懂。现在以SUM函数来进行说明。

SUM函数最常用于对区域进行求和，如图4-51所示。

SUMIF			×	✓	f_x	=SUM(C2:G2)				
	A	B	C	D	E	F	G	H	I	J	K
1	编号	姓名	语文	数学	英语	化学	物理	总分	平均分	最大分	最小分
2	1	天丽华	39	88	99	69	46	=SUM(C	68.2	99	39
3	2	姚映全	96	3				294	58.8	96	34
4	3	叶应波	32	47		求和区域	60	294	58.8	84	32
5	4	尹连菊	75	99		56	38	303	60.6	99	35
6	5	尹莲琼	49	97	65	53	58	322	64.4	97	49

图4-51 SUM函数语法1

实际上，SUM函数可以对多个区域或者单元格进行求和，如图4-52所示，在成绩中间增加了主科和副科。

看到这里，你是否对学习公式有了一点信心？不用记住函数，Excel自动帮你写好，学一个顶四个。

SUMIF			×	✓	f_x	=SUM(F2,I2)			
	A	B	C	D	E	F	G	H	I	J
1	编号	姓名	语文	数学	英语	主科	化学	物理	副科	总分
2	1	天丽华	39	88	99	226	69	46	115	=SUM(F
3	2	姚映全	96	34	42			74	48		294
4	3	叶应波	32	47		求和单元格1		求和单元格2			
5	4	尹连菊	75	99				56			303

图4-52 SUM函数语法2

知识扩展

　　如图4-53所示，有一次无意间将鼠标放在"自动求和"按钮上，就出现了"求和(Alt+=)"，卢子猜想这个应该是自动求和的快捷键方式。

图4-53　自动求和快捷键

　　如图4-54，在单元格G2中试着按组合键Alt+=，发现真的可以！

图4-54　Alt+=的使用

　　如图4-55所示，选择单元格区域B2:G16，按组合键Alt+=，3s不到就得到了行列总分。这个功能是卢子学习使用Excel多年后才知道的，这是最快的求和方法。

	A	B	C	D	E	F	G	H
1	姓名	语文	数字	英语	化学	物理	总分	
2	天丽华	39	88	99	69	46		
3	姚映全	96	34	42	74	48		
4	叶应波	32	47	71	84	60		
5	尹连菊	75	99	35	56	38		
6	尹莲琼	49	97	65	53	58		
7	尹思平	37	99	76	36	74		
8	永开虎	47	89	71	76	79		
9	余洪菊	99	100	91	47	60		
10	余兰美	75	60	44	44	43		
11	余文翠	44	39	50	77	83		
12	余学利	79	97	67	100	21		
13	俞廷宝	59	32	96	83	45		
14	袁树存	83	27	27	51	77		
15	曾建忠	31	74	47	81	60		
16	总分							

	A	B	C	D	E	F	G	H
						物理	总分	
						46	341	
						48	294	
						60	294	
						38	303	
						58	322	
						74	322	
						79	362	
						60	397	
						43	266	
						83	293	
17						21	364	
18						45	315	
						77	265	

	A	B	C	D	E	F	G
15	曾建忠	31	74	47	81	60	293
16	总分	845	982	881	931	792	4431

图4-55　世上最快的求和方式

4.2.2 不用手机，也能对日期和时间了如指掌

某一天，TA从QQ上发来了这么一条消息：我们认识100天的纪念日是哪一天？你会送我什么礼物？

这时，你是不是赶紧拿出手机，点开日历翻看着，并数着100天后是哪一天？其实，大可不必这样，只需借助Excel就能轻松实现。

如图4-56所示，将初始时间记录在A2中，借助最简单的加法运算即可获取100天后的纪念日。

图4-56 计算纪念日

假如TA问的是：离五一还有多少天，到时要去哪里玩呢？

如图4-57所示，将初始时间记录在A2中，用DATE函数记录来表示日期，当然也可以直接用"2015-5-1"，然后进行减法运算。

图4-57 计算距离五一的天数

且慢！1900-1-27是什么鬼啊？因为是日期计算，默认情况下会把单元格格式转换成日期格式，所以才会出现这个问题，将单元格格式改成常规即可，如图4-58所示。

图4-58 设置单元格格式为常规

在Excel中默认的起始日期为1900-1-1，也就相当于数字1，两者可以互相转换，27就是1900-1-27。也就是说，日期其实也是一种数字，其运算方法跟数字运算一样，日期也可以进行加减法运算。

当然，在做倒计时计算时可以做得更加完善，让天数每天自动变动。这时TODAY函数就派上用场了。这个函数用于获取每天的日期并每天更新。

在单元格中输入公式：

=DATE(2015,5,1)-TODAY()

插入函数功能是在用户最开始不熟悉Excel的情况下才用，以后慢慢地都是采用手写输入函数，因为很多复杂的公式是插入函数所不能实现的。

跟TODAY函数相对应的就是NOW函数，它用于自动获取当前的日期和时间。

=NOW()

还有一个问题是上班族可能比较关心的，今天是星期几，因为周末可以放假嘛！

如图4-59所示，A列为日期，借助WEEKDAY函数就能轻松获取每个日期是星期几。

1就对应星期一，2就是对应星期二，依次类推。

WEEKDAY函数的语法说明，如图4-60所示。

图4-59 获取每个日期是星期几

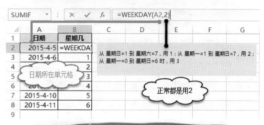

图4-60 WEEKDAY函数语法说明

知识扩展

有朋友在Excel中输入这样一个公式，如图4-61所示，得到一大堆#，什么意思呢？

=2015-5-1-A2

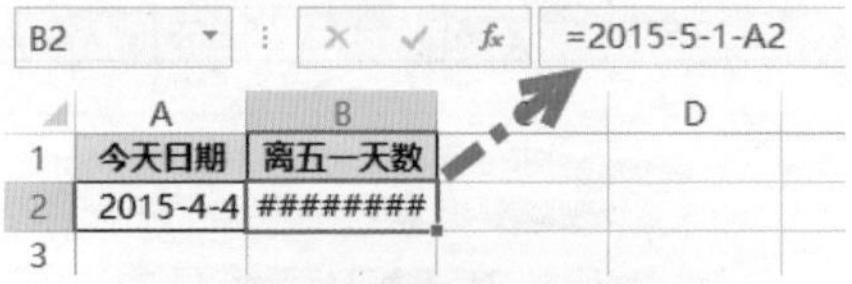

图4-61 日期相减出错

在单元格中输入的"2015-5-1"是标准日期，但在公式中，它是错误的表示方法。如图4-62所示，=2015-5-1得到的是2009，也就是对

数字做了减法运算。标准的写法是用DATE函数。

=DATE(2015,5,1)

图4-62 减法运算

因为2009明显小于2015-4-4(42 098)，在日期格式下，如果是负数，就显示########，所以也就出错了。

4.2.3 1+1=3，难道Excel也会算错？

有朋友私信卢子，我的Excel算不准，1+1居然等于3，如图4-63所示，怎么回事？

	A	B	C
1	金额		
2	1		
3	1		
4	3		
5			

图4-63　1+1=3

当你见到1+1=3时一定会怀疑Excel算错了？但Excel一向诚恳，有一算一，错就错在自定义单元格上。如图4-64所示，将单元格设置为常规格式，你会发现，原来是1.3跟1.2，两者相加2.5，因为四舍五入并保留整数，2.5变成了3，也就是说，Excel没有算错。

	A	B	C	D
1	金额			
2	1.3			
3	1.2			
4	2.5			
5				

图4-64　常规格式

这也是会计计算中经常出现的几分钱误差的原因。

正确的方法是，金额全部嵌套ROUND函数，然后再进行求和，如图4-65所示。

	A	B	C
1	金额	正确	使用公式
2	1.3	1	=ROUND(A2,0)
3	1.2	1	=ROUND(A3,0)
4	2.5	2	=SUM(B2:B3)
5			

图4-65　嵌套ROUND函数

ROUND函数的语法说明，如图4-66所示。

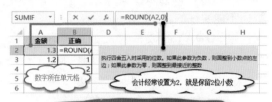

图4-66　ROUND函数语法说明

说到ROUND函数，不得不提到他的两个兄弟：ROUNDDOWN函数跟ROUNDUP函数。DOWN就是向下，UP就是向上，也就是说，一个向下舍入，一个向上舍入。

三个函数的语法一样，如图4-67所示，将数字全部设置为小数点后2位，看一下三者之间的差别。

```
=ROUND(A2,2)
=ROUNDDOWN(A2,2)
=ROUNDUP(A2,2)
```

	A	B	C	D
1	金额	ROUND	ROUNDDOWN	ROUNDUP
2	1.333	1.33	1.33	1.34
3	1.223	1.22	1.22	1.23
4	2.556	2.56	2.55	2.56
5				

图4-67　三个函数对比

可以发现，ROUND函数是对数字第3位进行四舍五入；ROUNDDOWN函数是对数字第3位进行向下舍入，即使是6，也向下舍1位；ROUNDUP函数对数字第3位进行向上舍入，即使是2，也向上进1位。

知识扩展

在刚刚的案例中，我在C列显示了公式，你猜我是怎么做到的？

有朋友可能会想到，先复制B列的公式，然后在公式前面加一个逗号（'）。

'=ROUND(A2,0)

　　这样确实可以实现，现在只有3个单元格是没问题，如果有300个，你还这样修改吗？显然是行不通的。新版本提供了一个提取公式的函数FORMULATEXT，有了他，即使有1万行，也是分分钟的事儿。

　　如图4-68所示，在C2中输入公式，并向下复制。

　　对于这么长的单词，卢子肯定记不住，其实也没必要记住，只要你知道前面2个字母就能轻松找到，如图4-69所示，输入=FO就可以看到相关的函数，然后双击FORMULATEXT即可。

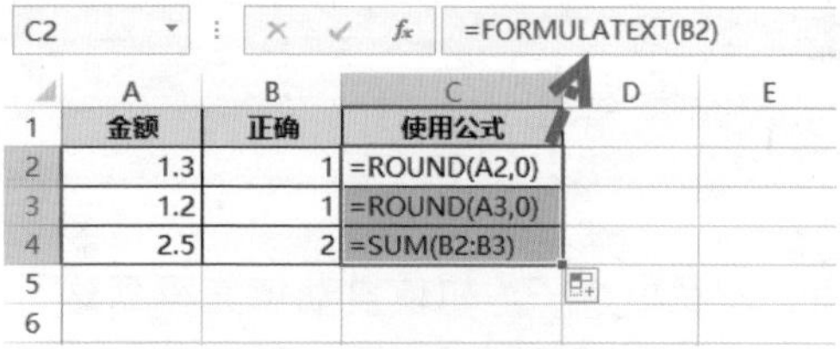

图4-68　FORMULATEXT函数的使用

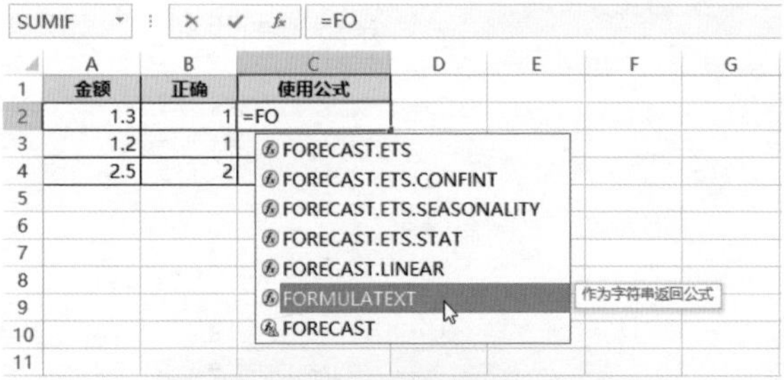

图4-69　快速准确获取函数

　　关于这点在"4.1 一起来学习函数与公式"节中就有提到，所以说基础知识一定要记牢才能更好地为你所用。

　　截止到目前，都只是一些帮你树立信心的简单案例。作为一个过来人，卢子当初就是这么学习的，先从最基础的学起，渐渐地就认识了不少函数，随后慢慢产生兴趣，最后将函数学好。这是一个循序渐进的过程，切不可一开始就学习那些很难的，否则你将失去信心，导致以后看见函数扭头就跑！

4.3 函数原来也能玩嵌套

在公司中我们可以独自完成一件事，也可以组成团队一起完成，而团队可以做的事情更多。同样的道理，函数并不是每次都"单打独斗"的，他们也可以组合起来玩嵌套，从而实现更高级的功能。

4.3.1 重复生成序列

有朋友私信卢子，如何自动填充得到这样的序列，如图4-70所示？

	A	B
1	1	
2	1	
3	2	
4	2	
5	3	
6	3	
7	4	
8	4	
9		

图4-70　重复生成序列

我们知道要生成序号可以先输入1再按住Ctrl键下拉完成，但现在是重复生成序号，这种方法是行不通的。以前学过的任何一种方法也都行不通，怎么办呢？

其实，利用函数之间的嵌套就能轻松实现。

在A1中输入公式，下拉填充公式。

```
=ROUND(ROW(A1)/2,0)
```

生成序号可以用ROW函数，因为是重复2次生成，所以用ROW/2，然后再借助ROUND函数进行四舍五入得到序列号，也就是分成两步完成，如图4-71所示。

	A	B	C	D	E
1	1		0.5		1
2	1		1		1
3	2		1.5		2
4	2	=	2	+	2
5	3		2.5		3
6	3		3		3
7	4		3.5		4
8	4		4		4
9					
10			=ROW(A1)/2		=ROUND(C1,0)
11					

图4-71　步骤分解

回到小学的数学课上，2个表达式合并。

```
C1=ROW(A1)/2
D1=ROUND(C1,0)
```

将C1的表达式代入第2个表达式，就得出最终结果。

D1=ROUND(ROW(A1)/2,0)

在Excel中，因为D1可以不写，直接去除就行。

=ROUND(ROW(A1)/2,0)

其实，函数嵌套也就那么一回事，有一点数学基础就可以轻松学会。

知识扩展

除了重复生成序列，还有一种就是循环生成序列，如图4-72所示，循环生成1~4的序列。

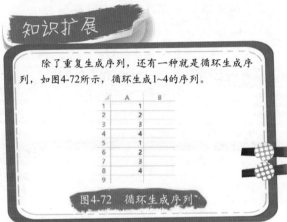

图4-72 循环生成序列

在A1中输入公式，下拉填充公式。

=MOD(ROW(A4),4)+1

MOD函数就是获取余数的意思，5除以4，余数就是1；1除以4，余数就是1。

ROW下拉会生成1到N，4的倍数除以4的余数就是0，加上1就刚好，所以从ROW(A4)开始，这样就不断地从1到4循环。

4.3.2 获取金额前三大(小)

图4-73所示是一份项目金额明细表，如何获取金额前三大？

我们知道最大值用MAX函数，如果是第N大就用LARGE函数。

获取第2大金额，可用下面的公式。

=LARGE($B$2:$B$15,2)

LARGE函数的通俗语法如图4-74所示。

	A	B	C
1	项目	金额	
2	无线建设系统	100	
3	录播建设项目	90	
4	信息安全实训室	200	
5	等保改造项目	100	
6	微课一体机项目	10	
7	校园安防项目	120	
8	光纤链路租赁项目	44	
9	容灾百备份	86	
10	2016年财政投资信息化项目	374	
11	PH6全彩大屏幕项目	35	
12	教育教学平台管理系统	105	
13	影视节目创作实训室	104	
14	世界银行贷款采购项目	300	
15	信息工程系机房	14	
16			

图4-73 项目金额明细表

项目	金额	C	第二大
无线建设系统	100		=LARGE($
录播建设项目	90		
信息安全实训室	200		
等保改造项目	100		
微课一体机项目	10		
校园安防项目	120		
光纤链路租赁项目	44		
容灾备份	86		
2016年财政投资信息化项目	374		
PH6全彩大屏幕项目	35		
教育数字平台管理系统	105		
影视节目创作实训室	104		
世界银行贷款采购项目	300		
信息工程系机房	14		

公式栏：=LARGE($B$2:$B$15,2)

图4-74　LARGE函数通俗语法

要求第3大就把2改成3，当然，1，2，3这些序号也可以用ROW函数生成，这样就免去手工更改的麻烦。最终公式为：

=LARGE($B$2:$B$15,ROW(A1))

与LARGE函数相对应的是SMALL函数，就是获取前几个最小值，也就是倒数的。SMALL函数的语法跟LARGE函数一样，获取前三小可用下面的公式下拉得到。

=SMALL($B$2:$B$15,ROW(A1))

知识扩展

提到ROW函数，还须顺便说一下ROWS和COLUMN两个函数。

ROWS函数就是计算区域引用的行数，下面的公式就是引用15行。

=ROWS(A1:A15)

COLUMN函数就是获取列号，也就是说，ROW函数是向下拉得到序号，而COLUMN是向右拉获取列号。如刚刚的前三大如果是摆在同一行，可将公式改成如图4-75所示。

D6　公式栏：=LARGE($B$2:$B$15,COLUMN(A1))

	A	B	C	D	E	F	G
1	项目	金额					
2	无线建设系统	100		374	10		
3	录播建设项目	90		300	14		
4	信息安全实训室	200		200	35		
5	等保改造项目	100					
6	微课一体机项目	10		374	300	200	
7	校园安防项目	120					
8	光纤链路租赁项目	44					

图4-75　横向获取前三大

4.3.3　重要的事儿说三遍

我们经常都会听到这么一句话：重要的事儿说三遍。

在Excel中应如何表达呢？

`=REPT("我是最棒的！",3)`

REPT函数就是将文本重复N次，其通俗语法如图4-76所示。

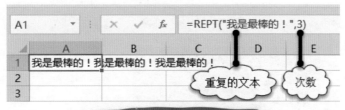

图4-76 REPT函数通俗语法

现在来个稍微有点难度的问题，创建超级链接，单击链接就打开目录表的A1。

`=HYPERLINK("#目录!A1",REPT(">",5)&"打开"&REPT("<",5))`

看似复杂，其实拆分开来很简单，如图4-77所示，超级链接地址为固定模式："#目录!A1"，显示内容由REPT用&连接起来，&就相当于合并的意思。当然也可以简写成这样："`>>>>>打开<<<<<`"，但因为手工输入">"和"<"这两个符号的时候符号个数容易错，所以采用REPT函数进行重复显示。

图4-77 公式说明

知识扩展

利用REPT函数还能制作一些特殊的图，如图4-78所示，模仿各种指数。

综合指数	★★★☆☆	健康指数	79%
爱情指数	★★☆☆☆	幸运颜色	紫色
工作指数	★★★☆☆	幸运数字	6
财运指数	★★★☆☆	速配Q友	狮子座

图4-78 各种指数

在B9中输入公式，并向下复制，如图4-79所示。

```
=REPT("★",C9)&REPT("☆",5-C9)
```

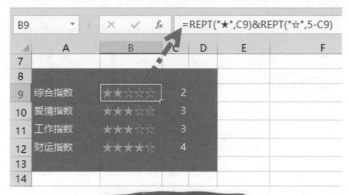

图4-79　模仿后的效果

特殊字符可以借助搜狗输入法，如图4-80所示。

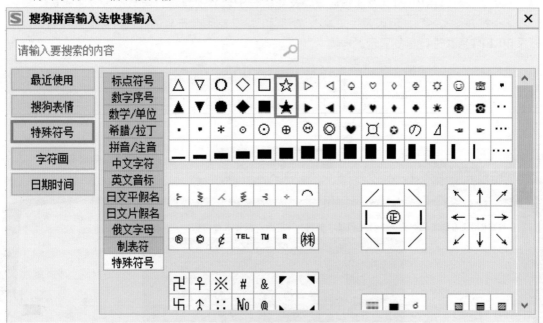

图4-80　输入特殊字符

低版本Excel没有迷你图这个功能，采用REPT函数可以实现简单的单元格图表。

4.4 函数经典再现

2011年的某一天，我像往常一样在群里帮人解答问题，我一般只给出公式而已。突然，好友说了一句：给出公式不解释又有何用？虽然只是这么一句话，但让我想了很多，确实，授人以鱼，不如授人以渔。经过一天的准备，邀请了几个好友开展了一个为期两个月的函数讲座，教网友如何使用和解读公式。现在对这些函数进行重新整理，挑选里面较为精彩的部分，并对讲得不到位的部分进行补充说明。

 学习三过程

信任帮助：哪里不懂，就第一时间按F1键查看帮助。帮助是微软开发的，可信度很高。

钻研帮助：特别是帮助的说明。如关于SUM函数的帮助信息中提到，如果参数是一个数组或引用……，文本将被忽略，那以后用SUM时就可以不用管区域有没有文本。

怀疑帮助：不能被帮助牵着鼻子走，要学会思考。如PHONETIC 函数，提取文本字符串中的注音 (furigana) 字符。该函数只适用于日文版。难道这个只能这么用，没有其他用途？其实，它还可以将区域的文本连接在一起。

学习的过程就是一边不断摸索进步，一边无私分享的过程，分享越多，证明你了解得越多。

4.4.1 闲聊SUM

卢子：你会SUM函数吗？

网友：别开玩笑了，这个谁不会。如图4-81所示，选择单元格A7，在"公式"选项卡里，单击"自动求和"按钮，就自动对区域进行求和，简单得很。

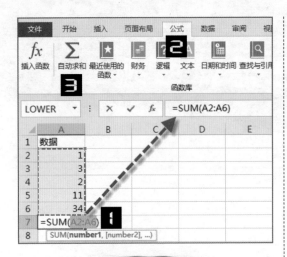

图4-81　自动求和

卢子：你还知道SUM的其他用法吗？

网友：这个不就是自动求和，还有什么用法吗？

卢子：按F1键调出帮助，输入sum搜索，会出现这个函数的用法，如图4-82所示。

图4-82　SUM的用法

　　还没等卢子继续说下去，网友就耐不住性子了。

网友：帮助也不过如此，就是对所有数字求和，我以为有什么稀奇。

卢子：实际上，帮助说到的用法仅仅是最基础的用法，连SUM的冰山一角还没有见着。

网友：有这么夸张吗？你倒是说说看。

卢子：这里通过两部分来说明SUM的用法——基础用法与知识扩展。

基础用法

Q 案例1：如图4-83所示，这是一份月销售清单。现在想按月份累计销售额，该怎么办？

	A	B	C
1	月份	销售额	累计销售额
2	1	600	
3	2	120	
4	3	1000	
5	4	210	
6	5	129	
7	6	123	
8	7	134	
9	8	1000	
10	9	210	
11	10	129	
12	11	123	
13	12	134	

图4-83　月销售清单

A 选择C2单元格，输入公式，并向下填充公式。

=SUM(B$2:B2)

　　给第一个B2的行塞点美元(B$2)，让行站住不动，下拉的时候不会有任何变化，依然是B$2。第二个B2因为没给美元，下拉就变成B3、B4、……、B13了。在C3中就变成了B$2:B3，也就是对B2:B3区域求和。在C13中变成了

B$2:B13，也就是对B2:B13区域进行求和。适当给点美元，会起到意想不到的效果。

 案例2：如图4-84所示，这是一份人员销售清单，需要汇总销售额，你会怎么汇总呢？

网友：销售额分成三列，每一列就用","隔开，公式如下：

=SUM(F2:F7,H2:H7,J2:J7)

卢子：看来你对帮助的理解还不够透彻，一起来看看函数说明。

	D	E	F	G	H	I	J
1		人员	销售额	人员	销售额	人员	销售额
2		王平	600	刘晓阳	134	王茜	100
3		任风英	120	杨秀英	1000	候影	900
4		任风英	1000	陈晖	210	尚娜娜	1000
5		周远碧	210	袁吉龙	129	王淑珍	2000
6		王庆	129	冯蔡英	123	杨坤	30
7		易诗琼	123	李霞	134	赵海波	50
8							
9		总销售额：					
10							

图4-84　人员销售清单

 函数说明：

如果参数是一个数组或引用，则只计算其中的数字。数组或引用中的空白单元格、逻辑值或文本将被忽略。

如果任意参数为错误值或为不能转换为数字的文本，Excel 将会显示错误。

也就是说，如果区域中有文本，将被忽略，所以只要写一个区域就行了。

=SUM(E2:J7)

网友：这些细节还真没注意看，多谢提醒。

卢子：前面都是基础的，再来看看难度大点的。

知识扩展

 案例3：如图4-85所示，这是一份没经过任何处理的不良明细，存在错误值，是直接求和出错。这个问题有办法解决吗？

网友：这回我仔细研究了"Excel帮助"，如果任意参数为错误值或为不能转换为数字的文本，那么Excel 将会显示错误。这种问题只有删除错误值才可以统计，不然会出错。呵呵，这回我没说错吧？我也挺用功的。

		B9		×	✓	fx	=SUM(B2:B8)
	A	B	C	D			
1	缺陷描述	不良数					
2	漏焊	8					
3	焊穿	#DIV/0!					
4	高低板	2					
5	气孔	#N/A					
6	弹簧门	7					
7	偏焊	5					
8	变形	4					
9	总计	#DIV/0!					

图4-85　含错误值不良明细

卢子：帮助仅供参考，我们还需要学会思考问题。"定位"错误值，然后删除也是一种办法。其实也可以直接求和，在这之前先了解一下IFERROR函数，如图4-86所示。

IFERROR 函数

本文介绍 Microsoft Excel 中 **IFERROR** 函数的公式语法和用法。

说明

如果公式的计算结果错误，则返回您指定的值；否则返回公式的结果。 使用 IFERROR 函数可捕获和处理公式中的错误。

语法

```
IFERROR(value, value_if_error)
```

IFERROR 函数语法具有下列参数：

- 值 必需。检查是否存在错误的参数。
- **Value_if_error** 必需。公式的计算结果错误时返回的值。计算以下错误类型：#N/A、#VALUE!、#REF!、#DIV/0!、#NUM!、#NAME? 或 #NULL!。

图4-86 IFERROR函数帮助说明

 既然这样，可以先通过IFERROR函数将错误值转换成0，然后用SUM函数汇总。

在C2中输入公式，下拉到C8：

=IFERROR(B2,0)

在C9中输入公式：

=SUM(C2:C8)

说白了，IFERROR函数就是可以将错误值转换成你需要的任何形式。

IFERROR函数的通俗语法如图4-87所示。

图4-87 IFERROR函数通俗语法

虽然这样可以汇总，但会产生一个辅助列。回到基础知识，再看看数组公式的概念。

数组公式可以执行多项计算并返回一个或多个结果。数组公式必须按组合键Ctrl+Shift+Enter结束。在输入数组公式时，Excel 会自动在大括号 { } 之间插入该公式。

利用数组可以省略辅助列，直接得到结果。

=SUM(IFERROR(B2:B8,0))

先将错误值全部转换成0，再汇总，因为转换过程需要重新运算，所以需要按组合键Ctrl+Shift+Enter结束。借助数组可以省略很多中间步骤，如果你想成为别人眼中的高手，数组必须熟练掌握。下面再通过两个例子来巩固对数组公式的理解。

Q 案例4：如图4-88所示，这是一份月销售清单，现在要统计销售额大于500的次数。

D	E	F	G	H	I
	月份	销售额			
1					
2	1	600		销售额大于500的次数	
3	2	120		3	
4	3	1000			
5	4	210			
6	5	129			
7	6	123			
8	7	134			
9	8	1000			
10	9	210			
11	10	129			
12	11	123			
13	12	134			
14					

图4-88　月销售清单

A 先来了解一下IF函数的用法，如图4-89所示。

IF 函数

本文介绍 Microsoft Excel 中 **IF** 函数的公式语法和用法。

说明

如果指定条件的计算结果为 TRUE，**IF** 函数将返回某个值；如果该条件的计算结果为 FALSE，则返回另一个值。例如，如果 A1 大于 10，公式 **=IF(A1>10,"大于 10","不大于 10")** 将返回"大于 10"，如果 A1 小于等于 10，则返回"不大于 10"。

语法

```
IF(logical_test, [value_if_true], [value_if_false])
```

图4-89　IF函数帮助说明

通过 IF 来判断销售额是否大于500，让大于500的显示1，小于等于显示0。可以在单元格中输入公式看是否跟我们想的一样。

```
=IF(F2>500,1,0)
```

F2是600，显示1，下拉发现，F3是120，显示0，跟我们的预想一样。

IF函数的通俗语法如图4-90所示。

图4-90　IF函数通俗语法

如果对整个区域用下面的公式判断。

```
=IF(F2:F13>500,1,0)
```

在编辑栏中用鼠标选择需要计算的部分，按F9键，如图4-91所示。

图4-91　运用F9键

跟我们在单元格下拉公式得到的效果是一样的，不同的是，用数组公式计算的结果显示在数组中。这样只是起到判断作用而已，还需要求和，只需要在IF函数外面再嵌套SUM函数就行，因为是执行多重计算，所以是数组公式。

```
=SUM(IF(F2:F13>500,1,0))
```

网友：通过你图文并茂的解释，大概能明白，比单纯看帮助容易理解。不过，这个F9键是做什么用的，以前没接触过？

卢子：F9键，人称"独孤九剑"，看过《笑傲江湖》的人应该知道令狐冲的独孤九剑很厉害。既然F9键有这个雅称，它也一定有过人之处。F9键是解读公式的利器，如果公式太长而看不懂，可以将看不懂的地方"抹黑"就知道运算结果了。看完后再按组合键

Ctrl+Z或Esc键返回，否则公式就变了。步步高点读机有一句广告词：哪里不会点(抹)哪里，so easy！妈妈再也不用担心我的学习了，用在这里再适合不过，如公式：

=SUM(SMALL(IF(B$1:B$10=5,ROW($1:$10)),ROW(1:2))*{-1;1})-1

在编辑栏中选择(即"抹黑")它再按F9键。

=SUM(SMALL(IF(B$1:B$10=5,{1;2;3;4;5;6;7;8;9;10}),ROW(1:2))*{-1;1})-1

原来，被"抹黑"的部分相当于1~10。记得按组合键Ctrl+Z返回哦，Excel是允许你后悔的。

网友：原来F9键是协助解读公式的一个工具。

卢子：这个键很好用，我经常用。还有一个叫"公式求值"的功能，其用处跟F9键差不多，你有空也可以了解下。不过，公式求值让人觉得自己就是一个机械操作工，如图4-92所示，切换到"公式"选项卡，单击"公式求值"按钮，接下来就是不断地重复单击"求值"按钮。而F9键让人觉得自己是一个剑客，凡事随心所欲。

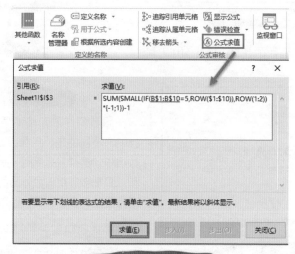

图4-92 公式求值

 再举一个例子来说明数组的用法

 案例5：还是以月销售清单来说明，求销售额大于500的总销售额。

 有了上面的基础，再来求解这个问题就很容易了。

=SUM(IF(F2:F13>500,F2:F13,0))

用IF进行判断，让值大于500的销售额显示为原来的金额，其他显示0，进行求和刚好得到销售额大于500的总销售额。

网友：这回懂了，谢谢卢子。

卢子：关于这个SUM函数的讲解就先告一段落，自己有空再去熟练一下，欲知SUM更多用法，且听下回分解。

网友：**谢谢，期待下回更精彩的讲解！**

　　这边刚结束，就收到简单、Simple的私聊消息。

简单：**辛苦了。**

卢子：累死人，没想到一讲就是两个小时，比参加1000米赛跑还累。

简单：**明天把这些整理一下，分享到群里。**

卢子：好的。

Simple：**讲得不错，挺有逻辑性的。**

卢子：已尽力了，但愿这次能收到好的评价。回头你看看大家的评价怎样。

Simple：**明后天应该就能知道大家的想法，到时跟你汇报。**

卢子：那我先睡了，脑力活原来比体力活更累。

Simple：**那早点休息吧。**

　　　……

　　第二天晚上，收到Simple的私聊信息。

Simple：**大家评价蛮高的，都在打听什么时候再组织讲座，到时得提前通知。群里不断有新成员加入，说要听课。看你太辛苦，昨晚的讲座内容已经帮你整理好了。**

卢子：谢了，回头我直接把你整理的分享出来就行。这回的辛苦总算没白费，我回头再准备下，争取这两天举行第二回讲座。

　　经过两天的准备，卢子把SUM函数的其他资料整理好了。这回只是对上回知识的补充，并不会涉及太多的知识点。

卢子：今晚继续学习SUM函数，通过三个小例子来对上一回的知识进行补充说明，大约1小时就可以讲完了，呵呵。

网友：老师辛苦了，没想到小小SUM函数居然这么神奇，这回要用功学习才是。

卢子：很好，那一起开始学习吧。

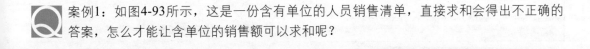

　案例1：如图4-93所示，这是一份含有单位的人员销售清单，直接求和会得出不正确的答案，怎么才能让含单位的销售额可以求和呢？

B8		:	×	✓	fx	=SUM(B2:B7)	
▲	A	B	C	D			
1	人员	销售额					
2	王平	600元					
3	任风英	120元					
4	任风英	1000元					
5	周远碧	210元					
6	王庆	129元					
7	易诗琼	123元					
8	总销售额	0					

图4-93 含单位的人员销售清单

A 帮助中提到，SUM函数会自动忽略文本，600元就是文本，不属于数字。最简单的做法就是将"元"替换成空，然后自定义单元格格式G/通用格式"元"。很多人就是搞不明白一格一属性的道理，才会造成汇总数据困难重重。正确的做法应该将"元"写在字段名那里变成销售额(元)，这样别人一看便知。废话了这么多，还没扯到今晚的正题，别见怪，刚才只是有感而发而已。

刚才提到了"替换"这个词，Excel中也有自己的替换函数，即SUBSTITUTE函数，其用法如图4-94所示。

SUBSTITUTE 函数

本文介绍 Microsoft Excel 中 **SUBSTITUTE** 函数的公式语法和用法。

说明

在文本字符串中用 new_text 替换 old_text。如果需要在某一文本字符串中替换指定的文本，请使用函数 SUBSTITUTE；如果需要在某一文本字符串中替换特定位置处的任意文本，请使用函数 REPLACE。

语法

```
SUBSTITUTE(text, old_text, new_text, [instance_num])
```

SUBSTITUTE 函数语法具有下列参数：

- **文本** 必需。需要替换其中字符的文本，或对含有文本（需要替换其中字符）的单元格的引用。
- **old_text** 必需。需要替换的文本。
- **new_text** 必需。用于替换 old_text 的文本。
- **Instance_num** 可选。指定要用 new_text 替换 old_text 的事件。如果指定了 instance_num，则只有满足要求的 old_text 被替换。否则，文本中出现的所有 old_text 都会被改为 new_text。

图4-94 SUBSTITUTE函数帮助说明

SUBSTITUTE的第4个参数为可选参数，那就先别管它，其他参数可以理解为：

=SUBSTITUTE(文本,需要替换的旧字符,替换成新的字符)

由于单元格中的"元"是多余的，需要替换成空，空可以用""表示，替换成空后直接求和，可以吗？不妨验证一下。

=SUM(SUBSTITUTE(B2:B7,:"元",""))

SUBSTITUTE函数的通俗语法如图4-95所示。

图4-95 SUBSTITUTE函数通俗语法

网友： 这是个数组公式，用法也跟前面说的差不多，应该可以汇总。

卢子： SUBSTITUTE函数属于文本函数，所以替换得到的数字也属于文本，在这里叫作"文本数字"。数字有两种类型，一种是文本数字，另一种是真正的数字，即数值。数值可以求和，而文本不能求和。如账簿上的数字跟墙上的数字是不同的，对于前者，我们可以用这些数字进行各种分析，而后者只能用于欣赏。那有什么办法还原数字的本质呢？

利用**VALUE**函数可以将文本型转换成数值型。

=VALUE("600")

但一般情况下不会这么做，而是通过

运算转换。

一起来了解"减负"运算

在函数或公式的运算过程中通常会自动把文本转换为数值(一个隐含过程)，再与数值进行运算，负值运算(-)也是一种运算，能把文本转换成数值。

-"600"=-600

还记得负负得正吧？例如：

-(-"600")=-(-600)=600

可简写为：

--"600"=600

--可以把文本转换为数值，但它不是标准的转换方式，而是借用负运算的隐含功能。

其实，把负负运算称为减负运算更好，即减去数字的负担，还原数字的本质。

=SUM(--SUBSTITUTE(B2:B7,"元"," "))，

将这一部分用F9键抹黑，得到：

=SUM({600;120;1000;210;129;123})

这样就能够求和了。

综上，最终的数组公式为：

=SUM(--SUBSTITUTE(B2:B7,"元",""))

网友：没想到数字还有这些学问，长见识了。

卢子：再来看另一种不规范输入的案例。

案例2：如图4-96所示，这是一份含附加分的成绩明细表，分数分为基本分(左)和附加分(右)，怎么汇总分数呢？

	C	D	E
1		人员	分数
2		罗影竹	90 5
3		郑家德	100
4		张树芳	78 10
5		唐喜全	60 5
6		强菲菲	100 2
7		常树基	60
8		总分	

图4-96　含附加分的成绩明细

A 仔细观察发现，有附加分的分数中都含有空格，如图4-97所示。这跟分数写法的前半部分一样，只是少了斜杠(/)+分母。既然这样，我们就可以构造后半部分。分数&"/1"，E2就得到"90 5/1"，通过&函数得到的是文本数值，前面加"--"让它变成数值。E3本身就是数字，不必转换。

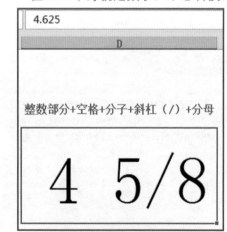

图4-97　分数的组成部分

通过上面的分析，问题已经解决一大半了，只需判断分数是不是数值，是的话就显示本身的值，不是就用--(分数&"/1")。怎么判断单元格的值是不是

数值呢？先来了解一下ISNUMBER函数，它只有一个参数。

=ISNUMBER(值)

如果是数字就返回TRUE，否则返回FALSE。

到这里思路都出来了，只需在单元格中输入数组公式来验证我们的想法是否正确就可以了。

=SUM(IF(ISNUMBER(E2:E7),E2:E7,--(E2:E7&"/1")))

网友： 测试通过，原来写公式跟断案一样，需要严谨的分析，才能不判错案子。

卢子： 运用公式主要是靠逻辑思维，大脑要经常动，这样才不会生锈。

分子不能超过5位数，否则出错。

如：1 100000/1用=ISNUMBER("1 100000/1")测试显示为FALSE，证明这个是文本。

正常情况下，不会出现这样的分数，稍微了解一下就行。

案例3： 如图4-98所示，这是一份人员销售清单，经常要在总销售额处插入新的人员。用SUM直接统计不会对新增加人员的销售额进行汇总，该怎么处理呢？

	A	B	C
14	人员	销售额	
15	王平	600	
16	任凤英	120	
17	任凤英	1000	
18	周远碧	210	
19	王庆	129	
20	易诗琼	123	
21	总销售额		

图4-98 人员销售清单

单击B21单元格，按组合键Ctrl+F3定义一个叫"上一行"的名称，引用位置为B20。

这个引用为相对引用，每插入一行引用位置就会动态变化，所以用下面的公式就可以搞定，以后插入行也会自动汇总进去，如图4-99所示。

=SUM(B15:上一行)

图4-99 定义名称

 一个过来人的忠告

有人说直接用SUM(区域)就行，插入行后区域会自动扩展。但我说这是Excel的BUG，你信吗？我曾经就因为直接用SUM(区域)导致开错两张单，最后核对金额的时候才发现异常，还好金额不大，如果是大金额，这将给公司带来多大的损失呀？小心驶得万年船，如果你坚持你的想法，用SUM(区域)插入行后请选择区域，查看状态栏的总计跟公式汇总是否一致。图4-100所示为直接用SUM(区域)插入行后的结果，数量添加的行会自动汇总进去，金额却没有自动增加。为了保险起见，还是定义名称，当然还有其他方法，例如：

```
=SUM(B15:INDEX(B:B,ROW()-1))
```

	A	B	C	D	E	F	G	H	I	J	K
1				店名1		店名2		店名...		汇总	
2	品名	规格	单价	数量	金额	数量	金额	数量	金额	数量	金额
3			1	1	1	3	3	4	4		
4			2	10	20	6	12	88	176		
5			3	9	27	20	60	55	165		
6			4	4	16	3	12	3	12		
7		合计		24	48	32	75	150	345	0	0

图4-100 在"合计"上面插入行后的结果

关于SUM的用法到这里已经讲解结束了，如果还有什么疑问可以向Simple提出来，到时我再统一解答。

网友：又学到了几招，谢谢老师。

卢子：对了，以后叫我卢子就行，这样我还习惯点，下节课根据大家的反馈再决定讲什么函数。

4.4.2 求和之王SUMPRODUCT

卢子：经过这几天的反馈，有两个问题提的人比较多。

问题1：实例是用公式=SUM(IF(B2:B13>500,B2:B13,0))，但现实中有很多公式是这种形式=SUM((B2:B13>500)*B2:B13)，后者是怎么得出来的？

问题2：SUM的数组公式要按组合键Ctrl+Shift+Enter结束才能得到正确答案，很麻烦，经常会忘记按组合键Ctrl+Shift+Enter，有没有其他函数可以取代SUM的数组形式呢？

一起来看看问题1，如图4-101所示，以销售额大于500的总销售额为例进行说明。

	A	B	C	D	E	F
	D2			fx	{=SUM((B2:B13>500)*B2:B13)}	
1	月份	销售额		销售额大于500的人的总销售额		
2	1	600		2600		
3	2	120				
4	3	1000				
5	4	210				
6	5	129				
7	6	123				
8	7	134				
9	8	1000				
10	9	210				
11	10	129				
12	11	123				
13	12	134				
14						

图4-101 销售额大于500的总销售额

关于=SUM((B2:B13>500)*B2:B13)，可能很多人想知道抹黑地方的意思，有句话叫心急吃不了热豆腐，凡事得一步步慢慢来，急不得。

=B2>500如果成立就显示TRUE，否则显示FALSE。在这里B2>500成立，显示TRUE。

=(B2>500)*B2等同于=TRUE*B2，得到600，也就是说，这里的TRUE相当于1。

=(B3>500)*B3等同于=FALSE*B3，得到0，也就是说，这里的FALSE相当于0。

*可以让符合条件的值显示其本身，不符合条件的值显示0，但它不是标准的转换方式，而是借用乘法运算的隐含功能。再回到公式：

=SUM((B2:B13>500)*F2:F13)

按F9键抹黑得到：

=SUM(({TRUE;FALSE;TRUE;FALSE;FALSE;FALSE;FALSE;TRUE;FALSE;FALSE;FALSE;FALSE})*B2:B13)

得到一组由TRUE和FALSE组成的数组：

=SUM(({TRUE;FALSE;TRUE;FALSE;FALSE;FALSE;FALSE;TRUE;FALSE;FALSE;FALSE;FALSE})*B2:B13)

数组*B2:B13，让符合条件的都显示其本身，其他显示0。

=SUM({600;0;1000;0;0;0;0;1000;0;0;0;0})

到这步应该可以理解了吧？解读公式一开始先不要直接用整个区域解读，先分成一个单元格的判断解读，单元格理解后再转换成区域解读。这样更有助于理解，适当的时候配合F9键，效果会更好。

网友：原来公式是这么解读的，老想一步就到位，反而理解不好。先拆开，再合并，先记住这个方法。

卢子：问题2用SUMPRODUCT可以取代SUM的数组公式。还是老方法，先看SUMPRODUCT函数的帮助，如图4-102所示，对多个区域先相乘，后汇总。

SUMPRODUCT 函数

本文介绍 Microsoft Excel 中 **SUMPRODUCT** 函数的公式语法和用法。

说明

在给定的几组数组中，将数组间对应的元素相乘，并返回乘积之和。

语法

    SUMPRODUCT(array1, [array2], [array3], ...)

SUMPRODUCT 函数语法具有下列参数：

- **Array1**　必需。其相应元素需要进行相乘并求和的第一个数组参数。
- **Array2, array3,...**　可选。2 到 255 个数组参数，其相应元素需要进行相乘并求和。

说明

- 数组参数必须具有相同的维数。否则，函数 SUMPRODUCT 将返回 #VALUE! 错误值 #REF!。
- 函数 SUMPRODUCT 将非数值型的数组元素作为 0 处理。

图4-102　SUMPRODUCT帮助

基础用法

如图4-103所示，统计总金额。

	A	B	C
1	产品	数量	单价
2	A	2	4
3	B	5	2
4	C	3	10
5	总金额		48

图4-103　统计总金额

=SUMPRODUCT(B2:B4,C2:C4)

只强调一句，SUMPRODUCT 将非数值型的数组元素作为0处理，如B4现在的值是文本=SUMPRODUCT({2;5; " 无 " },C2:C4)， "无"在这里等同于0。在此不再对这个函数的基础用法进行说明。

知识扩展

通过对SUM的学习，知道了它可以求和、计数，SUM能做到的SUMPRODUCT都能做到，而且做得更好。SUMPRODUCT函数本身就支持数组，所以条件计数、求和的时候不需要按组合键Ctrl+Shift+Enter，正因为这样它才受到大多数人的喜欢。有人把它比喻成璀璨的明珠，光芒四射，魅力无穷，把它称为求和之王也不为过。

通用公式

计数：

=SUMPRODUCT((条件1)*(条件2)*(条件3)*…*(条件N))

求和：

=SUMPRODUCT((条件1)*(条件2)*(条件3)*…*求和区域)

如图4-104所示，这是IT部落窝随机抽查的人员资料表，下面通过10个小例子来说明条件计数、求和的用法。

姓名	QQ号	性别	最后发言时间	潜水天数
月亮	44008242	女	2011/2/19	5
笑看今朝	872245780	男	2011/2/18	6
冷逸	780365581	女	2011/2/19	5
文	355312506	男	2011/2/18	6
卡布奇诺	191039596	女	2011/2/7	17
诗情	285362527	男	2011/2/16	8
心/aiq為妳醉	381855695	男	2011/2/18	6
Kids	314715962	女	2011/2/18	6
NO随便	121393069	男	2011/2/3	21
十月的高跟鞋	827216296	女	2011/2/18	6
夜 /db风	84895954	男	2011/2/18	10
小蕾	1013268234	女	2011/2/11	13
飞鱼	1114978536	男	2011/2/4	20
不解释	839733131	男	2011/2/13	11
饮酒	759117940	女	2011/2/18	6
金陵人	2254819	男	2011/2/18	6
牵手一起走	519176651	男	2011/1/24	31
莉莉✳惹人爱	253883630	女	2011/1/21	34
莫其名]妙发	119221349	男	2011/2/18	6

图4-104　IT部落窝随机抽查的人员资料表

计数

例子1：女性有几个人？

=SUMPRODUCT(--(C4:C22="女"))

例子2：潜水时间大于15天的男人有多少？

=SUMPRODUCT((E4:E22>15)*(C4:C22="男"))

例子3：2月份发言的男人有多少？

=SUMPRODUCT((MONTH(D4:D22)=2)*(C4:C22="男"))

这里涉及一个新函数MONTH，其作用就是将日期转换成月份。相关联的函数还有YEAR，其作用是将日期转换成年；DAY函数可将日期转换成日。

例子4：不包括"笑看今朝"在内的男人有几个？

=SUMPRODUCT((A4:A22<>"笑看今朝")*(C4:C22="男"))

<>(不等于)属于比较运算符，比较运算符还有=(等于)，>(大于)，<(小于)，>=(大于等于)和<=(小于等于)，跟数学的表示方法略有差别，但作用一样。

求和

例子5：女性潜水总天数。

=SUMPRODUCT((C4:C22="女")*E4:E22)

例子6：潜水时间大于15天的男性的潜水天数。

=SUMPRODUCT((E4:E22>15)*(C4:C22="男")*E4:E22)

例子7：2月份发言的男性的潜水天数。

=SUMPRODUCT((MONTH(D4:D22)=2)*(C4:C22="男")*E4:E22)

例子8：QQ号首位是8的人的潜水天数。

=SUMPRODUCT((LEFT(B4:B22)="8")*E4:E22)

LEFT的语法：LEFT(文本,N)，提取左边的N位文本，省略第二参数，就是提取1位。

例子9：姓名字符数为2，不包括"月亮"在内的人的潜水天数。

=SUMPRODUCT((LEN(A4:A22)=2)*(A4:A22<>"月亮")*E4:E22)

LEN的语法：LEN(字符)统计字符个数，汉字、字母、数字都是一个字符；LENB(字符)统计字节个数，汉字为两个字节，字母、数字为一个字节。

例子10："笑看今朝"和"冷逸"的潜水天数。

=SUMPRODUCT(((A4:A22="笑看今朝")+(A4:A22="冷逸"))*E4:E22)

+在这里是"或"的意思，表示只要满足其中一个条件就行，它有时可以替代OR的功能，如=IF(OR(A4="笑看今朝",A4="冷逸"),1,0)等同于=IF((A4="笑看今朝")+(A4="冷逸"),1,0)，但OR不能替代+在数组中的用法，切记！

简化

=SUMPRODUCT((A4:A22={"笑看今朝","冷逸"}))*E4:E22)

下面进行公式剖析，老办法，先转换成单元格比较。

A5={"笑看今朝","冷逸"}，一个单元格跟两个值同时比较，满足就显示TRUE，否则显示FALSE。

A5={ " 笑看今朝 " ," 冷逸 " }，按F9键得到{TRUE,FALSE}。

({TRUE,FALSE})*E5，按F9键得到{6,0}。也就是说，只要单元格满足其中一个值，就一定会得到由0与单元格本身组成的常量数组，完全不满足就显示{0,0}。因为单元格不可能同时满足两个条件，所以不会出现{6,6}这种情况。

=SUMPRODUCT((A5={ " 笑看今朝 " ," 冷逸 " })*E5)

抹黑得到：

=SUMPRODUCT({6,0})

同理：

=SUMPRODUCT((A4:A22={ " 笑看今朝 " ," 冷逸 " })*E4:E22)

抹黑得到：

=SUMPRODUCT({0,0;6,0;0,5;0,0;0,0;0,0;0,0;0,0;0,0;0,0;0,0;0,0;0,0;0,0;0,0;0,0;0,0;0,0;0,0})

这里就不再进行解释了，留点空间给大家思考。

有SUM作为铺垫，理解SUMPRODUCT会异常简单。今天就到此结束，有疑问大家可以反馈。

网友：谢谢，回去好好消化一下。

4.4.3　既生SUMIF(COUNTIF)，何生SUMPRODUCT

网友：SUMPRODUCT函数太好用了，现在Excel专门的条件求和、计数函数SUMIF(COUNTIF)都不去使用了。

卢子：《三国演义》让人们知道了诸葛亮的神机妙算，无所不能，以至于周瑜感叹"既生瑜，何生亮"。

其实，周瑜也是一个很有才华的人，只是被掩盖了。

扯远了，回到正题。

SUMIF(COUNTIF)其实也很好用，有好事者测试了SUMIFS跟SUMPRODUCT的多条件求和统计速度，前者是后者的三倍。那SUMIF单条件统计速度比SUMPRODUCT快一点还是可以肯定的。不过，对你我来说，可以忽略这个速度的问题。

先来了解一下COUNTIF函数。怎么学函数，还是老话，按F1键调出帮助。不要对每次的重复操作厌倦，帮助可以给我们提供很多有用的信息。如图4-105所示，这是COUNTIF函数的帮助。

COUNTIF 函数

本文介绍 Microsoft Excel 中 COUNTIF 函数的公式语法和用法。

说明

COUNTIF 函数会统计某个区域内符合您指定的单个条件的单元格数量。例如，您可以计算以某个特定字母开头的所有单元格的数量，或者可以计算大于或小于指定数字的数字的所有单元格的数量。假设有一个工作表，其中列 A 包含任务列表，列 B 是分配给各个任务的人员的名字，您可以使用 COUNTIF 函数来计算某人的姓名在 B 列中显示的次数，以确定分配给此人的任务数量。

```
=COUNTIF(B2:B25,"张三")
```

注释 若要根据多个条件对单元格进行计数，请参阅 COUNTIFS 函数。

语法

```
COUNTIF(range, criteria)
```

COUNTIF 函数语法具有下列参数：

- **range** 必需。要计数的一个或多个单元格，包括数字或包含数字的名称、数组或引用。空值和文本值将被忽略。
- **criteria** 必需。定义要进行计数的单元格的数字、表达式、单元格引用或文本字符串。例如，条件可以表示为 32、">32"、B4、"apples" 或 "32"。

注释

- 您可以在条件中使用通配符，即问号 (?) 和星号 (*)。问号匹配任意单个字符，星号匹配任意一串字符。如果要查找实际的问号或星号，请在该字符前键入波形符 (~)。
- 条件不区分大小写；例如，字符串 "apples" 和字符串 "APPLES" 将匹配相同的单元格。

图4-105 COUNTIF帮助

COUNTIF函数的通俗语法如图4-106所示。

图4-106 COUNTIF函数通俗语法

统计条件区域中满足条件的单元格个数。

下面通过几个小例子来说明COUNTIF的

用法。如图4-107所示，这是2006年电脑配件销售一览表。

例子1：数量大于30的有几个？

```
=COUNTIF(D4:D22,">30")
```

例子2：营业部中含"河"字的有几个？

```
=COUNTIF(A4:A22,"*河*")
```

通配符的说明：*代表所有字符，？代表一个字符。如果需要统计营业部中的两个字符，且"河"字在最后面，可以这么写公式：

```
=COUNTIF(A4:A22,"?河")
```

2006年电脑配件销售一览表

	营业部	商品	销售日期	数量	单价	总金额
4	越秀	显示器	2006/1/1	2	2154	4308
5	天河	鼠标	2006/1/2	30	100	3000
6	天河	硬盘	2006/1/3	25	568	14200
7	荔湾	硬盘	2006/1/4	32	568	18176
8	天河	硬盘	2006/1/5	19	568	10792
9	荔湾	鼠标	2006/1/6	58	36	2088
10	天河	硬盘	2006/1/7	40	568	22720
11	越秀	显示器	2006/1/8	8	2154	17232
12	天河	显示器	2006/1/9	5	2154	10770
13	黄埔河	鼠标	2006/1/10	54	36	1944
14	荔湾	显示器	2006/1/11	14	2154	30156
15	荔湾	硬盘	2006/1/12	7	568	3976
16	荔湾	显示器	2006/1/13	11	2154	23694
17	越秀	硬盘	2006/1/14	9	568	5112
18	越秀	显示器	2006/1/15	7	2154	15078
19	天河	硬盘	2006/1/16	21	568	11928
20	黄埔	显示器	2006/1/17	5	2154	10770
21	天河	鼠标	2006/1/18	32	36	1152
22	黄埔	鼠标	2006/1/19	36	36	1296

图4-107 2006年电脑配件销售一览表

例子3：在"商品"列中是否有"键盘"？

```
=IF(COUNTIF(B4:B22,"键盘")>0,"存在","不存在")
```

如果存在"键盘"，COUNTIF统计出来的次数大于0，否则等于0。公式可以稍做简化：

```
=IF(COUNTIF(B4:B22,"键盘"),"存在","不存在")
```

网友：>0这部分为什么可以省略？这是什么原理？

卢子：一起来看看下面几个判断。

=IF(3," 存在 "," 不存在 ")，返回"存在"；

=IF(–3," 存在 "," 不存在 ")，返回"存在"；

=IF(0," 存在 "," 不存在 ")，返回"不存在"。

也就是说，任何不等于0的数字在这里都等同于TRUE，0
等同于FALSE。如果不相信，可以自己多试几个看看。不过，
建议初学者不要用简写，标准写法更有助于理解。前面几个例
子的条件都是手写的，其实条件可以直接引用单元格。

例子4：如图4-108所示，统计每个营业部出现的次数。

	L	M
1		
2		
3	营业部	次数
4	天河	
5	黄埔河	
6	黄埔	
7	越秀	
8	荔湾	
9	超秀	

图4-108　引用单元格

```
=COUNTIF($A$4:$A$22,L4)
```

因为要下拉公式，为防止区域改变，所以加绝对引用。绝对引用、相对引用和混合引用，
可以通过用F4键切换得到。

例子5：统计共有几个不重复的营业部。

```
=SUMPRODUCT(1/COUNTIF(A4:A22,A4:A22))
```

=SUMPRODUCT(1/COUNTIF(区域,区域))是计算区域中不重复个数的经典公式，需要好好
理解。为了便于解读公式，应把区域改小，将上面的公式变成：

```
=SUMPRODUCT(1/COUNTIF(A4:A9,A4:A9))
```

 观察

```
=SUMPRODUCT(1/COUNTIF(A4:A9,A4:A9))
```

按F9键抹黑：

```
=SUMPRODUCT(1/{1;3;3;2;3;2})
```

按Esc键返回：

```
=SUMPRODUCT(1/COUNTIF(A4:A9,A4:A9))
```

 137

按F9键抹黑：

=SUMPRODUCT({1;0.333333333333333;0.333333333333333;0.5;0.333333333333333;0.5})

按Esc键返回，在单元格处按Enter键看到结果：3。

分析

按F9键观察有时不太直观，回到工作表中继续看看。

=COUNTIF(A4:A9,A4:A9)是多单元格数组，等同于=COUNTIF($A$4:$A$9,A4)下拉的结果，也就是统计每个单元格本身出现的次数，如1。

=1/COUNTIF(A4:A9,A4:A9) 是多单元格数组，等同于=1/COUNTIF($A$4:$A$9,A4)下拉的结果，也就是1/每个单元格本身出现的次数。为了让数据更直观地转换成分数形式，如2，出现3次就变成1/3，出现2次就变成1/2，出现1次就1。$1/3+1/3+1/3=3*(1/3)=1$，$1/N+\cdots+1/N=N*(1/N)=1$，不管出现几次，相加都等于1，如图4-109所示。

最后将这些分数相加就得到不重复的数量，如3。

1	2	3
1	1	3
3	1/3	
3	1/3	
2	1/2	
3	1/3	
2	1/2	

图4-109 辅助理解

解读公式的一些习惯

1. 把区域改小，这样便于查看，如将A1:A1000改成A1:A3。

2. F9键配合组合键Ctrl+Z(或者Esc键)不断地看运算过程再返回，重复到理解为止。

3. 输入公式后回到单元格查看运算过程，这相对比较直观。

分析

第2、第3点可选，看你对公式的熟练程度而言，如果不熟练选择3，熟练的话选择2。

关于计数就说到这里，回头再聊聊求和。

先来了解一下SUMIF函数的帮助，如图4-110所示。

SUMIF 函数

本文介绍 Microsoft Excel 中 SUMIF 函数的公式语法和用法。

说明

使用 SUMIF 函数可以对区域中符合指定条件的值求和。例如，假设在含有数字的某一列中，需要对大于 5 的数值求和。请使用以下公式：

=SUMIF(B2:B25,">5")

在本例中，应用条件的值即要求和的值。如果需要，可以将条件应用于某个单元格区域，但却对另一个单元格区域中的对应值求和。例如，使用公式 =SUMIF(B2:B5, "俊元", C2:C5) 时，该函数仅对单元格区域 C2:C5 中与单元格区域 B2:B5 中等于"俊元"的单元格对应的单元格中的值求和。

注释 若要根据多个条件对若干单元格求和，请参阅 SUMIFS 函数。

语法

SUMIF(range, criteria, [sum_range])

SUMIF 函数语法具有以下参数：

• range 必需。用于条件计算的单元格区域。每个区域中的单元格都必须是数字或名称、数组或包含数字的引用。空值和文本值被忽略。

• criteria 必需。用于确定对哪些单元格求和的条件，其形式可以为数字、表达式、单元格引用、文本或函数。例如，条件可以表示为 32、">32"、B5、32、"32"、"苹果" 或 TODAY 0。

要点 任何文本条件或任何含有逻辑或数学符号的条件都必须使用双引号 (") 括起来。如果条件为数字，则无需使用双引号。

• sum_range 可选。要求和的实际单元格（如果要对未在 range 参数中指定的单元格求和）。如果省略 sum_range 参数，Excel 会对在 range 参数中指定的单元格（即应用条件的单元格）求和。

图4-110 SUMIF帮助

SUMIF函数的通俗语法如图4-111所示。

图4-111 SUMIF函数通俗语法

例子1：求汇总显示器的数量。

=SUMIF(B4:B22,"显示器",D4:D22)

例子2：求数量大于30的总数量。

=SUMIF(D4:D22,">30")

第3个参数省略了，求和区域相当于D4:D22，公式的作用等同于：

=SUMIF(D4:D22,">30",D4:D22)

例子3：如图4-112所示，求汇总数量在30~40之间的数量总和。

=SUMIF(D4:D22,">=30")-SUMIF(D4:D22,">40")

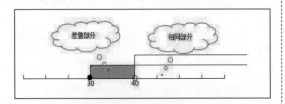

图4-112 求[30,40]区间的总和

[30,无穷大)跟(40,无穷大)的交集是(40,无穷大)，[30,无穷大)减去交集(40,无穷大)刚好是[30,40]这个区间，所以>=30的总和减去>40的总和就是30~40之间的总和。

网友：这个没有数学基础真的不好理解，看来，数学还是挺重要的。

卢子：很多东西都是相互借鉴的，学好数学有助于学好函数。其实这个问题用SUMIFS函数会更简单，SUMIF函数是单条件求和，而SUMIFS是多条件求和。

=SUMIFS(D4:D22,D4:D22,">=30",D4:D22,"<=40")

通俗语法：

=SUMIFS(求和区域,条件区域1,条件1,条件区域2,条件2,……)

例子4：求最后一个字符为"河"且总字符为3个的营业部的总金额。

=SUMIF(A4:A22,"??河",F4:F22)

?代表1个字符，"??河"就表示最后一个字符为"河"且共有3个字符。

例子5：如图4-113所示，数字包含错误值，怎么避开错误值求和？

图4-113 数字包含错误值

=SUMIF(A:A,"<9E+307")

9E+307是9乘以10的307次方，相当于Excel能表示的最大数字。数据的排序依据为：数字<文本<逻辑值<错误值，错误值的排序等级最高，所以可以避开错误值求和。如

139

果不知道这个排序依据，可以分别在单元格中输入内容，然后单击"升序"按钮，就知道各种类型的数据的排序结果是怎么样的，如图4-114所示。

图4-114 升序

例子6：如图4-115所示，对多个区域求型号等于A03的总数量。

	A	B	C	D	E	F	G	H
1	型号	数量		型号	数量		型号	数量
2	A01	20		B02	96		A01	132
3	B04	124		A03	32		A02	135
4	A03	62		A02	111		A03	110
5	A01	138		B01	94		B01	94
6	A04	57		B03	90		B04	97
7	B03	128		A04	92		A03	98
8	B03	130		B02	112		B02	127
9	A02	100		B03	79		A02	97
10	B01	22		A04	116		B03	134

图4-115 对多个区域求型号等于A03的总数量

=SUMIF(A2:G10,"A03",B2)

=SUMIF(A2:G10,"A03",B2:H10)

两个公式的效果是一致的，SUMIF的第3个参数会自动扩展区域，但不建议简写，那样会导致运算速度变慢。

温馨提示

sum_range 参数与 range 参数的大小和形状可以不同。求和的实际单元格可使用 sum_range 参数中左上角的单元格作为起始单元格，然后包括与 range 参数大小和形状相对应的单元格。但是，当 SUMIF 函数中的range和sum_range 参数不包含相同的单元格个数时，工作表重新计算需要的时间可能比预期的长。

网友：原来简单不一定好，简单是以付出效率作为代价的。

卢子：在使用函数的过程中还是使用标准用法为好，而在学习过程中多了解其他用法也好。

SUMIF与COUNTIF函数有点相似，只要理解一个，要了解另一个就简单了。多条件求和SUMIFS与COUNTIFS也比较常见，读者有兴趣的话可以了解一下。

4.4.4 无处不在的IF

卢子：只要留心观察，生活中到处充满IF，我们每天都在跟IF打交道。

如果明天下暴雨，我就不去上班。

如果有你陪在我身边，我会很开心。

如果有网络，我就上网，否则睡觉。

如果你来了，请你喝功夫茶，否则我自己喝。

如果2007年毕业不去东莞，我就不会接触Excel；如果不学习Excel，我就不会去论坛、交流群；如果不交流，我就不会认识这么多Excel爱好者；如果……，否则一切都是空谈。

还有太多太多的例子，不知道你们看到这里有什么想法。

网友： 很多时候我们都是在做假设，有的时候只有一个假设，有的时候多个假设同时出现。有假设就有相对应的返回值，有的只有一个，有的是两个。

卢子： IF其实就是如果的意思，IF(条件,条件为真返回值,条件为假返回值)，现在就以上面几条如果来聊聊IF函数。

如果你细心的话，可以看到前2条都只返回一个对应值。

网友： 对哦，不是说这个函数有三个参数吗，怎么现在两个也行？

卢子： 如果明天不下暴雨，肯定要去上班；如果你不陪在我身边，我就开心不起来。这个不用说都知道了，其实IF函数也跟我们一样不废话。

```
=IF(A1="明天下暴雨","不去上班")
=IF(A2="你陪在我身边","很开心")
```

第3个参数省略，就是返回FALSE，这是约定俗成的东西。明明知道要返回FALSE，而你还在后面添加其他东西就有点多此一举了。

接着看，如果你不说明第3个参数，不知道你要返回什么，这时就必须强调。返回值1跟返回值2不一定有关联。

```
=IF(A3="有网络","上网","睡觉")
=IF(A4="你来了","请你喝功夫茶","自己喝")
```

网友： 这么说就好理解了。在确定返回值的时候，可以省略第3个参数；在不确定返回值时，必须写上第3个参数。

卢子： 接着看最后1条IF语句，很多事情并不一定只有一个如果，一个如果会产生无数个如果，前面的选择会影响到后面的所有选择。就如你选择学Excel与选择学PS，你将走两条完全不同的路。认识的人不同，做的事也不同。

```
=IF(A5="东莞","接触Excel",IF(A6="学习Excel","去论坛、交流群",IF(A7="交流","认识Excel爱好者","空谈")))
```

为了加深理解，下面用几个小例子来说说逻辑函数。图4-116是今朝学淘宝的模拟图。

例子1：如果B2是今朝，最近要学淘宝，否则待定。

```
=IF(B2="今朝","最近要学淘宝","待定")
```

例子2：如果B2是今朝且C2是不会，就惨了，否则待定。

```
=IF(AND(B2="今朝",C2="不会"),"惨了","待定")
```

"且"就是同时满足的意思，AND(条件1,条件2,条件N)，即同时满足所有条件才显示TRUE，否则显示FALSE。AND也可以用*表示，通过运算得到1或者0，任何非0数字就是TRUE，0就是FALSE。

	A	B	C	D
1		人员	淘宝	协助
2		今朝	不会	有
3				

图4-116 今朝学淘宝

```
=IF((B2="今朝")*(C2="不会"),"惨了","待定")
```

例子3：如果B2是紫陌、冷逸、月亮其中一个就会淘宝，否则不会。

```
=IF(OR(B2="紫陌",B2="冷逸",B2="月亮"),"会","不会")
```

OR(条件1,条件2,条件N)，只要满足其中一个条件就显示TRUE，否则显示FALSE。OR可以换成+，有兴趣的朋友可以试试看。

逻辑函数是基础，经常会用到，必须熟练掌握。接着了解IF({1,0},区域1,区域2)这种常用的形式，学好它有助于以后对VLOOKUP反向查找的理解。下面以图4-117所示的国花网络投票表进行说明。

	A	B	C	D
1		**国花网络投票表**		
2				
3		花种	票数	
4		杜鹃花	24	
5		菊花	46	
6		兰花	96	
7		荷花	109	
8		梅花	325	
9		牡丹	786	

图4-117 国花网络投票表

 向目标前进一步

```
=IF(1,B4,C4)
=IF(0,B4,C4)
```

条件为1，返回B4的对应值"杜鹃花"；条件为0，返回C4的对应值24。

 向目标再前进一步

```
=IF({1,0},B4,C4)
=IF({0,1},B4,C4)
```

选择两个单元格输入，然后按组合键Ctrl+Shift+Enter结束。条件为{1,0}，返回B4:C4的对应值顺序不变；条件为{0,1}，返回B4:C4的对应值，顺序对换。也就是说，通过改变1与0的位置，可以调换两个单元格的前后位置。

走向目标

```
=IF({1,0},B4:B9,C4:C9)
=IF({0,1},B4:B9,C4:C9)
```

选择两列输入，然后
按组合键Ctrl+Shift+Enter结
束。与用单元格表示看到的
差不多，通过改变1与0的位
置，可以调换两个区域的前
后位置。

三种形式的效果，如
图4-118所示。

效果图			
1	杜鹃花		24	
2	杜鹃花	24	24	杜鹃花
3	杜鹃花	24	24	杜鹃花
	菊花	46	46	菊花
	兰花	96	96	兰花
	荷花	109	109	荷花
	梅花	325	325	梅花
	牡丹	786	786	牡丹

图4-118 三种效果

如果不了解这个用途没关系，先记下。"4.4.5学VLOOKUP，认识Excel爱好者"小节中介绍的逆向查找就会用到这个组合。本小节内容看似简单，但都是为了以后学好其他函数作铺垫。

网友：谢谢卢子的讲解，虽然基础，但内容不枯燥，比看帮助强多了。

4.4.5 学VLOOKUP，认识Excel爱好者

卢子：据网络调查，VLOOKUP、SUM、IF是使用频率最高的三个函数，当初就是见识了VLOOKUP的神奇才让我深深地迷恋上函数。

一起来学VLOOKUP函数，并认识一些Excel的爱好者。这些爱好者都是我在网络上结识的，通过与他们交流，我的Excel水平才能更上一层楼。

网友：听说VLOOKUP函数很强大，这回一定要学学。

卢子：我们还是看实例吧。

例子1：如图4-119所示，"简单"是哪个地区的人？

	A	B	C	D	E	F	G
	1	2	3	4			
2	Excel爱好者	地区	性别	人气指数		简单是哪个地区的人	
3	简单	安徽	男	1		Excel爱好者	地区
4	坤哥	潮汕	男	47		简单	
5	吴姐	上海	女	82			
6	无言的人	潮汕	男	95			
7	笑看今朝	潮汕	男	93			

图4-119 "简单"是哪个地区的人

=VLOOKUP(F4,A2:D7,2,0)

原来是安徽的，那里的黄山好出名，被世人誉为"天下第一奇山"，有机会真想去那里见识一下。

参数说明

=VLOOKUP(查找值,查找区域,区域中第N列,查找模式)

为了更好地理解这个函数，用一张示意图让你能够理解各参数之间的含义，如图4-120所示。

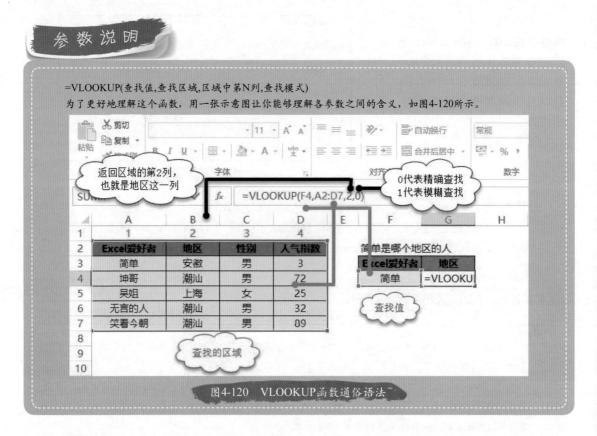

图4-120　VLOOKUP函数通俗语法

网友：通过这张图，一下子就了解各参数之间的含义，好棒啊！报告老师，你是不是忘记晒帮助了？

卢子：以后更多地使用这种函数示意图，这样比较直观。帮助是需要自己自觉去了解的，前面之所以一直反复强调看帮助，是因为帮助是我们最好的老师，但有的东西说多了反而惹人烦。就如你去吃饭，第一次别人告诉你这个好吃，你吃了觉得还真的好吃，你会感谢他；第二回、第三回他告诉你好吃，你应该不会再感谢他，只是礼貌性地说"好的"；第N回他告诉你好吃，你肯定觉得烦，你有完没完，这个谁不知道好吃？以后觉得帮助好，要自觉看，就像看到好吃的，别人不告诉你，你都会多吃几块。闲话少说，进入主题。

例子2：如图4-121所示，"笑看今朝"的性别是什么？

=VLOOKUP(F9,A2:D7,3,0)

	E	F	G
7		笑看今朝的性别	
8		Excel爱好者	性别
9		笑看今朝	
10			

图4-121 "笑看今朝"的性别

网友：怎么回事？感觉公式没错啊，怎么返回#N/A？

卢子：返回#N/A是因为区域中找不到对应值。公式没错，那就是数据源的问题，在输入数据的时候，有时会不小心按了空格键。先用LEN函数返回单元格中存在几个字符。如图4-122所示，数据源输入规范没有问题，问题出在查找值多了一个空格。

	A	B	C	D	E	F	G
1	1	2	3	4			
2	Excel爱好者	地区	性别	人气指数		简单是哪个地区的人	
3	简单	安徽	男	77	2	Excel爱好者	地区
4	坤哥	潮汕	男	48	2	简单	安徽
5	吴姐	上海	女	73	2		
6	无言的人	潮汕	男	63	4		
7	笑看今朝	潮汕	男	42	4	笑看今朝的性别	
8						Excel爱好者	性别
9					5	笑看今朝	#N/A
10							

图4-122 字符测试

网友：原来是多了一个空格，利用替换功能将空格替换掉就行了。

卢子：没错，Excel中有专门用于去除多余空格的函数TRIM。

=VLOOKUP(TRIM(F9),A2:D7,3,0)

网友："笑看今朝"是男的，这回就对了。"笑看今朝"应该就是卢子你自己吧？

卢子："笑看今朝"是我的QQ名，论坛名叫"卢子"。如果返回错误值，要学会推测，出现错误值的原因很多，如文本型数字与数值看似一样，但价值不同。错误值也不是一无是处，善于利用错误值也能产生价值。

例子3：如图4-123所示，判断Simple有没有在我列举的人员清单上。

=VLOOKUP(F15,A2:D7,1,0)

	E	F	G	H	I
13		判断Simple有没有在我列举的人员清单上			
14		Excel爱好者	在（否）		
15		Simple			
16					

图4-123 判断Simple是否在人员清单上

查找不到就返回#N/A，ISNA可以检测是不是存在#N/A这种错误值，存在就显示TRUE，否则显示FASLE。

=IF(ISNA(VLOOKUP(F15,A2:D7,1,0)),"否","在")

图4-124所示是IS类函数作用的对应表。

函数	如果符合以下条件，则返回TRUE
ISBLANK	值为空白单元格。
ISERR	值为任意错误值（除去 #N/A）。
ISERROR	值为任意错误值（#N/A、#VALUE!、#REF!、#DIV/0!、#NUM!、#NAME? 或 #NULL!）。
ISLOGICAL	值为逻辑值。
ISNA	值为错误值 #N/A（值不存在）。
ISNONTEXT	值为不是文本的任意项。（请注意，此函数在值为空单元格时返回 TRUE）。
ISNUMBER	值为数字。
ISREF	值为引用。
ISTEXT	值为文本。

图4-124　IS类函数作用的对应表

网友：善于利用各种错误，也能变废为宝，长见识了。

卢子：很多时候，我们叫一个人的名字不会叫全名，就如把"笑看今朝"叫成"今朝"。在我们潮汕地区，叫全名反而是对人的一种不尊重。我的亲戚朋友都叫我卢，感觉这样好亲切。听说北方人就喜欢叫全名，每个地方的风俗习惯不同。

例子4：如图4-125所示，"无言"是哪个地区的人？

=VLOOKUP("*"&F20&"*",A2:D7,2,0)

星号是通配符，代表所有字符，问号代表一个字符。

网友：无言原来也是你们潮汕地区的，你们那边的Excel爱好者还真不少。听说潮州菜、功夫茶很出名，有机会真想去那边品尝一下。

卢子：好啊，如果你们来了，我做东。

	E	F	G
18		无言是哪个地区的人	
19		**Excel爱好者**	**地区**
20		无言	
21			

图4-125　"无言"是哪个地区的人

例子5：如图4-126所示，按顺序查找"坤哥"的各项资料。

通过上面的例子，我们知道可以通过更改第3个参数返回各项对应值。

```
=VLOOKUP(I4, $A$2:$D$7,2,0)
=VLOOKUP(I4, $A$2:$D$7,3,0)
=VLOOKUP(I4, $A$2:$D$7,4,0)
```

	H	I	J	K	L
1					
2		按顺序查找坤哥的各项资料			
3		Excel爱好者	地区	性别	人气指数
4		坤哥			
5					

图4-126　按顺序查找"坤哥"的各项资料

如果项目少，更改几次参数也没什么，但项目多了，肯定不方便。如图4-127所示，可以通过ROW、COLUMN分别产生行号和列号，从而得到1，2，…，n的值。

```
=VLOOKUP($I4,$A$2:$D$7,COLUMN(B1),0)
```

N	O	P	Q	R	S
	=COLUMN(A1)				
	1	2	3	4	5
=ROW(A1)	1				
	2				
	3				
	4				
	5				
	6				
	7				

图4-127　通过ROW、COLUMN分别产生行号和列号

因为这里是为同一行产生序号，所以用COLUMN。

我因VLOOKUP函数而结识坤哥，好久以前，我们都在论坛帮人解答问题，我每次都使用VLOOKUP函数，而坤哥每次都使用LOOKUP函数，上演了一场真实版的"VLOOKUP与LOOKUP——过招"。他的资料显示他是潮汕的，于是加为QQ好友。没想到聊得不错，最后成为朋友。

例子6：如图4-128所示，不按原来的顺序查找"吴姐"的各项资料。

	I	J	K	L
7				
8	Excel爱好者	性别	人气指数	地区
9	吴姐			

图4-128　不按原来的顺序查找吴姐的各项资料

网友：看来，这回只能手动更改第3个参数了，COLUMN完全派不上用场。

卢子：每当你觉得操作烦琐时，就要停下来，也许Excel本身存在这个功能，只是自己一时想不到或者不知道而已。不管列号如何千变万化，它在数据源中的位置始终不变，利用这个特点可以搜索一下，看看有什么函数可以解决。

如图4-129所示，在"搜索函数"文本框里输入"位置"，单击"转到"按钮，就会出现与"位置"有关的函数。查看每个函数的说明，找到我们需要的，如MATCH返回符合特定值、特定顺序的项在数组中的相应位置，单击"确定"按钮。

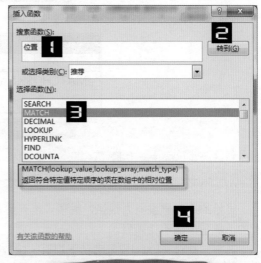

图4-129　搜索函数的用法

如图4-130所示，在弹出的"函数参数"对话框中尝试填写相应的参数。每个参数的作用下面都有相关说明，填写后会出现计算结果=3，也就是"性别"在区域中是第3列。尝试更改第1个参数为J8(人气指数)，计算结果是4，也就是区域中的第4列。经过尝试，知道这个函数是我们要找的函数，单击"取消"按钮，返回工作表。

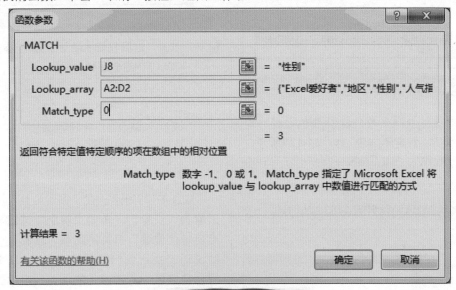

图4-130 填写相应的参数

如图4-131所示，在单元格中再做最后一次验证。

性别	人气指数	地区
=MATCH(J$8,$A$2:$D$2,0)		
3	4	2

图4-131 验证MATCH用法

到这一步已经十拿九稳了，将公式设置为：

=VLOOKUP($I9,$A$2:$D$7,MATCH(J$8,$A$2:$D$2,0),0)

吴姐的逻辑思维能力很强，很多人刚开始都以为她是男的，后来有知情人士爆料才知道是女的，真是巾帼不让须眉。

其实，跟这些Excel爱好者认识都有一段故事，这里就不再一一讲述了。

MATCH函数的通俗语法如图4-132所示。

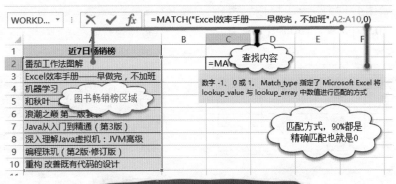

图4-132 MATCH函数的通俗语法

网友：一边学函数，一边听故事，真好。

卢子：继续讲VLOOKUP函数的用法。

例子7：如图4-133所示，根据Excel爱好者逆向查找地区。

	A	B	C	D	E	F	G	H
1	1	2	3	4		根据Excel爱好者，逆向查找地区		
2	地区	性别	Excel爱好者	人气指数		Excel爱好者	地区	
3	安徽	男	简单	44		无言的人		
4	潮汕	男	坤哥	8		简单		
5	上海	女	吴姐	47				
6	潮汕	男	无言的人	4				
7	潮汕	男	笑看今朝	85				
8								

图4-133 根据Excel爱好者，逆向查找地区

帮助提到VLOOKUP函数只能按首列查找，不能逆向查找。既然如此，那就得想办法将非首列的区域转换成首列。通过对IF函数的学习，知道通过{1,0}这种形式可以将各列调动位置，那我们就通过IF函数重新构造一个新的区域。如图4-134所示，现在在这个新区域中，Excel爱好者就是首列，符合按首列查找的条件。

新区域=IF({1,0},C2:C7,A2:A7)
=VLOOKUP(F3,新区域,2,0)

将两条公式合并：

=VLOOKUP(F3,IF({1,0},$C$2:$C$7,$A$2:$A$7),2,0)

Excel爱好者	地区
简单	安徽
坤哥	潮汕
吴姐	上海
无言的人	潮汕
笑看今朝	潮汕

图4-134 构造新区域

网友：这个想法太好了，以后再也不用为了逆向查找而烦恼。

卢子：最后一个例子，模糊查找的运用。

例子8：如图4-135所示，根据人气指数判断等级，[0,59]为★，[60,79]为★★，[80,100]为★★★。

	A	B	C	D	E
1	地区	性别	Excel爱好者	人气指数	等级
2	安徽	男	简单	92	
3	潮汕	男	坤哥	27	
4	上海	女	吴姐	82	
5	潮汕	男	无言的人	59	
6	潮汕	男	笑看今朝	5	

图4-135 判断等级

```
=VLOOKUP(D2,{0,"★";60,"★★";80,"★★★"},2)
```

将第4个参数省略就是按模糊查找，0、60、80是划分区域间用的，如人气指数大于或等于80的就返回★★★。

人气指数为随机值，虚拟的。

网友：这些星号是怎么输入的？

卢子：借助搜狗输入法的软键盘。如图4-136所示，这里提供了很多特殊字符，很好用。

图4-136 软键盘的使用

关于VLOOKUP函数就说到这里，下一回了解LOOKUP函数，它是一个可以取代VLOOKUP所有功能的神奇函数。HLOOKUP函数因为涉及表格，很少用到水平查找，就不作说明了。

网友：VLOOKUP查找数据确实很好用，回头一定要加深理解。

4.4.6 LOOKUP潮汕

网友：这个LOOKUP函数有什么好学的？帮助都提到，如果区域没升序会可能导致出错，既然这样，那其作用明摆着就很小。

帮助：
为了使 LOOKUP 函数能够正常运行，必须按升序排列查询的数据。 如果无法使用升序排列数据，请考虑使用 VLOOKUP、HLOOKUP 或 MATCH 函数。

卢子：LOOKUP被帮助当垃圾看，却被Excel爱好者发掘出各种各样的功能，有人把LOOKUP函数比喻成查找之王。LOOKUP不因被帮助埋没而被人遗弃，反而受到高手的追捧。一起来见证LOOKUP的神奇吧！

例子1：我们潮汕人都喜欢喝茶，那就以茶为例。如图4-137所示，查找最后喝几杯茶和最后喝什么茶，也就是查找最后一个数字与文本。

```
=LOOKUP(9E+307,B:B)
=LOOKUP("座",A:A)
```

	A	B	C	D	E
1	种类	杯数		最后喝几杯茶	
2	本山	4		9	
3	毛蟹	8			
4	武夷岩茶	6		最后喝什么茶	
5	冻顶乌龙	1		岭头单枞	
6	水仙	7			
7	肉桂	5			
8	奇兰	6			
9	凤凰单枞	4			
10	凤凰水仙	6			
11	岭头单枞	9			

图4-137　查找最后喝几杯茶和最后喝什么茶

网友：这个9E+307与"座"是什么意思？

卢子：先来看看下面几个公式：

=LOOKUP (10,{4;8;6;1;7;5;6;4;6;9})，返回9

=LOOKUP (100,{4;8;6;1;7;5;6;4;6;9})，返回9

=LOOKUP (1000,{4;8;6;1;7;5;6;4;6;9})，返回9

也就是说，LOOKUP函数查找到最后一个满足条件的值，在数字不确定的情况下，查找的值越大，查找到的值越准确。9E+307是一个很大很大的数字，Excel允许最大的数字不能超过15位，而9E+307是9乘以10的307次方，比最大值还要大，查找最后一个值是相当保险的。"座"是一个接近最大的文本，虽然还有比"座"大的文本，但正常情况不会出现，所以写"座"就能查找到最后一个文本。

其实，LOOKUP函数是用二分法查找的，但二分法很不好理解，不过即使不会二分法照样可以学好LOOKUP。下面说一个与二分法有关的小故事。

戏说LOOKUP与美女

IT部落新来了四个美女，其中紫陌为最佳人选。不过要认识紫陌得通过LOOKUP大哥的考核才行(考核就是根据排位，选择数字，匹配到合适的人员)。LOOKUP大哥行事稳重，一言九鼎。

卢子听到消息，赶紧跑来和LOOKUP大哥搞好关系，想通过他认识紫陌。

第一天

卢子一早找到LOOKUP大哥，嬉皮笑脸地说明来意。LOOKUP大哥也是个爽快之人，一口答应。不过言归正传，还是得通过考核才行。卢子选择了4，=LOOKUP(4,{1;2;3;5},{ " 冷逸 " ; " 月亮 " ; " 小影 " ; " 紫陌 " })。LOOKUP大哥说：给你介绍小影好了。卢子心里明白，小影哪比得上紫陌，于是说了一堆好话讨好LOOKUP大哥。可惜LOOKUP大哥照章办事，说紫陌排位在你后面，不能介绍她给你认识，只能介绍排位在你之前的人。没办法，卢子只有走了。

第二天

卢子又来了。LOOKUP大哥看卢子不死心，又出一题。选择了4，=LOOKUP(4,{1;2;3;5}, {"冷逸";"紫陌";"月亮";"小影"})。LOOKUP大哥说：给你介绍月亮好了。卢子立马反驳：你昨天不是说，只要排位比她大就行吗，怎么不是紫陌？LOOKUP大哥慢条斯理地说：比她大没错，不过不能相差太远，越接近越好。无奈，卢子只好又走了。

第三天

卢子依然前来。LOOKUP大哥看卢子蛮有诚意，再出一题。选择了4，=LOOKUP(4,{1;2;3;3},{"月亮";"小影";"紫陌";"冷逸"})。LOOKUP大哥说：给你介绍冷逸好了。卢子有点恼火：不是已经满足排位比她大，且最接近，怎么还……LOOKUP大哥不慌不忙地说：没错，不过还有一个条件，就是只有最后一个满足条件的人才可以介绍给你。卢子听到这里差点吐血，没办法，只能走。

第四天

不达目的，誓不罢休，卢子信心满满地又来了。摸清了LOOKUP大哥的底细，紫陌非我莫属，不会再有意外了！LOOKUP大哥直接抛出题。卢子选择了4，=LOOKUP(4,{1;5;2;3}, {"小影";"月亮";"冷逸";"紫陌"})。没等LOOKUP大哥开口，卢子就说：这回是紫陌没错吧，哈哈。LOOKUP大哥摇摇头说：不是，是小影。卢子这回生气了：你耍赖，明明三个条件都满足了，怎么还不是？LOOKUP大哥依然那样镇定：没错，是小影。你看，这4个排位，我们分成两半，中间就是5和2。我们先看5，你排位比她小，就只能看她之前的数，之前就只有1符合，不就是小影吗？天啊！难道这是天意，卢子跟紫陌无缘。卢子长叹一声，走了。回家思索良久，好像似有所悟，嘴角露出笑意。

第五天

卢子没有退却，依然前来。LOOKUP大哥又出题。卢子这回吸取前几回的教训，知道LOOKUP大哥非等闲之辈，对于他的问题要仔细思考才行。思索了好一阵子，卢子选择了9，=LOOKUP(9,{1;5;2;3},{"小影";"月亮";"冷逸";"紫陌"})。LOOKUP大哥点了点头，说：如果排位每个数字扩大100倍呢？卢子选择了900，=LOOKUP(900,{1;5;2;3}*100,{"小影";"月亮";"冷逸";"紫陌"})。LOOKUP大哥又点了下头，说：假如排位不确定呢？卢子选择了9E+307，=LOOKUP(9E+307,{1;5;2;3}*1000,{"小影";"月亮";"冷逸";"紫陌"})。LOOKUP大哥这时终于说了一声：好，我再出最后一题，答对了就满足你的要求。卢子选择了"座"，=LOOKUP("座",{"小影";"月亮";"冷逸";"紫陌"},{1;5;2;3})。这回终于看到LOOKUP大哥露出笑脸：宝座非同一般，一人之下，万人之上，既然你连这个也知道，不愧是个人才，好好努力，前途无量！

紫陌，出来认识一下卢子。此刻，卢子脸红了，略带羞涩……

五天的考验，终于赢得美人归。不过卢子已经耗累了，需要好好休息一下。这样以后才有精力跟紫陌交朋友，呵呵！

只要肯付出总会有收获，现在没有收获并不代表以后没有，加油吧，卢子！图4-138为辅助理解用。

而"座"是一个接近最大的文本，虽然还有比"座"大的文本，比如"々"，但正常情况下不会出现，所以写"座"就能查找到最后一个文本。

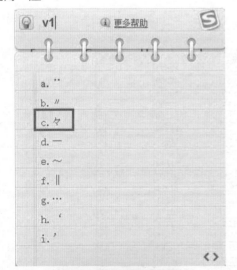

图4-138　通过"座"查找最后一个文本

如果你有兴趣也可以练习下，"々"是怎么打出来的？如图4-139所示，借助搜狗输入法输入v1就能找到，或者按Alt+41385即可。卢子是懒人，能不记的东西就不去记，所以我都是用"座"。

图4-139　输入"v1"

网友：这样生动的学习，对新人来说太好了。

卢子：LOOKUP喜欢以大欺小，LOOKUP的经典查找模式更将这个秉性发挥得淋漓尽致。VLOOKUP函数逆向查找需要重新构造数据源，很麻烦，下面看看LOOKUP是怎么解决这个问题的。

潮州话被称为中国最难听懂的语言之一，但最近却有人将潮州话用英语写译音，将潮州话带上世界的舞台。

例子2：如图4-140所示，根据译音查找潮州话。

	A	B	C	D	E
1	潮州话	译音		译音	潮州话
2	搭埠	double		my cat key	
3	脑莫	now more		did dad	
4	挖鼻屎	new P side		double	
5	猪脚	the car			
6	勿套气	my cat key			
7	随你	dollar			
8	瘦补	cable			
9	滴茶	did dad			
10	哭父死母	cow bear see ball			

图4-140　根据译者查找潮州话

```
=LOOKUP(1,0/($B$2:$B$10=D2),$A$2:$A$10)
```

利用F9键将公式层层剥开来理解。

```
=LOOKUP(1,0/($B$2:$B$10=D2),$A$2:$A$10)
=LOOKUP(1,0/{FALSE;FALSE;FALSE;FALSE;TRUE;FALSE;FALSE;FALSE;FALSE},$A$2:$A$10)
```

通过比较，将符合条件的转换成TRUE，不符合条件的转换成FALSE。

```
=LOOKUP(1,0/{FALSE;FALSE;FALSE;FALSE;TRUE;FALSE;FALSE;FALSE;FALSE},$A$2:$A$10)
=LOOKUP(1,{#DIV/0!;#DIV/0!;#DIV/0!;#DIV/0!;0;#DIV/0!;#DIV/0!;#DIV/0!;#DIV/0!},$A$2:$A$10)
```

0/(条件)将TRUE转换成0，FALSE转换成错误值#DIV/0!，构成一个由0和#DIV/0!组成的数组。利用LOOKUP 函数找不到LOOKUP_value，则该函数会与LOOKUP_vector 中小于或等于LOOKUP_value 的最大值进行匹配。用1在0与#DIV/0!中查找，查找到小于或等于1的最大值也就是0的位置，然后返回result_vector(即区域$A$2:$A$10)。

经过上面的推断，可以将公式进一步扩展，变成通用公式：

```
=LOOKUP(1,0/((条件1)*(条件2)*…*(条件n)),返回区域)
```

有了这个经典的通用查找公式，一切查找问题迎刃而解！不信的话，接着看看其他各种各样的查找。

例子3：如图4-141所示，根据人均GDP排名获取前三名的地区跟区县。

```
=LOOKUP(1,0/(ROW(A1)=$F$2:$F$19),A$2:A$19)
```

	A	B	C	D	E	F
1	地市	区县	GDP（亿）	人口（万）	人均GDP（元）	人均GDP排名
2	汕头	金平区	300.51	81.06	37073	4
3	汕头	龙湖区	223.6	53.61	41709	3
4	汕头	濠江区	76.63	26.76	28636	7
5	汕头	澄海区	280.33	79.89	35090	5
6	汕头	潮阳区	231.95	162.66	14260	15
7	汕头	潮南区	212.09	129.09	16379	14
8	汕头	南澳县	11.25	6.02	18627	10
9	潮州	湘桥区	112.15	45.4	24719	8
10	潮州	枫溪区	82.5	10.62	77684	1
11	潮州	潮安县	298.43	123.28	24207	9
12	潮州	饶平县	153.73	88.5	17371	12
13	揭阳	榕城区	141	46.61	30251	6
14	揭阳	东山区	83.12	18	46178	2
15	揭阳	揭东区	285.17	123	2318	18
16	揭阳	普宁市	370.9	206.3	17981	11
17	揭阳	惠来县	156.97	110.2	14245	16
18	揭阳	揭西县	141.85	82.8	17124	13
19	揭阳	揭阳试验区	42.5	12	3542	17

图4-141　2011年潮汕三市人均GDP排名

通过ROW(A1)产生1、2、3，跟排名比较就可以得到前三名的对应值，但这个公式不严谨，超过前三名还是会显示出来，最后再加一个判断，让ROW(A1)大于3时显示空。

```
=IF(ROW(A1)>3,"",LOOKUP(1,0/(ROW(A1)=$F$2:$F$19),A$2:A$19))
```

例子4：如图4-141所示，根据GDP(元)获取前三名的地区和区县。

```
=IF(ROW(A1)>3,"",LOOKUP(1,0/(LARGE($C$2:$C$19,ROW(A1))=$C$2:$C$19),A$2:A$19))
```

理解LARGE函数：

```
=LARGE($C$2:$C$19,1)
=LARGE($C$2:$C$19,2)
=LARGE($C$2:$C$19,3)
```

就是获取前三大的对应值，前三大跟排名前三是一个意思(忽略GDP一样有这种可能性)。N可以通过ROW(A1)获取，剩下的就跟例子3一样。图4-142就是这两种方式的GDP前三名效果图，从效果图可以看出，人均排名靠前不一定总GDP靠前，这个还跟人口有很大关系。

根据人均GDP排名获取排名前三名的地区跟区县	
地市	**区县**
潮州	枫溪区
揭阳	东山区
汕头	龙湖区

根据GDP（元）获取排名前三名的地区跟区县	
地市	**区县**
揭阳	普宁市
汕头	金平区
潮州	潮安县

图4-142　两种方式的GDP前三名效果图

例子5：如图4-143所示，从一句话中获取小吃名，D列为对应小吃名。

	A	B	C	D
1	一句话	小吃		小吃
2	好久没吃豆花了			肠粉
3	肠粉真好吃			豆花
4	什么是花蛤，没见过			粿汁
5				猪肠胀
6				糖葱
7				春卷
8				血蚶
9				蚝烙
10				草粿
11				粽球
12				糯米
13				薄饼
14				花蛤
15				虾蛄
16				牛肉丸

图4-143　从一句话中获取小吃名

网友：VLOOKUP函数搞不定以多查少，难道LOOKUP函数可以？不太相信。

卢子：眼见为实，下面来见证奇迹的发生。

```
=LOOKUP(1,0/FIND($D$2:$D$16,A2),$D$2:$D$16)
```

这里用到了逆向思维法，把A2当成数据源，把$D$2:$D$16当成查找值，这跟一般的思路相反。FIND($D$2:$D$16,A2)判定$D$2:$D$16是否存在A2，如果有就返回相应的位置，没有就返回错误值。

```
=LOOKUP(1,0/FIND($D$2:$D$16,A2),$D$2:$D$16)
```

按F9键看运算过程。

```
=LOOKUP(1,0/{#VALUE!;5;#VALUE!;#VALUE!;#VALUE!;#VALUE!;#VALUE!;#VALUE!;#VALUE!;#VALUE!;#VALUE!;#VALUE!;#VALUE!;#VALUE!;#VALUE!},$D$2:$D$16)
```

利用0除以任何非0数字等于0的特点，将5也转换成0，剩下就是"以大欺小法"的经典用法了。

网友：LOOKUP真牛！

卢子：LOOKUP也能提取数字，你信吗？不管你信不信，反正我信了。

例子6：如图4-144所示，提取消费项目的金额。

	A	B
1	消费项目	金额
2	油费50	
3	买书用了100	
4	游玩用了500	

图4-144 提取金额

网友：这个打死我也不信。

卢子：呵呵，打不死，你就信了。

```
=-LOOKUP(1,-RIGHT(A2,ROW($1:$15)))
```

ROW函数现在我们已经很熟悉了，就是获取行号，ROW($1:$15)获取1~15。那现在看看RIGHT的语法：

RIGHT(文本,提取右边N位)

=RIGHT(A2,1)得到0

=RIGHT(A2,2)得到50

=RIGHT(A2,3)得到费50

=RIGHT(A2,4)得到油费50

=RIGHT(A2,15)得到油费50

=RIGHT(A2,ROW($1:$15))也就是获取右边1~15位

={"0";"50";"费50";"油费50";"油费50";"油费50";"油费50";"油费50";"油费50";"油费50";"油费50";"油费50";"油费50";"油费50"}

　　=-RIGHT(A2,ROW($1:$15))就是将数字变成负数，文本变成错误值。

={0;-50;#VALUE!;#VALUE!;#VALUE!;#VALUE!;#VALUE!;#VALUE!;#VALUE!;#VALUE!;#VALUE!;#VALUE!;#VALUE!;#VALUE!}

　　根据"以大欺小法"的原则，=LOOKUP(1,-RIGHT(A2,ROW($1:$15)))会提取到最后一个数字-50。既然将数字变成负数，就得想办法将它复原，再加一个负号就可以了，负负得正。

=-LOOKUP(1,-RIGHT(A2,ROW($1:$15)))

网友：为什么要提取1~15位而不是提取1到更多呢？

卢子：Excel允许的最大数字刚好是15位，提取再多也没有意义，只要保证能提取到全部数字就行。

网友：原来是这样，那我用ROW($1:$4)就行，正常消费超过万元的可以忽略。

卢子：这样也行，挺会取巧的。

网友：谢谢夸奖。

卢子：说了那么多，最后一题就留给你们自己发挥。

　　例子7：如图4-145所示，将合并单元格填充，如A列效果。

	A	B	C
1	效果	地市	区县
2	汕头		金平区
3	汕头	汕头	龙湖区
4	汕头		濠江区
5	汕头		澄海区
6	潮州		湘桥区
7	潮州	潮州	枫溪区
8	潮州		潮安县
9	潮州		饶平县
10	揭阳	揭阳	榕城区
11	揭阳		东山区

图4-145　将合并单元格填充

网友：其实早就想发挥了，LOOKUP实在太强大了。

=LOOKUP("座",B$2:B2)
=LOOKUP(1,0/(B$2:B2<>""),B$2:B2)

卢子：不错嘛，这么快就学会LOOKUP了。

网友：你教得好，当然学得快。LOOKUP真的很强大。

4.4.7 经典的INDEX+MATCH组合

卢子：我认为函数与公式的神奇之处在于同一道题目可以有多种解法。我曾经试过查找符合条件的数据，写了30多种组合，不过其中有一半是凑数的。在刚开始学习的时候，要尽量了解更多种用法，当你熟练以后就选择你认为最适合的一种方法就可以了，其他的可以忽略。每个时期，你对同一问题的想法都会不停地改变，就如我刚开始很喜欢用VLOOKUP查找，接着发现LOOKUP好用，后来发现INDEX+MATCH组合变幻莫测，感觉很多事情离开这个组合都很难做到一样。

网友：既然你这么说了，就学学看这个组合有多经典，多认识几个函数也是好事。

卢子：其实，公式就跟小朋友玩的积木一样，按需要的模型找到合适的小形状，再将小形状堆积。只要你将写公式当成在玩积木，玩的同时就不知不觉就学好公式了。下面通过几个例子看看公式是怎么堆积而成的。

前面我们已经知道，MATCH的作用是获取项目在区域中的排位。现在来看看INDEX，语法：INDEX(区域,行号,列号)，是对区域的行列号交叉值的引用。下面通过一个简单的小例子来说明INDEX的用法。

现在来看看INDEX函数的通俗语法，如图4-146所示，对区域的行列号交叉值的引用。

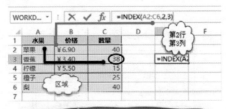

图4-146 INDEX函数通俗语法

下面通过实例来详细说明INDEX函数的用法。

型号所在行号为第8行：

```
=MATCH(B3,D1:D10,0)
```

规格所在列号为第3列：

```
=MATCH(B7,D1:G1,0)
```

产品价格，就是第8行与第3列的交叉单元格，即70。

```
=INDEX(D1:G10,B4,B8)
```

将前面三条公式组合起来，经典的组合就这么诞生了。

```
=INDEX(D1:G10,MATCH(B3,D1:D10,0),MATCH(B7,D1:G1,0))
```

网友：原来利用这个组合后，多条件查询变得这么简单。

卢子：现在来了解这个组合的扩展运用。

例子1：如图4-147所示，对行列号汇总。

	A	B	C	D	E	F	G	H
1		行列汇总：			规格 型号	101	201	301
2	①				A0110	78	87	76
3		查找值：	A0112		A0111	80	97	84
4		查找行号：			A0112	91	75	64
5		行汇总：			A0113	88	86	68
6					A0114	93	99	83
7					B1120	89	69	79
8		查找值：	301		B1121	91	70	69
9		查找列号：			B1122	77	91	81
10		列汇总：			B1123	98	75	74

图4-147　行列汇总

查找行号：

```
=MATCH(C3,E1:E10,0)
```

行汇总：

```
=SUM(INDEX(F2:H10,C4,0))
```

两个合并：

```
=SUM(INDEX(F2:H10,MATCH(C3,E2:E10,0),0))
```

刚开始不熟练这个组合，可以先拆开，然后再组合起来，这样便于理解。看一下帮助。

注解：如果同时使用参数 Row_num 和 Column_num，函数 INDEX 返回 Row_num 和 Column_num 交叉处单元格中的值。

如果将 Row_num 或 Column_num 设置为 0，则函数 INDEX 分别返回整个列或整个行的数组数值。若要使用以数组形式返回的值，请将 INDEX 函数以数组公式形式输入，行以水平单元格区域的形式输入，列以垂直单元格区域的形式输入，若要输入数组公式，则按组合键 Ctrl+Shift+Enter。

注释：在 Excel Web App 中，不能创建数组公式。

Row_num 和 Column_num 必须指向数组中的一个单元格，否则INDEX 返回错误值 #REF!。

如果行号或者列号被设置为0，则函数分别返回整个列或整个行的数组数值。也就是说，刚才为什么将INDEX的第3个参数设置为0，就是为了引用整个行的数据。

有了前面的基础，我们现在一步到位，求列总计。

```
=SUM(INDEX(F2:H10,0,MATCH(C8,F1:H1,0)))
```

例子2：如图4-148所示，对区域汇总。

	A	B	C	D	E	F	G	H
13								
14	②				规格	101	201	301
15		区域汇总:			型号			
16		开始行号:	A0111		A0110	88	86	68
17		结束行号:	B1120		A0111	80	97	84
18		开始列号:	201		A0112	78	87	76
19		结束列号:	301		A0113	93	99	83
20		区域汇总:			A0114	91	75	64
21					B1120	89	69	79
22					B1121	91	70	69
23					B1122	77	91	81
24					B1123	98	75	74

图4-148　对区域汇总

SUM函数的区域可以理解为：=SUM(开始单元格:结束单元格)，如=SUM(G16:H21)。只要将区域转换成上面的形式就行，知道开始单元格和结束单元格，就能汇总。

开始单元格为97：

`=INDEX(F16:H24,MATCH(C16,E16:E24,0),MATCH(C18,F15:H15,0))`

结束单元格为79：

`=INDEX(F16:H24,MATCH(C17,E16:E24,0),MATCH(C19,F15:H15,0))`

汇总的区域G17:H21就是由这两个单元格组合起来的：

`=SUM(INDEX(F16:H24,MATCH(C16,E16:E24,0),MATCH(C18,F15:H15,0)):INDEX(F16:H24,MATCH(C17,E16:E24,0),MATCH(C19,F15:H15,0)))`

其实，公式又好像是牛，光看牛不知道牛的内部结构，只有操刀将牛分解才知道牛的内部构造。很多时候，我们看到别人写的公式很长，不知道什么意思，就可以用"庖丁解牛"法解读。

来看INDEX与其他函数的高级组合，让我们一起操刀，当一回庖丁，将牛大卸八块，好好理解它的内部结构。

例子3：如图4-149所示，使左边的格式变身成右边的格式。

	A	B	C	D	E	F	G	H	I	J	K
1	地市	区县		地市			区县				
2	汕头	金平区		汕头	金平区	龙湖区	濠江区	澄海区	潮阳区	潮南区	南澳县
3	汕头	龙湖区		潮州	湘桥区	枫溪区	潮安县	饶平县			
4	汕头	濠江区		揭阳	榕城区	东山区	揭东区	普宁市	惠来县	揭西县	揭阳试验区
5	汕头	澄海区									
6	汕头	潮阳区									
7	汕头	潮南区									
8	汕头	南澳县									
9	潮州	湘桥区									
10	潮州	枫溪区									
11	潮州	潮安县									
12	潮州	饶平县									
13	揭阳	榕城区									
14	揭阳	东山区									
15	揭阳	揭东区									
16	揭阳	普宁市									
17	揭阳	惠来县									
18	揭阳	揭西县									
19	揭阳	揭阳试验区									

图4-149　格式变身

提取不重复地市：

```
=INDEX(A:A,SMALL(IF(MATCH($A$2:$A$19,$A$2:$A$19,0)=ROW($A$2:$A$19)-1,ROW($A$2:$A$19),4^8),
ROW(A1)))&""
```

根据不重复地市获取所有区县对应值：

```
=INDEX($B:$B,SMALL(IF($A$2:$A$19=$D2,ROW($A$2:$A$19),4^8),COLUMN(A1)))&""
```

网友：这么长，还没把它大卸八块，自己就先晕倒了。

卢子：当初我看到这两条公式也吓了一跳，不过后来转念一想，公式拆开后的每个函数我都会，组合起来我应该也可以弄懂才对。

网友：也对哦，不能先被困难吓倒。

卢子：那我们就来庖丁解牛，呵呵。

先来看看1、2、3，如图4-150所示，庖丁解牛1。

=MATCH($A$2:$A$19,$A$2:$A$19,0)，得到每个地市在数据源中第一次出现的位置，如1。

=ROW($A$2:$A$19)-1，获取1到N的序列号，如2。

=MATCH($A$2:$A$19,$A$2:$A$19,0)=ROW($A$2:$A$19)-1，将第一次出现的问题跟序号比较，如果一样就显示TRUE，否则显示FALSE，如3。

接着看4和5，如图4-151所示，庖丁解牛2。

1	2	3
1	1	TRUE
1	2	FALSE
1	3	FALSE
1	4	FALSE
1	5	FALSE
1	6	FALSE
1	7	FALSE
8	8	TRUE
8	9	FALSE
8	10	FALSE
8	11	FALSE
12	12	TRUE
12	13	FALSE
12	14	FALSE
12	15	FALSE
12	16	FALSE
12	17	FALSE
12	18	FALSE

图4-150　庖丁解牛1

4	5
2	2
65536	9
65536	13
65536	65536
65536	65536
65536	65536
65536	65536
9	65536
65536	65536
65536	65536
65536	65536
13	65536
65536	65536
65536	65536
65536	65536
65536	65536
65536	65536
65536	65536

图4-151　庖丁解牛2

为了便于解读，将MATCH($A$2:$A$19,$A$2:$A$19,0)=ROW($A$2:$A$19)-1设置为牛1：

=IF(牛1,ROW($A$2:$A$19),4^8)，通过牛1知道，排位与序号相同就是TRUE，不同就是FALSE。通过IF将相同的显示本身的序号，不同的显示4^8，即65 536。2003版允许的最大行数，这一行通常是没有数据的，也可以将4^8改成任意一个比较大的数，如10 000。最后获得由本身行号跟65 536组成的区域，如4。

=SMALL(IF(牛1,ROW($A$2:$A$19),4^8),ROW(A1))，SMALL(区域,N)就是将数据升序排序，也就是将第一次出现的地市的序号放在最前面，如5。

经过这两次庖丁解牛，已经完成了80%的工作，下面只需再解牛一次即可搞定。

最后看6和7，如图4-152所示，庖丁解牛3。

6	7
汕头	汕头
潮州	潮州
揭阳	揭阳
0	
0	
0	
0	
0	
0	
0	
0	
0	
0	
0	
0	
0	
0	
0	

图4-152　庖丁解牛3

=INDEX(A:A,牛2)，获得序号的对应值65 536，因为是空单元格，引用过来就是0，如6。

=INDEX(A:A,牛2)&" "，将引用过来的0转变成空文本，这样看起来美观点，如7。

本来还想将公式大卸八块，现在才七块就搞定了，看来公式还不够长。

网友：卢子你还真幽默，解牛三次，大切成七块，厉害。

卢子：有了这次的剖解，下面这条公式就变得简单多了，重点看不同的地方即可。

```
=INDEX($B:$B,SMALL(IF($A$2:$A$19=$D2,
ROW($A$2:$A$19),4^8),COLUMN(A1)))&""
```

$A$2:$A$19=$D2就是区域$A$2:$A$19和$D2的比较，返回TRUE和FASLE。

IF($A$2:$A$19=$D2,ROW($A$2:$A$19),4^8)让符合条件的显示本身行号，否则显示4^8。

SMALL(IF($A$2:$A$19=$D2,ROW($A$2:$A$19),4^8),COLUMN(A1))，因为公式是向右拖拉，COLUMN(A1)可以水平获得序号，从而得到前N个最小值。

=INDEX($B:$B,SMALL(IF($A$2:$A$19=$D2,ROW($A$2:$A$19),4^8),COLUMN(A1)))&""让符合条件的值显示出来，不符合的显示空。

对于新版本，这2条公式可以略作改动进行容错。

```
=IFERROR(INDEX(A:A,SMALL(IF(MATCH($A
$2:$A$19,$A$2:$A$19,0)=ROW($1:$18),ROW(
$2:$19)),ROW(A1))),"")
```

```
=IFERROR(INDEX($B:$B,SMALL(IF($A$2:$A$
19=$D2,ROW($2:$19)),COLUMN(A1))),"")
```

新版本有100多万行，就不适合用4^8，用IFERROR函数进行容错更合适。

网友：没想到这么长的公式还能听懂，真的佩服我自己。

卢子：通过这几回的讲解，公式与函数常见的用法，跟公式编写、解读的技巧都讲得差不多了，剩下的就靠我们自己灵活运用了。要学会选择合适自己的方法。

4.4.8　OFFSET的运用

卢子：今天一起来学习OFFSET函数的运用，这个函数的使用频率远远比不上前面的那些函数，用得最多的就是定义动态名称法，辅助透视表用。

 语法

OFFSET(引用,偏移行数,偏移列数,行高,列宽)

其中，行高、列宽均为可选参数。

语法详解：

将A1下移4格=OFFSET(A1,4,0)，如图4-153所示。

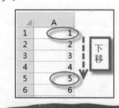

图4-153　下移4格

将A1右移4格=OFFSET(A1,0,4)，如图4-154所示。

图4-154　右移4格

将A1下移3格，右移2格=OFFSET(A1,3,2)，如图4-155所示。

图4-155　下移3格、右移2格

 实战

获取奇数月的销售额，如图4-156所示。

图4-156　获取奇数月份名称

还是以A1作为起点，奇数月就是下移1，3，…，11行，月份只需再偏移1列即可。

那怎么产生奇数行呢？

网友：在前面多次提到ROW函数，用它可以获得行号，奇数就是2*ROW(A1)-1。

卢子：脑袋转得挺快的。

=OFFSET($A$1,ROW(A1)*2-1,1)

如果以B1为开始，就不用偏移列了。

=OFFSET($B$1,ROW(A1)*2-1,0)

网友：这些都懂了，你说下参数行高和列宽是怎么回事？

卢子：我来进一步以实际例子进行说明。

 语法详解

将A1下移1格，右移1格，就得到B2，如图4-157所示。

	A	B	C	D
1	1	2	3	4
2	5	6	7	8
3	9	10	11	12
4	13	14	15	16

图4-157　移动单元格

B2行高为3，列宽为2，就是B2:C4这个区域。

`=OFFSET(A1,1,1,3,2)`

网友：我在单元格中的输入怎么会报错呢？如图4-158所示，难道我的输入方法有误？

图4-158　输入出错

卢子：B2:C4是一个区域，直接在一个单元格中输入区域，当然会出错！一个单元格只能容纳一个数，你现在要让它容纳6个数，哪里容纳得下？

网友：有点道理。

卢子：OFFSET一般都是作为其他函数的过渡，如对动态区域进行求和。

 实战

例子1：如图4-159所示，对一个动态区域求和。

	A	B	C	D	E	F	G	H
1	姓名	1月	2月	3月		以A1为基点对引用区域汇总		
2	甲	3284	2380	4255		偏移行数	1	
3	乙	2578	3977	4271		偏移列数	1	
4	丙	3465	2066	2903		行高	3	
5	丁	3892	4619	3619		列宽	3	
6	戊	1754	4516	3575		汇总		
7	己	3794	4647	1120				
8	庚	5673	1062	1529				
9	辛	2527	4729	995				

图4-159　以A1为基点对引用区域汇总

`=SUM(OFFSET(A1,G3,G4,G5,G6))`
`=SUM(B2:D4)`

这两个公式得到的结果是一样的，证明我们刚才的说法是正确的。

例子2：如图4-160所示，根据姓名及月份查找销售额。

	E	F	G	H
12				
13		根据姓名及月份查找销售额		
14		姓名	2月	
15		丁		
16				

图4-160　根据姓名及月份查找销售额

`=OFFSET(A1,MATCH(F15,A2:A9,0),MATCH(G14,B1:D1,0))`

OFFSET函数是用偏移量算得，所以引用区域的时候就得引用少一个单元格(如A2:A9)，如果是INDEX就得引用A1:A9。小小的差别，别搞错了。

例子3：如图4-161所示，求最近5个月的平均销售额。

 帮助

Height：可选。需要返回引用的行高，Height必须为正数。

Width：可选。需要返回引用的列宽，Width必须为正数。

	A	B
1	月份	销售额
2	1月	1000
3	2月	300
4	3月	550
5	4月	2000
6	5月	800
7	6月	9000
8	7月	
9	8月	
10	9月	
11	10月	
12	11月	
13	12月	
14	平均销售额	
15		
16	最近5个月的平均销售额	

图4-161 最近5个月的平均销售额

帮助提到行高、列宽必须为正数，根据这点，设置公式为：

=AVERAGE(OFFSET(B1,COUNT(B2:B13)−4,0,5))

COUNT(B2:B13)−4如果是6个月份有销售额就得到2，B1偏移2行得到B3，行高5列为固定，也就是对区域B3:B7求平均值。

但我肯定地告诉你，帮助提到的行高与列宽必须为正数这个说法是错误的，它们可以是负数。负数就是向上的行高和列宽。

=AVERAGE(OFFSET(B1,COUNT(B2:B13),0,−5))

这个我觉得更容易理解，COUNT(B2:B13)获取偏移行数6，即得到B7，B7向上移5行就是最后5个月的销售额。

网友：哎，连帮助都会出错，现在不知道信什么好。

卢子：人无完人，帮助出错也可以理解。学习的前期还是要依靠帮助，毕竟帮助出错的可能性很小。

网友：也只能如此了。

卢子：

例子4：如图4-162所示为数据源，要定义一个动态的名称。这个数据透视表经常用到。

	A	B	C
1	日期	进库	出库
2	2012/1/1	59620	53710
3	2012/1/2	59280	55300
4	2012/1/3	52050	50000
5	2012/1/4	54150	61060
6	2012/1/5	53960	60640
7	2012/1/6	50870	63230
8	2012/1/7	59780	55540
9	2012/1/8	59850	62140
10	2012/1/9	60530	56190
11	2012/1/10	59870	63240
12	2012/1/11	57720	60800
13	2012/1/12	57720	60820

图4-162 数据源

按组合键Ctrl+F3调出名称管理器，如图4-163所示，新建一个叫"透视用"的名称，引用位置为：

=OFFSET(动态数据源!$A$1,0,0,COUNTA(动态数据源!$A:$A),COUNTA(动态数据源!$1:$1))

图4-163 定义名称

COUNTA统计非空单元格，从而动态获取行高和列宽。

网友：这个函数挺锻炼想象力的，偏移来，又偏移去的。

区域必须为连续区域，否则会出错。

4.4.9 百变神君TEXT

卢子：TEXT一个很神奇的函数，可以将数据变化成你想看到的任何形式，有万能函数之称。

网友：万能？这么牛？真想好好见识一下。

卢子：我是在日企工作，如图4-164所示，经常会写一些日语格式的星期几、数字、日期，你们觉得输入这些是不是很麻烦？

星期几	数字	日期
土曜日	壹百	弍〇壹〇/伍/弍拾伍
日曜日	壹百壹	弍〇壹〇/伍/弍拾六
月曜日	壹百弍	弍〇壹〇/伍/弍拾七
火曜日	壹百参	弍〇壹〇/伍/弍拾八
水曜日	壹百四	弍〇壹〇/伍/弍拾九
木曜日	壹百伍	弍〇壹〇/伍/参拾
金曜日	壹百六	弍〇壹〇/伍/参拾壹
土曜日	壹百七	弍〇壹〇/六/壹
日曜日	壹百八	弍〇壹〇/六/弍
月曜日	壹百九	弍〇壹〇/六/参
火曜日	壹百壹拾	弍〇壹〇/六/四

图4-164 日语格式

网友：看都看不懂，别说输入了，那你日语一定很厉害吧，经常输入这些。

卢子：其实，找有一个秘密一直没跟外人说，我压根儿不会日语，也很少用有道词典翻译。

网友：那你怎么输入这些？

卢子：我是借助自定义单元格格式和TEXT函数搞定的。下面开始了解一些TEXT的基础，最后再将我的绝招说出来。

说TEXT函数万能当然是夸张的说法，但它确实很强大。其实，TEXT的宗旨就是将自定义格式体现在最终结果里。TEXT函数主要是将数字转换为文本。当然，也可以对文本进行一定的处理。

TEXT函数的语法：

`TEXT(value,format_text)`

Value：数值、计算结果为数字值的公式，或对包含数字值的单元格的引用。

Format_text："单元格格式"对话框中"数字"选项卡上"分类"列表框中的文本形式的数字格式。

TEXT返回的是文本形式的数据。如果需要计算，可以先将文本转换为数值，然后再计算。文本型数值遇到四则运算会自动转为数值，但文本不会参与SUM之类的函数运算。

例子1：如图4-165所示，TEXT函数基本的数字处理方式。

	A	B
1	公式	结果
2	=TEXT(12.34,"0")	12
3	=TEXT(12.34,"0.0")	12.3
4	=TEXT(12.34,"0.000")	12.340
5	=TEXT(12.34,"00000")	00012
6	=TEXT(12.34,"#####")	12
7	=TEXT(123456,"0,0")	123,456
8	=TEXT(12.34,"G/通用格式")	12.34

图4-165 TEXT函数基本的数字处理方式

`=TEXT(12.34,"0")`

的含义是将数字12.34四舍五入到个位，然后以文本方式输出结果。这个公式也可以简写成：

`=TEXT(12.34,0)`

当只有一个0的时候，引号可以不加。

`=TEXT (12.34,"0.0")`

得到12.3，可以看到结果是保留一位小数。写几个0，代表想要数据形成几位数。

0：数字占位符。如果单元格的内容大于占位符，则显示实际数字；如果小于占位符的数量，则用0补足。

`=TEXT (12.34,"00000")`

就显示为00012。

#：数字占位符。只显示有意义的0而不显示无意义的0。若小数点后的位数大于#的数量，则按#的位数四舍五入。

`=TEXT(12.34,"#####")`

就显示为12。如果设置为 " ###.## " ，12.1显示为12.1；12.1263显示为12.13。

0,0：里面的逗号相当于千分符。

`=TEXT(123456,"0,0")`

就显示成123,456。

G/通用格式：以常规的数字显示，相当于"分类"列表中的"常规"选项。例如：代码"G/通用格式"，10显示为10，10.1显示为10.1。

另外，前导0，想显示几个0就写几个0，可以配合REPT函数来写。REPT(字符，N)表示重复N次显示字符。如图4-166所示，就是一个在数据前面加0。

`=TEXT(D2,REPT(0,D2))`

	D	E
1	数字	效果
2	1	1
3	2	02
4	3	003
5	4	0004
6	5	00005
7	6	000006
8	7	0000007

图4-166 在数据前面加0的结果

例子2：TEXT在日期和时间方面的应用。

先说说日期这种特殊的数据类型。日期2010/5/25其实就是数字40323，如图4-167所示。

	A	B
1	日期	常规
2	2010/5/25	40323

图4-167 将日期格式设置为常规

`=TEXT(40323,"yyyy/m/d")`

如果把20100525显示为2010/05/25的话，要用到一种新方法，用!强制显示。

`=TEXT(20100525,"0!/00!/00")`

如果是显示成2010-05-25，就不需要加!强制显示。

`=TEXT(20100525,"0-00-00")`

如图4-168所示，公式中yyyy可以用e来代替。mm表示显示两位月份，m显示一位。中间的连接号还可以换成其余文本。

	D	E	F
1	日期	公式	效果
2	2010/5/25	=TEXT(D2,"yyyy/mm/dd")	2010/05/25
3	2010/5/25	=TEXT(D3,"e/mm/dd")	2010/05/25
4	2010/5/25	=TEXT(D4,"e年m月d日")	2010年5月25日

图4-168 日期格式的应用

TEXT的结果是文本，如果TEXT返回2010/05/25，再去设置格式就改变不了了。

mmm、mmmm、ddd、dddd等都有各自的含义。ddd代表英文星期，中文的星期用aaa和aaaa。时间里面有个m，和月份相同，所以单独使用m的时候，系统默认是月份。m必须和h或s同用，才能表示分。[M]带中括号的时候，也表示分。因为加中括号是时间的特殊表示方式。

例子3：TEXT表示4种数据类型。

`=TEXT(数据,"正;负;零;文本")`

TEXT里面可以表示4种数据类型。正数、负数、零与文本，用分号隔开。根据数据的类型，返回对应位置的格式。

没有分号：代表一种格式。

2个分号：表示单元格为2个部分。分号前面为正数和0，分号后面为负数。

3个分号：表示单元格为3个部分。第1部分用于正数，第2部分用于负数，第3部分用于0值。比如"0;-0;"，将只显示正数和负数，但不显示0；最后一个分号不能省略，如果写成"0;-0"，表示的是不一样的含义。

`=TEXT(数据,"1;2;3;@")`

@是文本的通配符，相当于数值中的0。

`=TEXT(数据,"1;2;3;@")`
`=if(数据>0,1,if(数据<0,2,3))`

这两种表示是等效的。

当数据大于0时返回1，小于0时返回2，等于0时返回3。是文本的话，返回其本身。根据分号内的格式自动分配。

`=TEXT(数据,"1;;;")`

这种分号内没有要显示的格式，结果显示为空。也就是说，当数据大于0时，显示1，其余显示为空。3分号，4类型。

例子4：强制符号的应用。

`=TEXT(A2,"0;!0;0;!0")`

如图4-169所示，使用强制符号"！"，就可以强制显示0了。大于0时，显示本身，其他显示0。

数据	效果
1	1
10	10
-3	0
0	0
大家	0

图4-169　强制符号的应用

例子5：条件判断方面的应用。

公式1：

`=TEXT(A2,"[>10]0;1")`
`=IF(A2>10,A2,1)`

公式2：

`=TEXT(B2,"[>50]a;[>10]!b;c")`
`=IF(A2>50,"a",IF(A2>10,"b","c"))`

如图4-170所示，TEXT的经典用法就是在条件判断方面。因为可以省字符，所以常用在数组公式中；条件需要用中括号括起来。这时，分号的作用就不是隔开正数、负数、零了。条件判断的顺序是先左后右，如同IF函数一样。

	A	B	C
1	数据	效果1	效果2
2	3	1	c
3	60	60	a
4	5	1	c
5	0	1	c
6	80	80	a

图4-170　条件判断方面的应用

TEXT中的b代表佛历中的年份，需要加！强制显示，否则会出错。

`=TEXT("2016-1-1","b")`

就显示59。

`=TEXT("2016-1-1","b")`

就显示2559。

`=TEXT("2016-1-1","bbbb-m-d")`

就显示2559-1-1。

这个字母比较特殊，需要注意！

例子6：中文数字的应用如图4-171所示。

	A	B	C	D
1	数据	效果1	效果2	效果3
2	34	三十四	叁拾肆	3＋4
3	230	二百三十	贰佰叁拾	2百3十
4	1000	一千	壹仟	1千
5	0	零	零	0
6	80	八十	捌拾	8十

图4-171　中文数字的应用

公式1：

`=TEXT(A2,"[dbnum1]")`

公式2：

`=TEXT(A2,"[dbnum2]")`

公式3：

`=TEXT(A2,"[dbnum3]")`

网友：头大了，这么多，哪里记得住？

卢子：你会自定义单元格格式吗？

网友：这个会。

卢子：前面说了那么多，只是让大家有一个初步的了解，知道TEXT函数可以做什么。这么多用法其实我也记不住，也无须记忆。

　　如图4-172所示，输入任意一个数字，设置单元格格式为货币格式，然后查看自定义格式，复制自定义格式，输入：

`=TEXT(23,"¥#,##0.00;¥-#,##0.00")`

图4-172　自定义格式的运用

　　利用同样的方法，哪一种格式不会，就设置单元格格式，再查看自定义格式代码，这样可以减轻我们的记忆负担。

　　现在到了应该解开最开始留下的那个日文输入法的时候了。

　　如图4-173所示，默认情况下，在"分类"列表框中选择"特殊"。这里允许选择任意国家的语言。如果选择日语，在"类型"列表框中就会出现很多跟日语有关的数字格式。

图4-173　设置日语

　　善于借助一切可以减轻记忆负担的方法，这样学习起来就更加轻松了。

　　[DBNum2][$-411]aaaa

　　[DBNum2][$-411]G/通用格式

　　[DBNum2][$-411]yyyy/m/d

网友：以前以为这些都要记住，原来很多都藏在自定义里。还有这个区域设置，以前从没注意过这个问题，长见识了。

卢子：学习这些要有好奇心，有空点开你从没看过的功能来看看，也许会发现很多你意想不到的功能。惊喜就由此产生。

4.4.10 字符提取之MID、LEFT和RIGHT三兄弟

卢子：提到字符提取，不得不提到MID、LEFT和RIGHT三兄弟，不管什么字符，它们都能按要求完美地提取出来。老大LEFT可以从左边提取字符，老二RIGHT可以从右边提取字符，老三MID天赋最好，可以从任何位置提取字符。

网友：既然这样，只学MID就行，何必全部都学？

卢子：在函数的世界里，讲究合作精神，即使你再强大，也不能忽略别人的作用。其实，做人又何尝不是这样？你能力再好，也不能看不起别人，因为别人通过努力也能成为有能力的人。

网友：说的也是，现在讲究的是团队合作精神，一个人如果离开团队，能力再强也没用。

卢子：那就通过几个例子来说明这三兄弟吧。

例子1：如图4-174所示，通过软件截图，默认情况下会出现软件名、时间和后缀，怎么将它们分别提取出来？

	A	B	C	D
1	图片名	软件名	时间	后缀
2	微博桌面截图_20130523223120.jpg			
3	微博桌面截图_20130524223131.jpg			
4	微博桌面截图_20130524222336.jpg			
5	微博桌面截图_20130524111325.jpg			

图4-174 软件截图效果1

```
=LEFT(A2,6)
```

提取左边6位，也就是软件名。

```
=MID(A2,8,14)
```

从中间第8位开始提取14位，刚好就是时间。

```
=RIGHT(A2,3)
```

从右边提取3位，就是后缀。

前面提到的是最理想状态，如图4-175所示，很多时候软件名不确定，后缀字符个数也不确定。这样仅仅通过简单的办法是无法满足的，结合FIND和LEN函数会使问题变得简单。

	A	B	C	D
1	图片名	软件名	时间	后缀
2	微博桌面截图_20130523223120.jpg			
3	微博桌面截图_20130524223131.jpg			
4	微博桌面截图_20130524222336.jpg			
5	微博桌面截图_20130524111325.jpg			
6	QQ截图_20130525140948.gif			
7	QQ截图_20130525140958.gif			
8	QQ截图_20130525140958.bmp			
9	QQ截图_20130525140958.jpeg			

图4-175 软件截图效果2

`=LEFT(A2,FIND("_",A2)-1)`

通过观察，软件名后面都有 "_" 符号。利用FIND找到这个符号的位置，减去1就是软件名最后一个字符的位置。

`=MID(A2,FIND("_",A2)+1,14)`

时间都在 "_" 的后面，利用FIND找到这个符号的位置，加上1就是第一个数字的位置，因为是固定的14位，提取14个字符就可以了。

`=RIGHT(A2,LEN(A2)-FIND(".",A2))`

后缀在 "." 符号后面，后缀字符数就是总字符减去到 "." 符号位置的总长度。也就是：

N=总字符 - "."符号的位置
N=LEN(A2)-FIND(".",A2)

例子2：如图4-176所示，身份证是每个成年人的名片，有了它，可以获取省份、地区、出生日期、性别等信息。身份证很重要，要记得妥善保管。

	A	B	C	D	E
1	身份证	省份	地区	出生日期	性别
2	445121198709055616				
3	110221290815224				
4	110221650815224				
5	510221197412010219				
6	132426590620123				
7	140121700228420				
8	350583197810120072				
9	511801520925520				
10	620123790513150				

图4-176 获取身份证的信息

身份证简介：现行的身份证号全部是18位，早期的是15位。早期的身份证号中，前2位代表省份，3~6位代表地区码，7~12位是出生年月日，13~15位代表性别。现行的身份号中，7~14位是出生年月日，15~17位代表性别，奇数就是男，偶数就是女，18位号码是验证码，如图4-177所示。

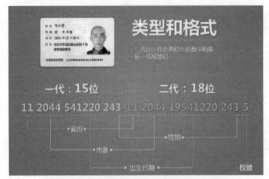

图4-177 15与18位身份证说明

要知道省份跟地区码，必须有一份地区码的明细表才可以获取。如图4-178所示，就是 份地区码。

	A	B
1	编码	所在地
2	001102	(县)
3	001201	(市辖区)
4	001202	(县)
5	001301	石家庄市
6	001302	唐山市
7	001303	秦皇岛市
8	001304	邯郸市
9	001305	邢台市
10	001306	保定市
11	001307	张家口市
12	001308	承德市
13	001309	沧州市

图4-178 地区码

前2位代表省份，3~6位代表地区码。

=VLOOKUP(LEFT(A2,2),地区码!A:B,2,0)

先用LEFT提取左边两个字符，再用VLOOKUP获取省份对应值，同理可以获取地区。

=VLOOKUP(LEFT(A2,6),地区码!A:B,2,0)

回头看看出生年月日：早期身份证号中7~12位是出生年月，前面省略19。现行身份证号中7~14位是出生年月日。

=TEXT(IF(LEN(A2)=15,19,"")&MID(A2,7,IF(LEN(A2)=15,6,8)),"0-00-00")

先判断是不是15位，如果是，前面就连接19，否则连接空。

IF(LEN(A2)=15,19,"")

如果是15位就提取6位，否则提取8位。

IF(LEN(A2)=15,6,8)
IF(LEN(A2)=15,19,"")
&MID(A2,7,IF(LEN(A2)=15,6,8))

到这里就是将出生日期变成统一的8位格式，如19870905。

利用TEXT将8位的日期格式显示成1987-09-05。

这是传统的思路，其实可以将公式再精简，再将得到的结果单元格设置为日期格式。

=TEXT(MID(A2,7,11)-500,"#-00-00,")*1

网友：-500，还有#-00-00，是干嘛用的？
卢子：先来看看这几条公式。

=TEXT(1999,"#,")显示2。

=TEXT(1499,"#,")显示1。

=TEXT(1001,"#,")显示1。

=TEXT(501,"#,")显示1。

"，"的作用就是将数字除以1000并四舍五入，也就是说，"，"是千位符。

再回头看看MID(A2,7,11)，不管是15位还是18位身份证号，从第7位开始提取11位就是提取日期与性别组成的所有数字。后面的3位是多余的，需要去除。

TEXT(MID(A2,7,11)-500,"#-00-00,")

－500的作用就是将后面的数字变成小于500的数字，加上最后面的"，"，其实就是舍去最后3位，前面多取了3位，现在还回去，有借有还。

网友：如果这样，后面3位不提取不就得了，干嘛绕那么多弯？

卢子：如果不提取，是不是要像最开始一样判断是不是15位，然后再决定取多少位？这样反而多了一个判断条件。这个公式有一个缺陷，就是对于1930年前出生的人(如290815)会显示错误。不过，这种年龄的人，你用他们的身份证号还有意义吗？你懂的。一直以来，我都觉得写公式就是一个不断取巧的过程。

其实，15位身份证现在已经淘汰了，直接用18位进行判断就可以。这样提取出生日期就变得更简单了。

=TEXT(MID(A2,7,8),"0-00-00")

15位身份证号中的13~15位代表性别，18位身份证号中的15~17位代表性别，奇数就是男，偶数就是女。

=IF(ISODD(MID(A2,15,3)),"男","女")

奇数、偶数的判断可以利用最后1位判断，也可以通过所有字符判断。如123，最后1位是奇数，它就是奇数，跟整个数字判断的结果是一样的。

MID(A2,15,3)提取15位的最后1位，跟提取18位的3位数字。

ISODD(MID(A2,15,3))，判断数字是不是奇数，是就返回TRUE，否则返回FALSE。

IF就是返回男女的对应值。

温馨提示

在低版本中用MOD(数字,2)来判断奇偶数。

网友：后面这两个公式太巧妙了！

卢子：毕竟像这种公式可遇不可求，并不是任何人都可以想到的。在学习阶段，可以让公式缩减到最少字符，但实际工作中还是以正常思维处理为好，以防考虑不周全而出错。

网友：收到，看来卢子还是属于比较严谨的人。

4.4.11 SUBSTITUTE的运用

卢子：SUBSTITUTE函数与查找替换有点类似，它可以替换掉你不需要的字符。感觉这个函数挺适合用来玩的。

网友：是吗？

卢子：不信的话，就一起来看看，怎么玩转"笑看今朝"。

例子1：如图4-179所示，今朝一起来笑笑，通过A2变出右边的4种效果。

	A	B
1	源数据	效果
2	我是笑，你是笑	我是今朝，你是今朝
3		我是今朝，你是笑
4		我是笑，你是今朝
5		我是今朝，你是?

图4-179　今朝一起来笑笑

网友：你拿自己的网名"笑看今朝"开玩笑啊？

卢子：这样没什么不好，总不能拿别人的名字来开玩笑吧。

 函数语法

=SUBSTITUTE(字符串,旧字符,新字符,N)

将字符串中的旧字符换成新字符，N代表第几个旧字符，省略就全部替换掉。

=SUBSTITUTE(A2,"笑","今朝")

是将"笑"全部替换成"今朝"，即N省略。

=SUBSTITUTE(A2,"笑","今朝",1)

是将第1个"笑"替换成"今朝"，即N等于1。

=SUBSTITUTE(A2,"笑","今朝",2)

是将第2个"笑"替换成"今朝"，即N等于2。

=SUBSTITUTE(SUBSTITUTE(A2,"笑","今朝",1),"笑","?")

将第1个"笑"替换成"今朝"，第2个"笑"替换成"?"，通过两次替换才可以。

这个函数的功能比较单一，比较好理解，重点在于N，只要理解这个，其他都不是问题。

例子2：图4-180所示是一份人员清单，根据这份清单统计一些人员信息。

	A	B	C
1	日期	人员	人数
2	12月21日	宋晓媛、杨晓虹、杨晓凤、陈锡卢	
3	12月22日	宋晓媛、杨晓凤、陈锡卢、刘司机	
4	12月23日	宋晓媛、杨晓虹、杨晓凤	
5	12月24日	宋晓媛、杨晓虹、杨晓凤、陈锡卢	
6	12月25日	杨晓虹、杨晓凤、陈锡卢	
7	12月26日	宋晓媛、杨晓虹、杨晓凤、陈锡卢、梁司机、姜同松	
8	12月27日	宋晓媛、杨晓虹、陈锡卢、刘司机	
9	12月28日	杨晓虹、杨晓凤、陈锡卢	

图4-180 人员清单

12月21日出现几个姓杨的人：

`=LEN(B2)-LEN(SUBSTITUTE(B2,"杨",""))`

SUBSTITUTE(B2,"杨","")将包含"杨"的人替换掉，LEN(SUBSTITUTE(B2,"杨","))统计替换后字符数，LEN(B2)–LEN(SUBSTITUTE(B2,"杨",""))总字符数减去替换后字符数，就算出含有几个"杨"。

 每天有多少人

`=LEN(B2)-LEN(SUBSTITUTE(B2,"、",""))+1`

由于人员都是用"、"隔开的，因此"、"的个数加 1 就是人员数。思路跟统计姓杨的人数是一样的。在C2公式下拉就可以得到结果。

 杨晓凤一共去了几天

`=SUMPRODUCT(--((LEN(B2:B9)-LEN(SUBSTITUTE(B2:B9,"杨晓凤","")))>0))`

LEN(B2:B9)-LEN(SUBSTITUTE(B2:B9,"杨晓凤",""))统计有没有字符减少，通过跟0比较，只要大于0就是包含，再用减负运算将TRUE转换成1，然后汇总得出总天数。

此题用SUBSTITUTE方法显得有点笨，用COUNTIF更合适，只是为了说明SUBSTITUTE函数才这么用。

`=COUNTIF(B2:B9,"*杨晓凤*")`

关于常用函数，到这里已告一段落，常用的函数就这十几个，学好了会大大提高工作效率。别看只有十几个，却能变换出无数组合，这些只能靠大家平常慢慢积累。

网友：谢谢卢子这两个月的讲座，让我们了解到很多知识，现在已经开始告别小菜鸟。

卢子：其实主要是有我的朋友在背后支持才能坚持到现在，真的感谢他们的无私奉献。虽然讲座结束，但并不代表学习结束，而是另一个开始。以后有问题还可以继续交流，让我们共同进步，加油！

网友：一起加油！！！你是我们学习的榜样。

4.5

为自己量身定做的函数

Excel提供了很多内置函数，但有时并不能满足我们各个方面的特定要求。我们可以为自己量身定做属于自己的函数。自定义函数能为普通函数锦上添花。下面通过两个小例子让大家来认识自定义函数。

洗衣服流程

大家都知道洗衣机洗衣服的流程为：进水——洗涤——放水——甩干，这个过程有时会重复三四次。设置了一次流程的时间，再重复设置第二次、第三次，你会不会觉得烦琐？现在的全自动洗衣机都有一个记忆模式，就是按你第一次设置好的流程时间来洗衣服。只要一按电源开关，你就可以不用管，时间到了再把衣服拿出来就好，减少了很多不必要的麻烦。自定义函数就如设置记忆模式，一按电源开关，一切问题都搞定，从而简化我们的工作。

姚明买衣服

姚明身高226cm，NBA明星，大家应该很熟悉。正常人的身高为170~180cm，市面上的衣服基本上都是为这个人群设计的。像他这种身高，如果出去买衣服，肯定买不到。既然买不到他穿什么？他的衣服都是厂家专门定做的。定做的衣服，不要说226cm的身高，300cm都可以。自定义函数又如姚明买衣服，可以满足我们个性化的需要，使我们的公式具有更强大、更灵活的功能。

4.5.1 连接所有字符LJ

网友：如图4-181所示，我想将所有字符连接起来放在一个单元格内，用&连接起来感觉十分烦琐，那么多个单元格，还怕按错呢，有没有简单一点的办法？

	A	B	C	D	E	F	G	H	I	J	K	L	M	N	O	P
1							内容									连接所有字符
2	我	们	一	起	去	潮	州	旅	游	吧						
3	E	x	c	e	l	包	含	字	符	串	的	函	数			
4	公	式	相	关	的	基	础	知	识							
5	E	x	c	e	l	2	0	1	3	增	加	很	多	功	能	
6	A	1	B	2	C	3	D	4								

图4-181　连接所有字符

卢子：如果字符都是文本，可以用PHONETIC函数，这个函数就是专门连接文本字符用的。PHONETIC可以将所有文本连接起来，但遇到公式计算结果、数值将被忽略。

=PHONETIC(A2:O2)

我看你的数据源，包含了数字，那就只能用自定义函数了。

利用组合键Alt+F11调出VBA编辑器，然后"插入"模块，并在代码窗口输入自定义的代码。

```
Function LJ(Rng As Range)
  Dim Set_Rng As Range
    For Each Set_Rng In Rng
    LJ = LJ & Set_Rng
  Next
End Function
```

循环语句：

For Each…Next

通俗用法：

```
For Each 单元格 In 单元格区域(对象)
循环体
Next
```

也就是从区域的第一个单元格循环地将每个单元格连接起来，如图4-182所示。

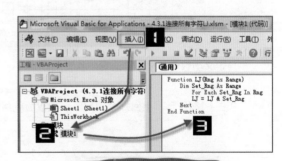

图4-182　自定义LJ函数

单击窗口右上角的"关闭"按钮，关闭VBA编辑器，返回Excel工作表界面。

如图4-183所示，在函数列表的"用户定义"类别中找到此自定义函数。

图4-183 用户定义函数

如图4-184所示，现在使用我们自定义的LJ(函数名是不区分大小写的)试试效果。

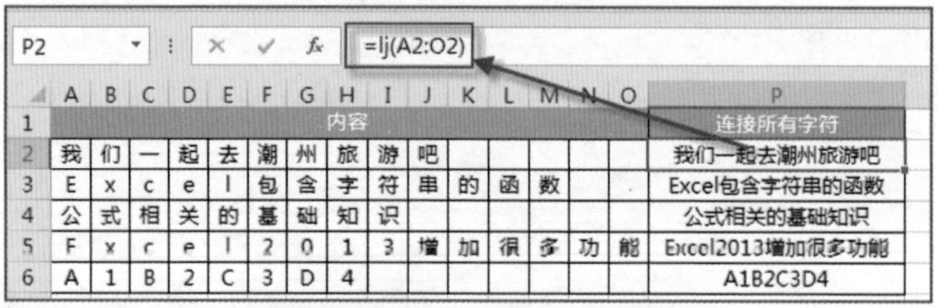

图4-184 使用定义函数

网友：自定义函数看起来好简洁啊，我喜欢。

几天后……

网友：如图4-185所示，上回那个LJ用了一回以后就用不了，变成#NAME?，怎么回事呢？

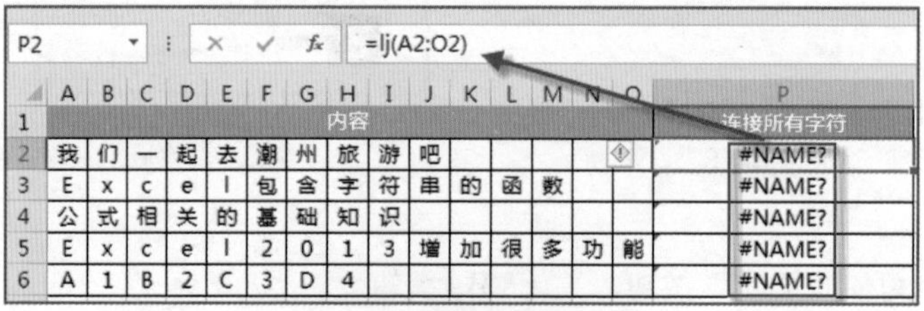

图4-185 名称错误

卢子：其实，自定义函数也属于一种VBA，需要将宏的安全性设置为低才可以使用。

如图4-186所示，在"开发工具"选项卡中单击"宏安全性"按钮。在"宏设置"组中选中"启用所有宏(不推荐：可能会运行有潜在危险的代码)"单选按钮。保存工作簿后，重新打开就可以使用了。

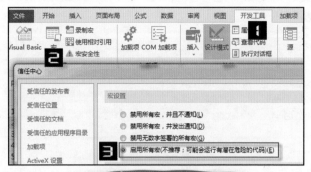

图4-186　设置宏的安全性

有一段时间，宏病毒很猖狂，很多人都中了宏病毒。其实，宏病毒并不可怕，百度一下就可以找到宏病毒专杀，即使找不到也没关系，现在的杀毒软件基本都提供了这个功能。我们自己编写的代码是绝对安全的，所以不用担心会中宏病毒。

网友：这招还挺管用的，又能继续使用了。

 4.5.2　将借阅的书籍合并HB

网友：对了，这里我有一个问题，请教你一下。

卢子：说说看。

网友：如图4-187所示，我现在想把每个借阅人借阅的书籍合并在一个单元格内，并用"，"隔开，利用常规公式只能将书籍放到多个单元格，有没有好点的办法？

图4-187　将借阅的书籍合并

卢子：既然常规方法难以处理，那就用自定义函数，我先考虑一下怎样编写。

网友：好的，不急。

卢子：利用下面的代码可以实现。

```
Function HB(rng As Range)
    Dim i%
    For i = 2 To Cells(Rows.Count, 1).End(xlUp).Row
        If rng = Cells(i, 3) Then
            HB = HB & IIf(HB ="","",",") & Cells(i, 1)
        End If
    Next
End Function
```

循环语句：

For Next

跟For Each…Next的作用差不多。

Cells(Rows.Count, 1).End(xlUp).Row，这一句的意思就是动态判断A列有多少行，不用我们自己去数。

IIf(HB = " ", " ", ", ")跟用IF函数的功能一样，就是判断是不是为空，不为空就加个逗号。

图4-188所示是利用自定义函数HB生成的结果。

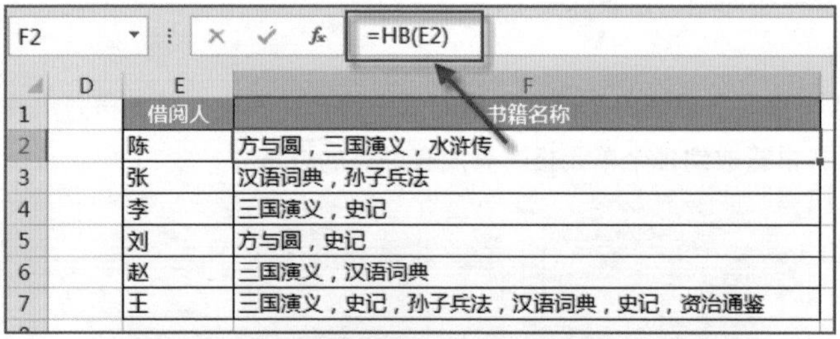

图4-188 利用自定义函数HB生成的效果

网友：VBA真的太神奇！

过了几天……

网友：我又发现了一个问题，我想在其他工作簿中使用这个自定义函数，但就是用不了，怎么回事呢？

卢子：自定义函数只适用于输入代码的工作簿，其他工作簿使用不了，但是有变通的办法。

如图4-189所示，将Excel另存为"Excel加载宏"格式。

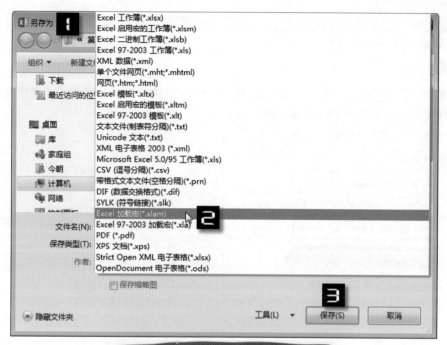

图4-189　另存为"Excel加载宏"格式

如图4-190所示，在"开发工具"选项卡中单击"加载项"按钮，找到加载宏，再单击"确定"按钮。现在就可以在别的工作簿中使用自定义的函数HB了。

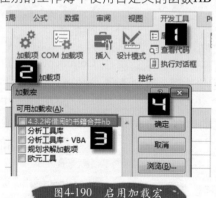

图4-190　启用加载宏

网友：原来还得多一步加载宏才行。

卢子：我们自己定义的函数，Excel本身没有，加载宏就是告诉Excel，我现在也是有身份的人了，也属于函数的一员，别把我当外星人看待。

4.5.3 提取批注内容PZ

网友： 如图4-191所示，我们公司现在有一批产品需要重新更改单价。由于当初是用批注标示的，现在要重新算新单价很困难，有没有办法将批注的内容提取到单元格内？这样便于后期操作。

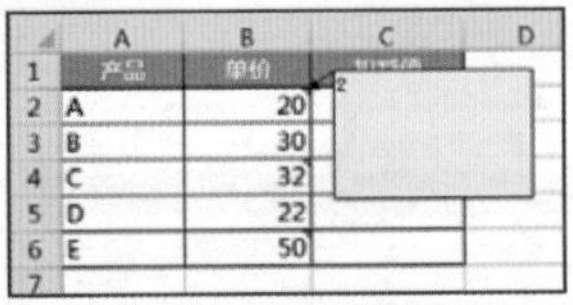

图4-191 批注标示扣减值

卢子： 做什么事就得考虑长远，如果当初写在单元格中不就什么事都没有了吗？真是自找麻烦。不过世上也没后悔药，帮你想想看有什么办法可以补救。

网友： 批评得对，下回注意点。

卢子： 想到了，可以用下面的自定义函数代码。

```
Function PZ(Rng As Range)
  On Error Resume Next
  PZ = Rng.Comment.Text
End Function
```

On Error Resume Next做容错处理，遇到没有批注的单元格继续执行自定义函数过程。

Comment.Text就是批注的内容，结果如图4-192所示。

图4-192 效果图

网友： 现在把"扣减值"放在单元格内，要算新单价就简单多了。

卢子： 既然说到批注这个问题，那就说一下完整的批注包含的内容，如图4-193所示。

图4-193 批注包含的内容

卢子： 批注者：一般指电脑的用户名。

换行符：别以为看不见就没有。

12：实际输入的内容。

批注虽小，五脏俱全，呵呵。

现在以标准的形式来提取批注的数字。

```
Function PZ(Rng As Range)
  On Error Resume Next
  x = Rng.Comment.Text
  PZ = Mid(x, InStr(x, Chr(10)+1)
End Function
```

为了使代码看起来简洁，可以将Rng.Comment.Text赋值给x。其实这跟我们以前数学的x、y、z这些变量差不多。

InStr函数跟FIND差不多，查找字符在文本中的位置，但参数的顺序跟FIND反过来了。

FIND(查找的字符,文本)，查找不到显示错误值。

InStr(文本,查找的字符)，查找不到显示0。

Chr(10)就是一个换行符。

InStr(x, Chr(10))就是查找换行符在批注中的位置，用户名千变万化，但换行符是不变的。

对于Mid(x, InStr(x, Chr(10))+1)，你可能会疑惑，Mid函数不是有3个参数吗，怎么最后1个参数被省略了？是不是忘记写了？其实，在VBA里，省略第3个参数就表示提取所有字符。

如图4-194所示，就是完整版批注的结果。

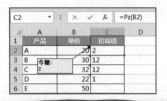

图4-194 完整批注显示效果图

网友：谢谢，又了解到新的知识。

4.5.4 自动录入当前时间NowTime

网友：如图4-195所示，如果店铺编码、类型和金额三列都有内容，就录入当前时间。我试过用NOW函数，但录入的时间会不断变化，有没有办法让录入的时间录入后保持不变？

卢子：用快捷键倒是可以录入当前时间，且时间不会变化，但是需要自己判断三列是否都有内容。

网友：行数太多，用这种方法不实际。

卢子：那我考虑一下，看看有没有其他办法。

网友：好的，拜托你了。

经过数分钟的考虑……

卢子：那就自定义一个函数吧，代码为：

	A	B	C	D
1	店铺编码	类型	金额	时间
2	1112	借款	3380	2013/05/26 16:28:58
3	1112	报销	80	2013/05/26 16:29:19
4	1112	报销	70	2013/05/26 16:29:23
5	1112	还款	80	2013/05/26 16:31:32
6	1112	借款		
7	1114	报销		
8	1114	报销		
9	1114	还款		
10	1114	还款		
11	1115	报销		
12	1115	报销		
13	1115	还款		
14	1115	还款		
15	1115	借款		

图4-195 自动录入当前时间

```
Function NowTime(Rng As Range)
    If Application.CountA(Rng) = 3 Then
        NowTime = Format(Now, "yyyy/mm/dd hh:mm:ss")
        Else
        NowTime = ""
    End If
End Function
```

Application.CountA(Rng) = 3判断单元格是否为非空值，且是不是等于3。

Format(Now, " yyyy/mm/dd hh:mm:ss ")设置时间的格式。

图4-196所示为用自定义函数NowTime生成的结果。

网友：我试试看。

卢子：好的。

网友：还真的可以，保存后打开也不会改变。改天有空再帮我多设计几个自定义函数，这个太好用了。

卢子：并不是任何东西都需要自定义函数，比如求和、查找，内置函数就有这个功能，自定义函数就毫无意义。不是你该干的活，就不要跟别人抢。只有当内置函数实在很难完成的时候才考虑自定义函数，不能滥用！

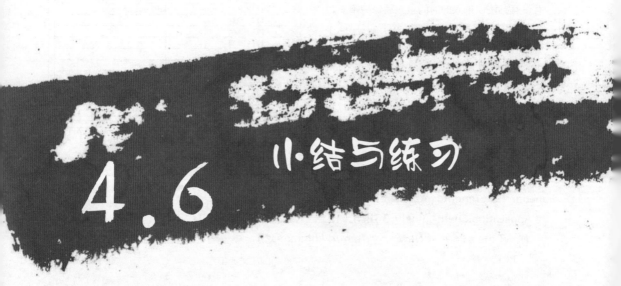

图4-196　用自定义函数NowTime生成的结果

4.6 小结与练习

　　函数是Excel的精髓，要学好函数，必须先从基础概念学起，只有基础牢固了才能更好地学习函数。学习函数不要贪多，先从常用的函数开始学习，逐个熟练。对于工程函数、财务函数等函数，也许有的人一辈子都用不到，学不学无所谓，不会对你有任何影响。这两类函数我到现在一个都不会。如果有精力的话，就了解点自定义函数的基础，这个有时可以帮你大忙。当你山重水复疑无路时，借助自定义函数也许会柳暗花明又一村。

1. 如图4-197所示，左边是明细表，如何统计每个企业名称的数量和金额？

	A	B	C	D	E	F	G
1	企业名称	数量	金额		企业名称	数量	金额
2	丹阳市精益铝业有限公司	48718	228950		丹阳市精益铝业有限公司		
3	丹阳市精益铝业有限公司	6049	22921		上海东浩新贸易有限公司		
4	上海东浩新贸易有限公司	3096	14828		上海沪鑫铝箔有限公司		
5	上海沪鑫铝箔有限公司	16236	53874		上海神火铝箔有限公司		
6	上海神火铝箔有限公司	5419	18795		昆山铝业有限公司		
7	昆山铝业有限公司	182718	613538		鼎胜铝业		
8	昆山铝业有限公司	61354	210413		厦门厦顺铝箔有限公司		
9	鼎胜铝业	20573	70626				
10	鼎胜铝业	53150	170228				
11	鼎胜铝业	62714	205283				
12	鼎胜铝业	8065	25153				
13	鼎胜铝业	164486	536253				
14	鼎胜铝业	56668	186596				
15	鼎胜铝业	91195	287463				

图4-197 统计每个企业名称的数量和金额

2. 如图4-198所示，借助COUNTIF函数统计每个身份证的次数的时候，居然统计出错，就像前6个，明明没有重复却显示6个重复，对于这种错误，该如何处理呢？

图4-198 COUNTIF计算超过15位字符出错

3．如图4-199所示，如何从销售的不动产楼牌号提取楼幢号，也就是中央城后面的数字？

	A	B
1	销售的不动产楼牌号	楼幢
2	江南区新屯路18号中旭·中央城13号楼2905号房	
3	江南区新屯路18号中旭·中央城11号楼2单元905号房	
4	江南区新屯路18号中旭·中央城13号楼2905号房	
5	江南区新屯路18号中旭·中央城13号楼1505号房	
6	江南区新屯路18号中旭·中央城12号楼1单元1103号房	
7	江南区新屯路18号中旭·中央城10号楼701号房	
8	江南区新屯路18号中旭·中央城9号楼1701号房	
9	江南区新屯路18号中旭·中央城15号楼2702号房	
10	江南区新屯路18号中旭·中央城5号楼1602号房	
11	江南区新屯路18号中旭·中央城13号楼1305号房	
12	江南区新屯路18号中旭·中央城13号楼605号房	
13	江南区新屯路18号中旭·中央城13号楼1103号房	
14	江南区新屯路18号中旭·中央城13号楼1003号房	
15	江南区新屯路18号中旭·中央城13号楼703号房	

图4-199　提取楼幢号

4．如图4-200所示，如何查找每个项目首次出现的姓名，也就是红色字体的姓名？

	A	B	C	D	E	F	G	H	I
1	项目	时间1	时间2	时间3	时间4	时间5	时间6	时间7	时间8
2	项目1		沈于炎	王双琴	王双琴				
3	项目2	奉鹏			王桂林	徐少华			
4	项目3			王双琴	季秋阳				
5	项目4		徐少华			王芳茹			
6	项目5	张昊晟			潘凯				
7	项目6			傅健半	张凡				
8	项目7				陈雪	徐春匝			
9	项目8						何敏	毛艺橙	季秋阳
10									
11	项目	姓名							
12	项目1								
13	项目2								
14	项目3								
15	项目4								
16	项目5								
17	项目6								
18	项目7								
19	项目8								

图4-200　查找每个项目首次出现的姓名

第5章

看透数据的数据透视表

当你面对几万行数据用公式计算时，电脑会死机；当你面对多角度分析时，都要重新设置公式。甚至你会埋怨公式也有无能为力时？

其实Excel提供了一个大智若愚的工具——数据透视表。左手拿着咖啡，右手按着鼠标，拖拉几下，咖啡还没喝几口，分析已出来。数据透视表，顾名思义就是将数据看透了，能将数据看透，你说牛不？看透人生真烦恼，看透数据真享受！

一句话：数据透视表就是拖、拖、拖，拖来拖去，拖到你满意为止。

曾经有一段时间,穿越剧很流行,穿越到清朝、唐朝、秦朝……都是穿越到过去。现在我也玩一回穿越,穿越到未来。

时间:2013年5月

地点:某公司的办公室

人物:卢子、领导

烦人的1234

领导:我要每个客户的出货金额,如图5-1所示。
立刻,马上!

卢子:好的,我马上去处理。

客户	金额
黄泽佳	254819
潮厨腊味	193946
方裕宣	190615
李光旭	167320
金石海	146547
许森鑫	94267
杨金志	48415
深圳黄佳雄	41220
……	……

图5-1 每个客户的出货金额

领导:这么多客户,你让我怎么看?你给这些客户分个等级,如图5-2所示。

卢子:不好意思,我去改改。

等级	客户	金额
⊟ 重要客户	黄泽佳	254819
	潮厨腊味	193946
	方裕宣	190615
	李光旭	167320
	金石海	146547
⊞ 普通客户		531638
总计		1484885

图5-2 客户分等级

领导:你再给我一份每个月的实际销售金额,如图5-3所示。

卢子:好的,我再去处理下。

月份	实际销售额
1月	343734
2月	7868
3月	300243
4月	140200
5月	85077
10月	144832
11月	145168
12月	240849
总计	1407971

图5-3 每月实际销售额

领导：年份哪里去了，没有年份我怎么知道是哪一年的月份？

卢子：不好意思，我再改改，如图5-4所示。

年	月份	实际销售额
⊟ 2012年	10月	144832
	11月	145168
	12月	240849
⊟ 2013年	1月	343734
	2月	7868
	3月	300243
	4月	140200
	5月	85077
总计		**1407971**

图5-4　年月实际销售额

领导：这个布局我不喜欢，你给我换换。

卢子：好，如图5-5所示。

实际销售额	年		
月份	2012年	2013年	总计
1月		343734	343734
2月		7868	7868
3月		300243	300243
4月		140200	140200
5月		85077	85077
10月	144832		144832
11月	145168		145168
12月	240849		240849
总计	**530849**	**877122**	**1407971**

图5-5　改变布局

领导：6~9月跑哪去了？

卢子：不好意思，我去看看。(心想：有完没完，改了千百遍，如图5-6所示)

实际销售额	年		
月份	2012年	2013年	总计
1月	0	343734	343734
2月	0	7868	7868
3月	0	300243	300243
4月	0	140200	140200
5月	0	85077	85077
6月	0	0	0
7月	0	0	0
8月	0	0	0
9月	0	0	0
10月	144832	0	144832
11月	145168	0	145168
12月	240849	0	240849
总计	**530849**	**877122**	**1407971**

图5-6　显示没有数据月份

领导：你再给我看看哪些产品卖得比较好？

卢子：好的。(心想：到底还要改几遍，我的天啊，如图5-7所示)

产品名称	实际销售额
2.5kg金牌猪肉脯（合味）	301277
228g潮厨猪肉脯（合味小脯）	207449
5kg连祥猪肉脯	189095
138g潮厨猪肉松（合味）	124431
散装腊肠	95784
总计	**918036**

图5-7　销售额最高的5款产品

领导：怎么才5款，我要8款！

卢子：好的，我改改。(心想：干嘛不早说，烦死人了，如图5-8所示)

产品名称	实际销售额
2.5kg金牌猪肉脯（合味）	301277
228g潮厨猪肉脯（合味小脯）	207449
5kg连祥猪肉脯	189095
138g潮厨猪肉松（合味）	124431
散装腊肠	95784
190g优质腊肠	80791
200G连祥腊肉 咸肉	77835
190g优质枣肠	68108
总计	**1144770**

图5-8　销售额最高的8款产品

……

每个月都有那么几天，改了一次又一次布局，还好我会数据透视表，如果用函数直接就晕菜了。不过这样总不是办法，我们看问题的角度跟领导完全不一样，谁知道他下回又有什么新想法？对了，想到办法了，既然数据透视表那么好用，干嘛不直接教会领导，以后他爱怎么看就怎么看。反正学这个很快，又不耽误时间。

这几天心情不好，请假去外面转转，适当放松心情还是有好处的。我不建议大家当工作狂，要不哪天你累倒了，你的工作将由别人代替，公司离开谁都照常运转。既然如此，大家还是爱惜自己。不过，还是要尽量把工作做得更好。

刚回来就听到领导在叫我。

领导：这几天跑去哪了？

卢子：相亲去了，都这么大了也要为自己着想。

（开玩笑的。）

领导：有没遇到合适的？

卢子：没。

领导：别眼光太高了。

卢子：没有，我怎么会眼光高，差不多合适就行，估计缘分未到。

领导：反正你还年轻，不急，慢慢来。对了，这几天你离开后，每次让别的同事帮我准备数据，都得搞半天。让改个数据也得等好久，哎！我每回向你要数据，你都是几分钟就做好的，你是怎么做的？

卢子：因为我将我们公司所有数据明细都记录下来，只要你需要，我用数据透视表一下子就可以搞定。

领导：什么是数据透视表？

5.2.1 什么是数据透视表

卢子：一起看看微软的帮助吧。

数据透视表是一种可以快速汇总大量数据的交互式方法。使用数据透视表可以深入分析数值数据，并且可以回答一些预料不到的数据问题。数据透视表专门针对以下用途而设计。

(1) 以多种用户友好方式查询大量数据。

(2) 对数值数据进行分类汇总和聚合，按分类和子分类对数据进行汇总，创建自定义计算和公式。

(3) 展开或折叠要关注结果的数据级别，查看感兴趣区域，汇总数据的明细。

(4) 将行移动到列或将列移动到行(或"透视")，以查看数据源的不同汇总。

(5) 对最有用和最关注的数据子集进行筛选、排序、分组和有条件地设置格式，使您能够关注所需的信息。

(6) 提供简明、有吸引力并且带有批注的联机报表或打印报表。

领导：**帮助看得晕晕的。**

卢子：其实说白了，数据透视表就好比孙悟空。

拥有一双火眼金睛，任何妖怪都逃不出他的法眼。

拥有如意金箍棒，想长就长，想短就短，想大就大，想小就小。

本身过硬的技能：七十二变，想要什么就变什么。

领导：**透视表真有这么神奇？**

卢子：我通过几个实例跟您讲讲。

5.2.2 多角度分析数据

图5-9所示为我们公司的销售明细表。

	A	B	C	D	E	F	G	H	I	J
1	日期	客户	单号	产品名称	规格	单位	数量	单价	金额	出货管理
2	2012/10/2	杨金志	1单	2.5kg金牌猪肉脯（合味）	1×2.5kg	件	5	115	575	出货
3	2012/10/2	杨金志	1单	5kg连祥猪肉脯	1×5kg	件	10	230	2300	出货
4	2012/10/4	黄泽佳	1单	2.5kg金牌猪肉脯（合味）	1×2.5kg	件	25	130	3250	出货
5	2012/10/4	黄泽佳	1单	228g潮厨猪肉脯（合味小脯）	1×20包	件	7	250	1750	出货
6	2012/10/5	秋月	1单	2.5kg金牌猪肉脯（合味）	散装	斤	25	26	650	出货
7	2012/10/5	秋月	1单	散装大脯	散装	斤	10	31	310	出货
8	2012/10/5	陶喜	1单	2.5kg金牌猪肉脯（合味）	散装	斤	20	26	520	出货
9	2012/10/5	方裕宣	1单	100g潮厨猪肉脯（合味大脯）	1×20包	件	3	140	420	出货
10	2012/10/5	方裕宣	1单	138g潮厨猪肉松（合味）	1×12罐	件	3	144	432	出货
11	2012/10/5	黄泽佳	-1单	190g优质枣肠	散装	包	14	7.3	102	退货
12	2012/10/5	黄泽佳	-1单	138g潮厨猪肉松（合味）	散装	罐	1	12	12	退货
13	2012/10/5	黄泽佳	-1单	200G连祥腊肉 咸肉	散装	包	8	8	64	退货
14	2012/10/5	黄泽佳	-1单	228g潮厨猪肉脯（合味小脯）	散装	包	13	12.5	163	退货
15	2012/10/5	黄泽佳	-1单	2.5kg金牌猪肉脯（合味）	散装	斤	9.3	26	242	退货
16	2012/10/5	黄泽佳	-1单	散装大脯	散装	斤	8	31	248	退货
17	2012/10/5	其他	1单	228g潮厨猪肉脯（合味小脯）	散装	包	34	12.5	425	出货

图5-9 销售明细

先来看看每个客户的销售数量。

如图5-10所示，单击A1，在"插入"选项卡下，单击"推荐的数据透视表"按钮。选择需要的汇总方式，单击"确定"按钮。这是2013版新增加的功能，给第一次使用的人提供选择，但当你熟练以后，这个功能基本上就不会用到了。

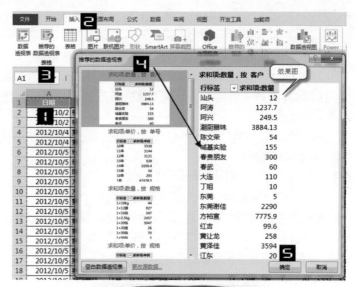

图5-10 推荐的数据透视表

温馨提示

旧版本是直接插入数据透视表，然后重新布局。

领导：这个数量没有区分开出货跟退货两种情况。

卢子：确实，很多时候推荐的表格都不能满足我们的要求。既然这样，我们就动手改变数据透视表的布局。

如图5-11所示，单击透视表的任意单元格，然后在弹出的面板中选择数据透视表字段，将"出货管理"拖动到"筛选器"中，并选择"出货"。

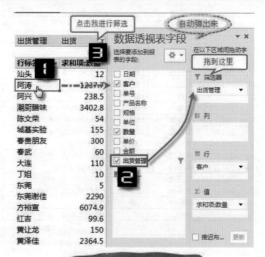

图5-11 改变布局1

领导：**如果我想按产品名称统计数量呢？**

卢子：如图5-12所示，取消选中"客户"复选框，
　　　再将"产品名称"拖到"行"字段 中 (勾
　　　选也可以)。

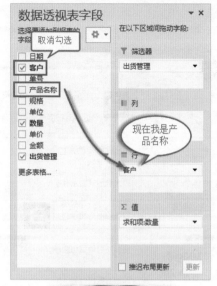

图5-12　改变布局2

领导：**产品名称后面一般都要加规格跟单位，这个是不是选中就可以。**

卢子：如图5-13所示，直接选中是可以的，但这样出来的结果感觉不太满意。

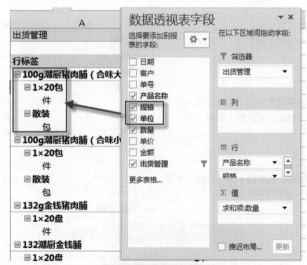

图5-13　改变布局3

领导：**这个并排在一起会好点。**

卢子：默认情况下是以压缩形式显示布局的，如图5-14所示，在"设计"选项卡中单击"报表布局"按钮，在弹出的下拉菜单中选择"以表格形式显示"命令，结果如图5-15所示。

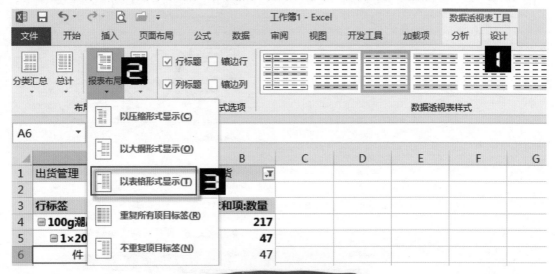

图5-14　改变布局4

出货管理		出货		
产品名称	▼	规格 ▼	单位 ▼	求和项:数量
⊟100g潮厨猪肉脯（合味大脯）		⊟1×20包	件	47
		1×20包 汇总		47
		⊟散装	包	170
		散装 汇总		170
100g潮厨猪肉脯（合味大脯）汇总				217
⊟100g潮厨猪肉脯（合味小脯）		⊟1×20包	件	468
		1×20包 汇总		468
		⊟散装	包	533
		散装 汇总		533
100g潮厨猪肉脯（合味小脯）汇总				1001
⊟132g金钱猪肉脯		⊟1×20盘	件	2
		1×20盘 汇总		2

图5-15　以表格格式显示

领导：看起来比刚才好了一点点，就是在"规格"列有好多汇总项，如果能够去掉就更好了。

卢子：如图5-16所示，将鼠标放在规格的分类汇总这里，当出现"→"形状时，单击单元格，然后右击，取消选中"分类汇总'规格'"，结果如图5-17所示。

图5-16　取消分类汇总

产品名称	规格	单位	求和项:数量
⊟ 100g潮厨猪肉脯（合味大脯）	⊟ 1×20包	件	47
	⊟ 散装	包	170
100g潮厨猪肉脯（合味大脯）汇总			**217**
⊟ 100g潮厨猪肉脯（合味小脯）	⊟ 1×20包	件	468
	⊟ 散装	包	533
100g潮厨猪肉脯（合味小脯）汇总			**1001**
⊟ 132g金钱猪肉脯	⊟ 1×20盘	件	2
132g金钱猪肉脯 汇总			**2**
⊟ 132潮厨金钱脯	⊟ 1×20盘	件	24
132潮厨金钱脯 汇总			**24**
⊟ 138g潮厨猪肉松（合味）	⊟ 1×12罐	件	927
	⊟ 散装	罐	215
138g潮厨猪肉松（合味）汇总			**1142**

图5-17　取消分类汇总结果

领导：这样看起来就明朗多了。对了，这个数量都是求和，能否改成求平均值、最大值、最小值？

5.2.3　更改值的汇总依据

卢子：如图5-18所示，将"数量"连续拖3次到"值"字段。

图5-18　将"数量"连拖3次到"值"

如图5-19所示，单击字段标题，然后右击，从弹出的快捷菜单中选择"值汇总依据"命令，再选择"平均值"命令。用同样的方法设置"最大值"及"最小值"，结果如图5-20所示。

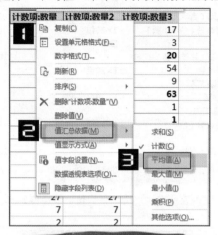

图5-19　更改值的汇总依据

求和项:数量	平均值项:数量	最大值项:数量2	最小值项:数量3
47	2.764705882	5	1
170	56.66666667	130	20
217	**10.85**	**130**	**1**
468	8.666666667	60	1
533	59.22222222	233	10
1001	**15.88888889**	**233**	**1**
2	2	2	2
2	**2**	**2**	**2**
24	12	14	10

图5-20　更改值的汇总依据

领导：原来还能这么分析，挺好的。这些字段名看起来怪怪的，能否修改？

卢子：如图5-21所示，单击字段名，在编辑栏修改，如"总数量"。依葫芦画瓢，依次更改为平均数量、最大数量、最小数量。

领导：这样看起来就自然点，不过数据看起来还是有点乱。

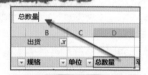

图5-21　更改字段名

5.2.4　排序让数据更加直观

卢子：那就给数据排个序，让它们看起来更直观。如图5-22所示，将鼠标放在"总数量"的第一个汇总项这里，然后右击，从弹出的快捷菜单中选择"排序"→"降序"命令。

图5-22　降序排序

除了升降序排序外，还有一个排序选项，一起来看看里面提供了什么排序方法。原来还提供了一个"排序方向"组，如图5-23所示。

图5-23 排序选项

领导：一般都是从上到下排序，从左到右这种作用不大。

卢子：确实。

领导：说了那么多，你也累了。那就先这样吧，改天再聊聊。

卢子：好的。

······

这几天领导都在玩弄数据透视表，这是好事，学会了更好，呵呵。

5.2.5 原来手工也能排序

领导：如图5-24所示，这是我自己做的一张数据透视表，怎么给"单号"排序，升降序都行不通？

客户	单号	金额
⊟ 黄泽佳	10单	7380
	11单	12432
	12单	5512
	13单	3600
	14单	962
	1单	44443
	2单	17860
	3单	20437
	4单	31908
	5单	17274
	6单	40782
	7单	20788
	8单	20001
	9单	11440
黄泽佳 汇总		**254819**

图5-24 领导做的数据透视表

卢子：老大不愧是老大，那天只
　　　是说说而已，没想到居然
　　　学得这么快。其实，排序
　　　也可以手工做。

领导：这样也行？

卢子：因为单号只有10多个，用
　　　手工排序很方便，如果单
　　　号多了，最好用自定义排
　　　序。如图5-25所示，选中
　　　10~14单，用鼠标拖到9单
　　　下面，松开鼠标。

客户	单号	金额
黄泽佳	10单	7380
	11单	12432
	12单	5512
	13单	3600
	14单	962
	1单	44443
	2单	17860
	3单	20437
	4单	31908
	5单	17274
	6单	40782
	7单	20788
	8单	20001
	9单	11440
黄泽佳 汇总		254819

客户	单号	金额
黄泽佳	1单	44443
	2单	17860
	3单	20437
	4单	31908
	5单	17274
	6单	40782
	7单	20788
	8单	20001
	9单	11440
	10单	7380
	11单	12432
	12单	5512
	13单	3600
	14单	962
黄泽佳 汇总		254819

图5-25　手工排序

领导：这个其实是我的错，不应该在单号后面加单位，要不然就不会这么麻烦了。

卢子：确实，单位这些放在标题那里就好，像金额就用金额(元)表示。

5.2.6　对销售额进行排名

领导：现在如果单号不要，怎么给客户的销售额排名呢？

卢子：如图5-26所示，再将"金额"拉到"值"字段，右击，从弹出的快捷菜单中选择"值显示方
　　　式"→"降序排列"命令。在弹出的"值显示方式"里保持默认不变，单击"确定"按钮，最后
　　　更改字段名为"排名"，结果如图5-27所示。如果事先对金额排序，则会更加直观。

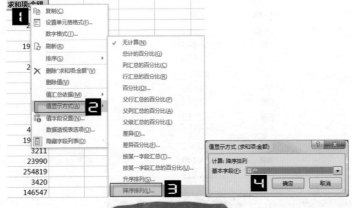

图5-26　降序排名

客户	金额	排名
汕头	2160	33
阿涛	26231	12
阿兴	9273	21
潮厨腊味	193946	2
陈文荣	8040	23
城基实验	20150	14
春贵朋友	8100	22
春武	4100	29
大连	2035	34
丁姐	1200	35
东莞	750	36
东莞谢佳	40296	9
方裕宣	190615	3

图5-27　降序排名结果

领导：本来还以为得像函数那样，用RANK，然后利用辅助列排名；原来这么简单。

卢子：如果不是这样，我干嘛一直用数据透视表，就因为它好用。

5.2.7　筛选销售额前5名的客户

领导：客户太多了，看得眼花，你把销售金额前5名的给我找出来吧。

卢子：如图5-28所示，单击"客户"的筛选按钮，依次选择"值筛选"→"前10项"命令，然后在弹出的"前10个筛选"对话框中更改10为5，再单击"确定"按钮，结果如图5-29所示。

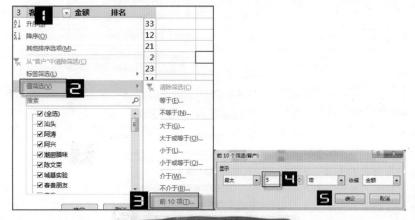

图5-28　设置前5个最大值　　　图5-29　前5个最大值

　　这个可以按最大、最小筛选，也能选择按"金额"或者"排名"筛选。上一次，你说要前8名，其实就是将5改成8，不用1分钟搞定。

领导：原来你找到窍门了，怪不得效率那么高。

卢子：谢谢夸奖。

5.2.8　让更改的数据源随时刷新

卢子：老大，你这几天有没有更改数据源？

领导：没有啊，怎么了？

卢子：这个数据透视表，跟函数不一样，如果数据源更改了，它自己不会自动更新。

领导：啊，还有这回事，那应该有办法让它更新吧？

卢子：这个可以用手动刷新，如图5-30所示，单击数据透视表任意单元格，然后右击并选择"刷新"命令。

图5-30 手动刷新

领导：你看我也一把年纪了，有时会忘记一些事情。你现在让我每次更改都要刷新，我哪里可以做到？

卢子：还有一种方法就是打开文件刷新功能。如图5-31所示，在"数据透视表选项"对话框中切换到"数据"选项卡，然后选中"打开文件时刷新数据"复选框，再单击"确定"按钮。

领导：打开文件刷新功能，那更改后，还在继续使用中的表，是不是不会自动刷新？

卢子：是啊，得文件保存后，下回打开才能自动更新。

领导：有没有更好的办法，让它随时随地更新？

卢子：可以利用VBA的工作簿事件，激活表格就会全部刷新。

领导：VBA我都不会，哪里懂得编写！

卢子：这个不用编写，录制个宏就行，宏会将我们的操作记录下来。其实说白了，就是一个免费劳工。

图5-31 打开文件刷新

STEP 01 如图 5-32 所示，在
"开发工具"选项卡
中，单击"录制宏"
按钮，在弹出的"录
制宏"对话框里，保
持默认设置不变，单
击"确定"按钮。

图5-32 录制宏的使用

STEP 02 如图5-33所示，在"数据"选项卡中单击"全部刷新"按钮。

图5-33 全部刷新

STEP 03 如图5-34所示，在"开发工具"选项卡中单击"停止录制"按钮。

图5-34 停止录制宏

STEP 04 如图5-35所示，单击"宏"按钮，找到我们刚刚录制的宏即"宏1"，单击"编辑"按钮。

图5-35 查找宏

STEP 05 如图5-36所示，可以看到我们刚才录制的宏，将ActiveWorkbook.RefreshAll复制出来，这个就是全部刷新的代码。

图5-36 查看代码

STEP 06 如图5-37所示，单击ThisWorkbook，然后在对象窗口选择Workbook，在过程窗口里选择SheetActivate，将ActiveWorkbook.RefreshAll粘贴过去，再删除无用代码，返回工作表。

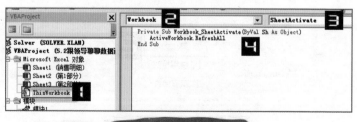

图5-37 工作簿事件

温馨提示

如果你对代码熟练的话，前面5步可以省略，直接在工作簿里输入代码就可以了。

虽然过程很烦琐，但一劳永逸，以后就不用担心数据源更新的问题了。如果有新表格，也可以将下面的代码复制过去使用。

```
Private Sub Workbook_SheetActivate(ByVal Sh As Object)
    ActiveWorkbook.RefreshAll
End Sub
```

领导：以后将你这句自动刷新语句复制、粘贴过去，直接盗用你的劳动成果就行。

卢子：老大，你还真省事，一步到位。这里使用VBA时需要注意一个问题，不能直接保存，如图5-38所示，而是要另存为Excel启用宏的工作簿，只有这样VBA才能正常使用。

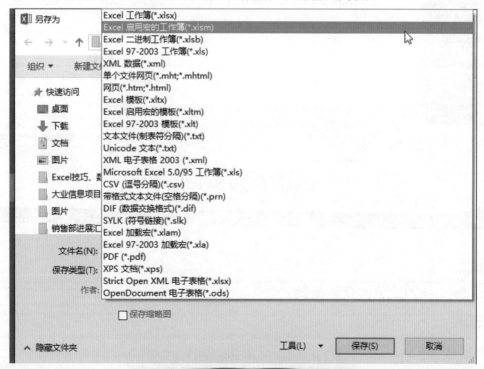

图5-38　另存为Excel启用宏的工作簿

默认情况下，Excel是没有"开发工具"这个功能，需要自己添加才可以。如图5-39所示，单击"文件"按钮，再选择"选项"命令，弹出"Excel选项"对话框，选择"自定义功能区"选项，选中"开发工具"复选框，单击"确定"按钮。

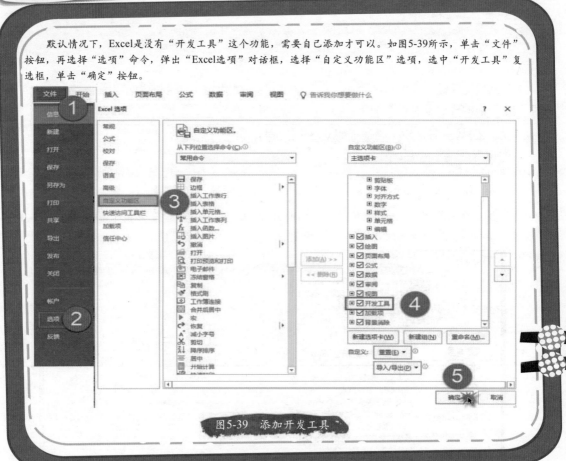

图5-39　添加开发工具

5.2.9　插入表格，让数据源"动"起来

卢子：老大，既然说到动态刷新的问题，就顺便给你说说动态数据源的问题。正常情况下我们创建的数据源区域都是固定的，如果在后面添加记录，数据透视表是没法自动统计进去的。

领导：那就把刚开始的区域改大点不就行了？

卢子：这样也是一种方法，但如果区域中有一个空
　　　单元格，日期就不能自动组合、值的汇总方
　　　式就变成计数，这样会造成很多麻烦。

领导：这样啊，数据透视表懂得不多，不懂这
　　　些。那你给我说说需要怎么做？

卢子：这个组合等下再跟你说，先告诉您怎么使创
　　　建的透视表能够动态统计数据源。很多人喜
　　　欢用定义名称法，不过我觉得这个不符合我
　　　们的懒人原则，凡事以简单操作为目的。

　　如图5-40所示，在"插入"选项卡中，
单击"表格"按钮，保持默认设置不变，再
单击"确定"按钮。用这个表格来创建数据
透视表，以后添加数据就能自动统计出来。

图5-40　插入表格

领导：这么简单，真的可以？

卢子：不信的话，你以表格作为数据源，先创建一个数据透视表，然后在最后一行输入记录试试。

领导：如图5-41所示，这个是我根据表格创建的数据透视表。

行标签	求和项:金额
出货	1484885
退货	76914
总计	1561799

图5-41　根据表格创建的数据透视表

　　如图5-42所示，最后一行是我新增加的记录。

	日期	客户	单号	产品名称	规格	单位	数量	单价	金额	出货管理
1688	2013/5/19	许森鑫	6单	190g优质腊肠	1×20包	包	15	130	1950	出货
1689	2013/5/19	许森鑫	6单	2.5kg金牌猪肉脯（合味）	1×2.5kg	件	15	115	1725	出货
1690	2013/5/19	阿涛	1单	散装腊肠	散装	斤	56.2	18	1012	出货
1691	2013/5/19	阿涛	1单	2.5kg金牌猪肉脯（合味）	散装	斤	5	26	130	出货
1692	2013/5/19	潮厨腊味	4单	100g潮厨猪肉脯（合味大脯）	1×20包	件	1	130	130	出货
1693	2013/5/19	潮厨腊味	4单	138g潮厨猪肉松（合味）	1×12罐	件	10	132	1320	出货
1694	2013/5/20	潮厨腊味	5单	139g潮厨猪肉松（合味）	1×13罐	件	10	132	1320	特殊

图5-42　增加记录

　　如图5-43所示，真的可以自动汇总出来，真的不可思议。

行标签	求和项:金额
出货	1484885
退货	76914
特殊	1320
总计	1563119

图5-43　自动汇总

卢子：有些功能虽然简单，但很好用。我现在创建的很多数据源都使用插入表格这种方法。

5.2.10 日期组合真奇妙

卢子：上文提到区域多选的危害，现在我模拟了一个情况，一起来看看。如图5-44所示，多选了一个行，创建数据透视表。

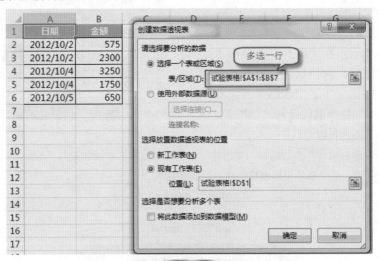

图5-44 区域多选

如图5-45所示，金额变成计数项，这个影响倒不是很大，可以更改值的汇总方式为求和，只是多了一步操作。

图5-45 金额变成计数项

如图5-46所示，直接组合，出现"选定区域不能分组"提示。

图5-46 选定区域不能分组

温馨提示

2003版、2007版及2010版三个版本区域出现空白都不能组合，只有2013版以后才可以。

领导：嗯，看来这些细节还是要注意。

卢子：如图5-47所示，选择任意一个日期，然后右击并选择"创建组"命令。在弹出的"组合"对话框中，选择"月""季度""年"三个步长，再单击"确定"按钮。图5-48所示为组合后的结果。

图5-47　日期组合

图5-48　日期组合后

当升级到Excel 2016的时候，你会发现非常神奇的一幕，在创建数据透视表时，将"日期"拉到行字段，不做任何处理，Excel就自动帮你组合好了，如图5-49所示。

图5-49　Excel 2016自动组合

如图5-50所示，单击折叠按钮(+)，发觉跟我们原来想要的组合效果一模一样，自动实现按年、季度、月组合，微软实在太贴心了！

领导：这个不是和我最先跟你提到的有些月份显示不了那个差不多吗？

卢子：是的，如果要让所有月份都显示也可以。

3	行标签	▼
4	⊟ **2012年**	
5	⊟ **第四季**	
6	10月	
7	11月	
8	12月	
9	⊞ **2013年**	
10	**总计**	
11		

图5-50 打开折叠按钮

STEP 01 如图5-51所示，单击任意月份，然后右击，从弹出的快捷菜单中选择"字段设置"命令。在弹出的"字段设置"对话框中，切换到"布局和打印"选项卡，选中"显示无数据的项目"复选框，再单击"确定"按钮。

STEP 02 如图5-52所示，取消一些没用日期的勾选，再单击"确定"按钮。

图5-51 显示无数据的项目

图5-52 取消无用日期勾选

STEP 03 如图5-53所示，右击，从弹出的快捷菜单中选择"数据透视表选项"命令，打开"数据透视表选项"对话框。在"布局和格式"选项卡的"对于空单元格，显示"文本框中输入0，再单击"确定"按钮。

图5-53 对于空单元格，显示0

STEP 04 最后改变布局，进行一些列美化。最终效果如图5-54所示。

求和项:金额		年		
季度	月份	2012年	2013年	总计
第一季	1月	0	358282	358282
	2月	0	7868	7868
	3月	0	374947	374947
第一季 汇总		0	741097	741097
第二季	4月	0	144964	144964
	5月	0	87551	87551
	6月	0	0	0
第二季 汇总		0	232515	232515
第三季	7月	0	0	0
	8月	0	0	0
	9月	0	0	0
第三季 汇总		0	0	0
第四季	10月	168310	0	168310
	11月	162998	0	162998
	12月	256879	0	256879
第四季 汇总		588187	0	588187
总计		588187	973612	1561799

图5-54 最终效果图

温馨提示

关于美化，我认为是次要的东西，不要太关注，所以省略不说。

领导：原来当初你是这样做到的，没想到一个日期可以变成这么多种花样来。

卢子：如果日期后面包含时间，还可以按时、分、秒分组。不过这个太精细了，用得不多。

领导：一般都是按月份、年份就够了。对了，里面还有个按日分组的功能，这个该不会是按每天组合吧，如果这样，那基本上有什么作用？

卢子：老大，还真是火眼金睛，这个都看到了。如图5-55所示，这个一般都是按周组合，一周7日，不过得更改起始值，也就是星期一的日期，终止值也就是星期天的日期。

领导：在我们公司也用不到这个按周组合，了解下就好。

卢子：嗯。

图5-55　按周组合

5.2.11　手工组合，实现客户分级

领导：既然说了那么多，我向你提要求的数据怎么
变出来，那就干脆一次性讲完，将客户分等
级也讲了吧。

卢子：好的，排序您都知道了，除了自动排序外还有
手工排序。其实，组合也一样，可以自动组
合，也可以手动组合。如图5-56所示，先创建
一个按"金额"降序的客户销售数据透视表。

出货管理	出货	
客户		金额
黄泽佳		254819
潮厨腊味		193946
方裕宣		190615
李光旭		167320
金石海		146547
许森鑫		94267
杨金志		48415
深圳黄佳雄		41220
东莞谢佳		40296
徐春辉		39100
翁俊雄		30475
阿涛		26231
黄让龙		23990

图5-56　按"金额"降序的客户销售数据透视表

STEP 01 选择金额大于10万的客户，然后右
击，从弹出的快捷菜单中选择"创建
组"命令，如图5-57所示。

图5-57　创建组

STEP 02 如图5-58所示，将"数据组1"拉到最
上面。

客户2	客户	金额
⊟汕头	汕头	2160
⊟阿涛	阿涛	26231
⊟阿兴	阿兴	9273
⊟数据组1	黄泽佳	254819
	潮厨腊味	193946
	方裕宣	190615
	李光旭	167320
	金石海	146547
⊟陈文荣	陈文荣	8040
⊟城基实验	城基实验	20150

图5-58　将"数据组1"拉到最上面

STEP 03 如图5-59所示，将剩下的客户全部选
择，然后右击再重新"创建组"一次。

图5-59　第二次创建组

STEP 04 对项目进行重命名、美化，最终效果
如图5-60所示。

出货管理	出货	
等级	**客户**	**金额**
	黄泽佳	254819
	潮厨腊味	193946
⊟ 重要客户	方裕宣	190615
	李光旭	167320
	金石海	146547
⊞ 普通客户		531638
总计		**1484885**

图5-60　美化后的效果

领导：这个手工组合原来还有点作用。对了，你这
　　　个效果的"＋""－"按钮是干吗用的？
卢子：这是"折叠""展开"按钮，单击"－"就
　　　是将所有客户折叠隐藏起来，单击"＋"就
　　　是将所有客户展开显示出来。一般普通客
　　　户只要知道"金额"就行，所以就将它隐
　　　藏起来。
领导：原来是这样。

5.2.12　善借辅助列，实现客户实际销售额分析

领导：其实，客户的出货金额并不能代表实际销售额，还得扣除退货额。只有看实际销售额，才能更好
　　　地为客户分等级。
卢子：实际销售额=出货-退货。如图5-61所示，可
　　　以在数据源中做一个辅助列，判断是出货
　　　或者退货，出货就是显示本身的值，退货
　　　就变成负数，然后重新创建数据透视表。

`=IF(J2=" 出货 ",I2,-I2)`

　　　重新创建数据透视表后，按照5.2.11节的
方法，最终得到如图5-62所示的效果。主要
客户的分组没有任何变化。

I	J	K
金额	出货管理	实际销售额
575	出货	575
2300	出货	2300
3250	出货	3250
1750	出货	1750
650	出货	650
310	出货	310
520	出货	520
420	出货	420
432	出货	432
102	退货	-102
12	退货	-12

图5-61　添加辅助列

211

出货管理	出货				等级	客户	实际销售额
等级	客户	金额					
	黄泽佳	254819				黄泽佳	243040
	潮厨腊味	193946				潮厨腊味	188658
重要客户	方裕宣	190615	←→	重要客户		方裕宣	162924
	李光旭	167320				李光旭	150919
	金石海	146542				金石海	140148
普通客户		531638		普通客户			522282
总计		1484885		总计			1407971

图5-62　两种效果对比

5.2.13　利用数据透视图让分析更直观

领导：数据透视表虽然很强大，可以从各个角度分析数据，但只是看数据并不直观，如果能够用图表展现那就更好了。

卢子：依据数据透视表生存的还有一个数据透视图，两者相结合，使得分析更快捷、直观。

领导：原来还有数据透视图，估计也很好用。

卢子：还行吧。

领导：那就以我们公司的销售记录进行一份简单的分析吧。

卢子：根据二八定律，抓住少数的但非常关键的因素进行分析，例如客户实际销售占比分析图。

图5-63所示是根据等级汇总销售额。

等级	实际销售额
重要客户	885689
普通客户	522282
总计	1407971

图5-63　根据等级汇总销售额

STEP 01 如图5-64所示，单击数据透视表的任意单元格，然后在"分析"选项卡里，单击"数据透视图"按钮，弹出"插入图表"对话框。选择"饼图"选项，单击"确定"按钮。

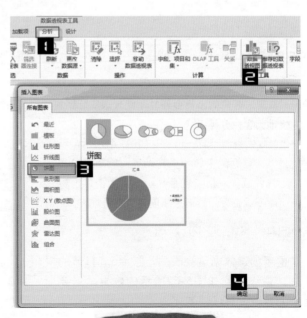

图5-64　插入饼图

默认生成的图表都比较"山寨"，所以90%以上的情况下得自己重新设置。

STEP《02 如图5-65所示，在"设计"选项卡中，选择"样式10"。

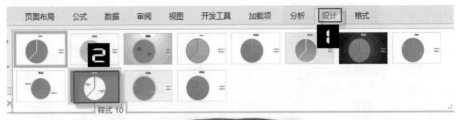

图5-65　设计样式

选择这个样式，只因有我们需要的等级占比数据而已，但通常配色都不理想。

STEP《03 双击饼图，如图5-66所示，设置填充色。选择最左边一列填充色，一次为两块形状设置颜色。

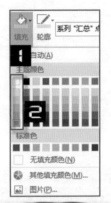

图5-66　填充颜色

温馨提示

如果不是专业人员，一般选择同一列的填充色，才不会出现乱搭配颜色。

STEP《04 如图5-67所示，选择"轮廓"选项，并设置线条为2.25磅，同样选择最左边的配色。

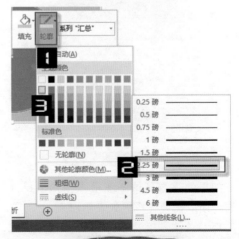

图5-67　设置轮廓

STEP 05 如图5-68所示，设置图表区格式为填充颜色，并选择填充色。

图5-68 设置图表区样式

通过前面5步，效果如图5-69所示。

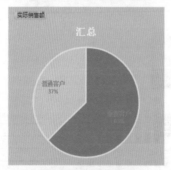

图5-69 效果图

如果外人看到这张图根本不知道是什么意思，所以需要在标题处表示出来。

将汇总改成客户实际销售占比分析图，如图5-70所示，再将按钮隐藏。

图5-70 隐藏字段按钮

微调整透视图，最终效果如图5-71所示。

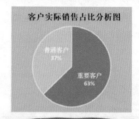

图5-71 最终效果

领导：这样看起来非常直观，重要客户占了63%，比例很大，需要重点对待。那再看看重要客户是由哪些人组成的，各自的销售额情况怎么样。

卢子：图5-72所示是重要客户各人员实际销售额。

等级	重要客户
客户	实际销售额
黄泽佳	243040
潮厨腊味	188658
方裕宣	162924
李光旭	150919
金石海	140148
总计	885689

图5-72 重要客户各人员实际销售额

STEP 01 单击"数据透视图"按钮，在弹出的"插入图表"对话框中,选择"柱形图"并单击"确定"按钮。在"设计"选项卡中,选择"样式13"。选择"图例"并按Delete键删除,效果如图5-73所示。

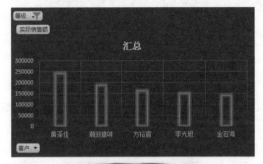

图5-73　柱形图

STEP 02 单击图例,然后右击并设置系列格式,将分类间距改成50%,如图5-74所示。

图5-74　设置分类间距

STEP 03 再对透视图做微调,最终效果如图5-75所示。

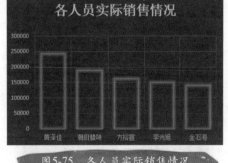

图5-75　各人员实际销售情况

领导:再看看这些人员主要销售了什么产品?

卢子:如图5-76所示,销售额最高的8款产品,实际销售额升序排序。

等级		重要客户
产品名称		实际销售额
190g优质腊肠		46114
400g优质腊肠		46894
190g优质枣肠		48664
散装腊肠		52525
200G连祥腊肉 咸肉		54473
138g潮厨猪肉松（咸味）		108509
228g潮厨猪肉脯（咸味小脯）		146679
2.5kg金牌猪肉脯（咸味）		195850
总计		**699708**

图5-76　销售额最高的8款产品

STEP 01 单击"数据透视图"按钮,弹出"插入图表"对话框,选择"条形图",并单击"确定"按钮。在"设计"选项卡中,选择"样式7"。选择"图例"并按Delete键删除,效果如图5-77所示。

图5-77　条形图

STEP 02 美化。最终效果如图5-78所示。

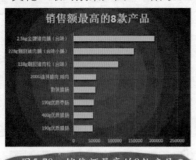

图5-78 销售额最高的8款产品

领导：有了这几张分析图，就可以跟老板提建议，以后把重点放在这几款产品上面，争取明年销售额更上一个台阶。

卢子：通过从重点中找重点，老大，您对柏拉图概念理解得真够透彻。

领导：没有数据透视表和透视图为分析提供辅助，再好的理念都是空谈。以后得提倡更多人向你学习数据透视表，这个真的很好用。通过这段时间的接触，真的长见识了。

卢子：老大，有机会跟您交流这些是我的荣幸。如果您能掌握数据透视表的真谛，那是我求之不得的事情。

领导：既然你都这么说了，那我回头再了解了解数据透视表。

卢子：那祝您数据透视表能力越来越好，以后分析越来越得心应手。

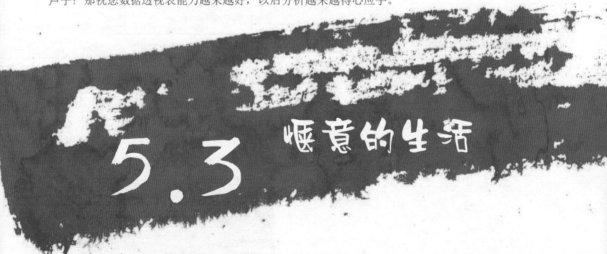

5.3 惬意的生活

本来还想找机会跟领导说说数据透视表，没想到他主动学习，真的是天助我也。经过这段时间的学习，估计他应该掌握得不错了，以后就不用为领导多变的要求发愁。现在先偷着乐，呵呵。

领导：我要4月份的各种费用。

卢子：好的。

如图5-79所示，各种费用我已经汇总好了，另外还有一个费用明细表，里面详细记录了每种产品的消费情况，如果您需要，到时可以重新汇总一下。老是让我更改也耽误老大的时间是不是，况且您也会数据透视表，呵呵。

领导：嗯，我先看看再说。

卢子：那我先忙其他的。

远远望去，领导正在拖拉着各种字段，还不时地听到细微的声音：这个应该这么放才对……

看来领导是亲自处理表格，前段时间的辛苦总算没白费，以后只要准备好数据源就万事大吉了。

产品名称	全额
电费	14741
易拉罐	11979
白糖	7000
排风扇、电话宽带	6000
肠衣等	5560
PVC垫大	5335
PVC垫小	3900
配料	2252
税	2183
华丰气	1722
酒	1600
鸡蛋	1096
麻仁粉	1040
杂费	280
英标王	240
大米	240
手机费	83
敌敌畏	30
总计	65281

图5-79　各种费用

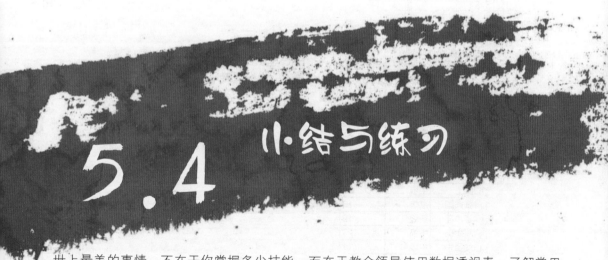

5.4　小结与练习

世上最美的事情，不在于你掌握多少技能，而在于教会领导使用数据透视表。了解常用的数据透视表技能，有朝一日你将会派上用场。通过数据透视表，你将轻而易举地完成各种数据分析。

1. 如图5-80所示，根据每年产品数量明细表，统计产品每年的数量和产品最大数量与最小数量2种统计。

	A	B	C	D	E	F	G	H	I	J	K
1	年	产品	数量		产品	年	求和项:数量		产品	最大数量	最小数量
2	2000	冰箱	234			2000	433		空调	4900	433
3	2000	彩电	322			2001	433		彩电	2375	322
4	2000	空调	433		空调	2002	456		冰箱	280	234
5	2001	冰箱	245			2003	470		总计	4900	234
6	2001	彩电	1333			2004	4900				
7	2001	空调	433		空调 汇总		6692				
8	2002	冰箱	250			2000	322				
9	2002	彩电	355			2001	1333				
10	2002	空调	456		彩电	2002	355				
11	2003	冰箱	270			2003	2375				
12	2003	彩电	2375			2004	380				
13	2003	空调	470		彩电 汇总		4765				
14	2004	冰箱	280			2000	234				
15	2004	彩电	380			2001	245				
16	2004	空调	4900		冰箱	2002	250				
17						2003	270				
18						2004	280				
19					冰箱 汇总		1279				
20					总计		12736				

图5-80　统计产品每年的数量和产品最大数量与最小数量

2. 如图5-81所示，根据人员职称培训天数明细表，统计每个职称的人数，培训天数10天为一组。

	A	B	C	D	E	F	G	H	I
1	姓名	职称	培训天数		计数项:姓名	列标签			
2	李方	初级	11		行标签	初级	高级	中级	总计
3	黄中	中级	13		1-10		1	1	2	4
4	李国英	初级	24		11-20	2	3	4	9
5	李小民	初级	8		21-30	3		3	6
6	王吕	高级	35		31-40	2	2	2	6
7	黄小水	高级	12		总计	8	6	11	25
8	江水	中级	15						
9	王国中	中级	7						
10	张三	中级	22						
11	张兴国	高级	12						
12	李小在	初级	18						
13	梁中国	中级	23						
14	加虽中	中级	11						
15	伯城	中级	15						
16	伍吕	中级	6						

图5-81　统计每个职称的人数

第6章

神奇的SQL语句

利用SQL可以做到很多我们觉得不可思议的事情，例如多表关联。函数、数据透视表，一遇到多表基本上都无能为力，而SQL却依然能够轻松应对。结合SQL，我们可以用Excel做小型的数据库，借助它达到系统的功能。另外，SQL是一门通俗易懂的语言，很容易掌握。下面一起跟着卢子了解SQL的精髓——查询语句。

6.1 系统是浮云

领导：最近公司打算引进系统来管理公司的数据，以后大家的工作就变得轻松了。

卢子：老大，您觉得我们公司有必要用系统吗？我认为500人以下的公司，用Excel足矣。

领导：现在数据日益庞大，光用Excel处理总感觉力不从心，有好多地方都处理不了。

卢子：啊？有这回事，比如呢？

领导：来料、生产、销售一条龙数据，这些会产生N个表，如果仅仅用Excel处理，难度会很大。

卢子：其实如果仅仅用内置的功能是很难做到，但如果结合SQL语句，会变得很简单。再说了，系统最便宜都要好几万，贵的几十万，还需要人员去维护。

领导：SQL有这么神奇？我还真的不信。

卢子：SQL跟数据透视表双剑合璧，数据处理再无难题。

领导：那SQL是什么，应该很难学吧？

6.2 SQL是神马

　　Excel中没有直接提供SQL帮助，但Excel的SQL语法跟Access非常相似，所以可以参照Access的帮助进行理解。

Access SQL 简介

如果要在数据库中检索数据，可以使用结构化查询语言，即 SQL。SQL 是一种近似于英语的计算机语言，数据库程序可以理解这种语言，你运行的每个查询都在后台使用 SQL。

了解 SQL 的工作原理可以帮助我们创建更好的查询，使你更容易理解如何修改一个不返回所需结果的查询。

SQL是神马

SQL 是一种用于处理多组事实和事实之间关系的计算机语言。Microsoft Office Access 等关系数据库程序使用 SQL 来处理数据。SQL 和许多计算机语言不同的是，即使对于初学者也不难阅读和理解。SQL 和许多计算机语言相同的是，它作为一种国际标准得到了标准化机构(如 ISO(International Standardization Organization)和ANSI(American National Standards Institute))的认可。

可以使用 SQL 描述有助于你从多组数据中获得想要的答案。在使用 SQL 时，必须使用正确语法。语法是一组规则，按这组规则将语言元素正确地组合起来。SQL 语法以英语语法为基础，它使用的许多元素与 Visual Basic for Applications (VBA) 语法相同。

例如，一个简单的 SQL 语句如下，该语句用于检索姓氏列表中名字是Mary的联系人。

```
SELECT Last_Name
```

```
FROM Contacts
WHERE First_Name = 'Mary'
```

注释 SQL 不仅用于操纵数据，而且用于创建和更改数据库对象(如表)的设计。用于创建和更改数据库对象的那部分 SQL 叫作数据定义语言(DDL)。本主题不涉及 DDL。有关详细信息，请参阅"使用数据定义、查询、创建或修改表或索引"一文。

更多内容请参考链接：

http://office.microsoft.com/zh-cn/access-help/HA010341468.aspx?CTT=1

领导：每次看这些就头大，你简单说明一下吧。

卢子：先通过网络上流传的两段征婚信息来了解 SQL语句。

男程序员征婚

```
select * from plmm where 未婚=true and 同性
恋=false and 条件 in (细心,温柔,体贴,会做家务,
会做饭,活泼,可爱,淑女,气质,智慧,不爱花钱) and
姓名 not in (凤姐,芙蓉姐姐,小月月) and 身高
between(160，170) and 年龄=18 order by 美丽
Desc
```

中文意思是：

从漂亮美眉中挑选配偶，同时符合下面条件：

未婚

不是同性恋

条件为细心,温柔,体贴,会做家务,会做饭,活泼,可爱,淑女,气质,智慧,不爱花钱

姓名不是凤姐,芙蓉姐姐,小月月

身高在160cm到170cm之间

年龄18岁

按相貌漂亮程度降序排序

女程序员征婚

SELECT * FROM 男人们 WHERE 未婚=true and 同性恋=false and 有房=true and 有车=true and 条件 in (帅气,绅士,大度,气质,智慧,温柔,体贴,浪漫,活泼,可爱,最好还能带孩子) and 年龄 between(24, 40) Order by 存款

中文意思：略。

呵呵，如果按照以上要求，估计很多人都得光棍。

说白了SQL就是一种结构化查询语言，容易阅读和理解。上面两段代码可以在数据库(plmm和"男人们")中找到符合条件的所有数据(对象)。而SELECT语句是最常用的一种语句，在Excel中99%都使用SELECT。需要说明的是，SQL不区分大小写。

领导：这样就容易理解了。对了，SQL是一种针对数据库的查询语言，难道Excel也能当数据库使用？

卢子：Excel其实是一款被别人轻视的软件，思想有多远，Excel就能走多远，她本身很多能力都还没被真正发掘出来。如果您把Excel当数据库使用，她就是数据库。大多数人只掌握了5%~10%的功能，如果您掌握50%以上功能就比90%的人要厉害。一句话，不要小瞧了Excel，她比您想象的更强大！

领导：白活了这么多年，Excel居然有这么强大的功能。那用SQL来查询各种数据，应该也可以做到。不过眼见为实，还是想看看你是怎么用SQL完成各种各样的查询。

6.3 试探性查询

6.3.1 认识SQL的储存地

卢子：如图6-1所示，明细表5张，参数表(产品清单、产品零售价)2张，总共7张表格，另外还有一张查询表，作演示使用。

 注　参数表只起到引用的作用。

| 查询表 | 猪肉费明细 | 杂费明细 | 生产明细 | 批发明细 | 零售明细 | 产品清单 | 产品零售价 |

图6-1　各类表格

一般我们到了一个陌生的地方，都会到处看看，以增加对这个地方的了解。SQL对大多数人而言属于陌生的语言，很多人都不知道它的存在，更不用说知道它储存在什么地方。

领导：如果不是今天听你说，我还真的不知道Excel中还有这个功能，你就说说看它是怎么使用的？

卢子：其实很多用了几年Excel的人都不知道这个功能，Excel并不是一款孤立的软件，很多时候也要借助外力，相应的选项在"数据"选项卡中，如图6-2所示。

领导：原来不止我一个人不知道。

卢子：有的功能藏得太深，如果不是有心人压根儿不会去注意。言归正传，一起来看看在Excel中怎么使用SQL。

STEP 01 浏览到"杂费明细"表。如图6-3所示，单击"数据"选项卡中的"现有连接"按钮，打开"现有连接"对话框。单击"浏览更多"按钮，找到"6.3试探性查询"工作簿的位置，双击打开，再选择"杂费明细$"，双击打开。

图6-2　"数据"选项卡

图6-3　浏览到"杂费明细"表

STEP 02 导入数据。如图6-4所示，有4种显示方式，正常都是用表的形式显示。数据的放置位置有两种：一种是现有工作表的位置，另一种是新工作表。我们将数据放在A1单元格，单击"确定"按钮。

如图6-5所示，回到查询表，就可以看到我们刚才导入的杂费明细。

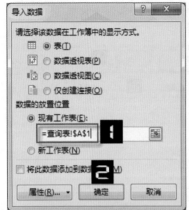

日期	客户	名称	单位	数量	单价（元）	金额（元）
2012/10/1	振义	麻仁酱	斤	200	9	1800
2012/10/10	三章	华丰气	瓶	2	115	230
2012/10/12	溪口	鸡蛋	件	1	210	210
2012/10/13	陈森宏	酒	斤	100	8	800
2012/10/1	溪口	鸡蛋	件	1	210	210
2012/10/8	溪口	鸡蛋	件	1	210	210
2012/10/1	宏艺	腊味彩盒	个	3020	3.6	10872
2012/10/1	宏艺	什锦礼包彩盒	个	2997	2.35	7043
2012/10/1	宏艺	潮思乐肉松彩盒	个	4000	2.1	8400
2012/10/1	宏艺	潮思乐肉脯彩盒	个	5000	1.75	8750
2012/10/15	振义	麻仁酱	斤	200	9	1800
2012/10/15	远源纸塑	果汁自动包装膜	kg	784	22	17248
2012/10/15	远源纸塑	版费	条	6	315	1890
2012/10/15	远源纸塑	XO酱自动包装膜	kg	505.4	22	11119
2012/10/15	远源纸塑	版费	条	6	315	1890
2012/10/15	远源纸塑	腊肉袋	个	10000	0.27	2700

图6-4 导入数据 　　　　　　　　　　　　图6-5 杂费明细

到处逛逛

STEP 01 如图6-6所示，单击"连接"按钮，就出现我们刚才连接到的工作簿。

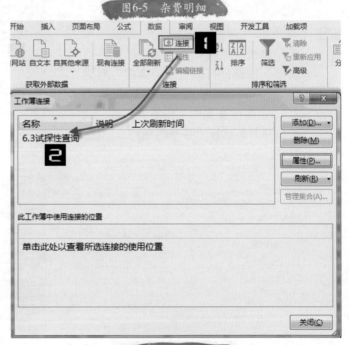

图6-6 工作簿连接

STEP 02 单击"属性"按钮，弹出"连接属性"对话框，如图6-7所示，在这里可以设置各种刷新情况。如果你的数据源经常变动，可以将刷新频率改成1分钟，以后每隔1分钟就自动刷新一次，从而自动获取动态的数据源。

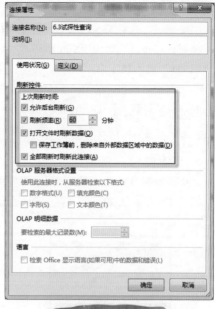

图6-7 刷新设置

STEP 03 切换到"定义"选项卡，如图6-8所示，可以看到我们连接文件的详细地址。在"命令文本"文本框中有我们查询的表格"杂费明细$"。命令文本就是SQL的储存地，一切神奇将从这里诞生。通过输入不同的SQL语句，可以产生各种我们需要的结果。

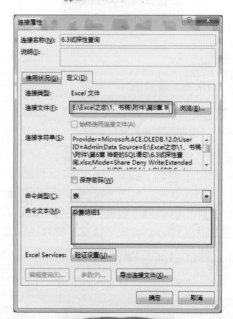

图6-8 SQL储存地

领导：原来藏在这里，藏得太深了。

卢子：严格来讲，我们刚才只是导入了外部数据源而已，还没开始使用SQL语句。"杂费明细$"也不属于SQL语句，仅仅代表一个工作表名而已。清空"命令文本"的内容，再输入第一条SQL语句。

```
select 客户,名称 from [杂费明细$]
```

领导：怎么没反应？

卢子：SQL和数据透视表，师出同门，需要手动刷新才可以。如图6-9所示，单击"全部刷新"按钮。

图6-9 全部刷新

效果如图6-10所示，得到杂费明细表的客户与名称两列数据。

领导：原来这就是SQL语句。

客户	名称
振义	麻仁酱
三章	华丰气
溪口	鸡蛋
陈森宏	酒
溪口	鸡蛋
溪口	鸡蛋
宏艺	腊味彩盒
宏艺	什锦礼包彩盒
宏艺	潮思乐肉松彩盒
宏艺	潮思乐肉脯彩盒
振义	麻仁酱
远源纸塑	果汁自动包装膜

图6-10 查询客户、名称

6.3.2 查询所有记录

领导：我现在想查看所有记录。

卢子：一气呵成输入SQL语句。

单击"数据"选项卡中的"现有连接"按钮，打开"现有连接"对话框。单击"浏览更多"按钮，找到"6.3试探性查询"工作簿的位置，双击打开，再选择"杂费明细$"，双击打开。在弹出的"导入数据"对话框中，更改数据的放置位置。单击"属性"按钮，打开"连接属性"对话框。切换到"定义"选项卡，清空"命令文本"框中的内容，然后输入语句：

```
select * from [杂费明细$]
```

输入全部字段名是可以做到的，但一般都不会这么写，而是用星号代替所有字段名，结果如图6-11所示。

日期	客户	名称	单位	数量	单价（元）	金额（元）
2012/10/1	振义	麻仁番	斤	200	9	1800
2012/10/10	三章	华丰气	瓶	2	115	230
2012/10/12	溪口	鸡蛋	件	1	210	210
2012/10/13	陈森宏	酒	斤	100	8	800
2012/10/1	溪口	鸡蛋	件	1	210	210
2012/10/8	溪口	鸡蛋	件	1	210	210
2012/10/1	宏艺	腊味彩盒	个	3020	3.6	10872
2012/10/1	宏艺	什锦礼包彩盒	个	2997	2.35	7043
2012/10/1	宏艺	潮思乐肉松彩盒	个	4000	2.1	8400
2012/10/1	宏艺	潮思乐肉脯彩盒	个	5000	1.75	8750
2012/10/15	振义	麻仁番	斤	200	9	1800
2012/10/15	远源纸塑	果汁自动包装膜	kg	784	22	17248
2012/10/15	远源纸塑	版费	条	6	315	1890

图6-11 查询所有记录

如果只是获取一列的数据，就用：

select 客户 from [杂费明细$]

 利用表格显示，一般都是重新输入SQL，而不会在"命令文本"框里修改。直接修改语句，原先的格式会对后面产生影响。后续的所有语句都是重新输入！

select的语法：

select 字段名 from [表格名$区域]

区域很多时候都省略，除非表格不规范才会写上。

6.3.3 查询不重复客户

领导：如果用select查询，得到的客户有重复的，怎么获取唯一值？

卢子：利用distinct可以去掉重复，效果如图6-12所示。

select distinct 客户 from [杂费明细$]

如果有多列需要去重复，可以用：

select distinct 客户,名称 from [杂费明细$]

也就是说只有客户与名称组合的项目一样才当作重复值处理，与删除重复项功能有点类似。

关键词distinct的语法：

select distinct 字段名 from [表格名$]

图6-12 查询不重复客户

6.3.4 查询符合条件的客户

领导：我想查询金额大于5000的客户、名称(产品)数据。

卢子：利用WHERE可以获取符合条件的值，效果如图6-13所示。

```
select 客户,名称 from [杂费明细$] where 金额(元)>5000
```

图6-13 查询金额大于5000的客户、名称

领导：我想查询的客户不包含"其他"。

卢子：不包含就用<> '其他'，效果如图6-14所示。

```
select 客户,名称 from [杂费明细$] where 客户 <> '其他'
```

图6-14 查询客户不包含"其他"的客户、名称

通过刚才的两个小例子知道，"文本条件"需要加单引号，数值不需要。

领导：我想查询"溪口"或者"振义"的客户、产品数据。

卢子：这个可以用OR来表示，只要符合其中一个就选择出来，效果如图6-15所示。

```
select 客户,名称 from [杂费明细$] where 客户= '溪口' or 客户= '振义'
```

其实也可以利用IN(条件1,条件2,条件n)来表示。当条件比较多时，用IN比较方便。

```
select 客户,名称 from [杂费明细$] where 客户 in( '溪口' , '振义' )
```

图6-15 查询"溪口"或者"振义"的客户、名称

领导：我想查询名称中包含膜的客户、产品数据。

卢子：利用LIKE语句结合通配符可以做到。"%"代表所有字符，"_"代表一个字符，效果如图6-16所示。

```
select 客户,名称 from [杂费明细$] where 名称 like '%膜%'
```

图6-16 查询名称中包含"膜"的客户、名称

如果是不包含，就用NOT LIKE。

```
select 客户,名称 from [杂费明细$] where 名称 not like '%膜%'
```

如果要获取8位字符，且最后一位是"膜"，可以用8个"_"。

> select 客户,名称 from [杂费明细$] where 名称 like '_____膜'

领导：我想知道2012-10-3至2012-10-9这段日期购买什么产品，花费了多少钱？

卢子：在某段日期之间用BETWEEN开始日期AND结束日期，效果如图6-17所示。

> select 名称,金额(元) from [杂费明细$] where 日期 between #2012/10/3# and #2012/10/9#

名称	金额（元）
鸡蛋	210
拜晴	350

图6-17 查询某个时间段的产品购买金额

WHERE是一个很常用的子句，跟高级筛选有点类似，可以获取符合条件的项目。语法如下：

> select 字段名 from [表格名$] where 字段名 条件

6.4 有目的统计

6.4.1 统计猪肉金额

领导：统计10月份购买猪肉的金额。

卢子：需要用到聚合函数SUM，这个跟工作表函数SUM的用法差不多，效果如图6-18所示。

> select sum(金额(元)) from [猪肉费明细$]

Expr1000
117723

图6-18 10月份购买猪肉金额

领导：怎么字段名叫Expr1000，看得我一头雾水。

卢子：这个是默认的字段名，可以由我们自己改，修改语法是：字段名 AS 别名。很多人喜欢叫我卢子，卢子就是我的一个别名，用SQL语句表示就是：陈锡卢 as 卢子。看不顺Expr1000，可以改成能够表达意思的字段名，如10月份购买金额，效果如图6-19所示。

```
select sum(金额(元)) as 10月份购买金额 from [猪肉费明细$]
```

温馨提示

因为日期只有10月份，没有其他月份的数据，可以取巧。标准写法为：

```
select sum(金额(元)) as 10月份购买金额 from [猪肉费明细$] where month(日期)=10
```

10月份购买金额 ▼
117723

图6-19　字段重命名效果

领导：这样看起来顺眼多了，如果要统计每个客户的猪肉金额呢？

卢子：可以使用GROUP BY给客户分组，效果如图6-20所示。

```
select 客户,sum(金额(元)) as 10月份购买金额 from [猪肉费明细$]
group by 客户
```

客户 ▼	10月份购买金额 ▼
其它	813
少华	6569
炳城	19282
秀枝	8538
老板	81248
阿钦	1273

图6-20　10月份每个客户购买金额

领导：这样看起来有点乱，如果能够按金额降序排序就更好了。

卢子：排序用ORDER BY 字段号(字段名) ASC(升序)/DESC(降序)，效果如图6-21所示。

```
select 客户,sum(金额(元)) as 10月份购买金额 from [猪肉费明细$]
group by 客户 order by 2 desc
```

客户 ▼	10月份购买金额 ▼
老板	81248
炳城	19282
秀枝	8538
少华	6569
阿钦	1273
其它	813

图6-21　按金额降序排列

温馨提示

与SUM同系列的函数还有AVG(平均值)、MAX(最大值)、MIN(最小值)，这些都常用。

分组和排序的语法：

```
select 字段名,聚合函数 from [表格名$] group by 字段名 order by 字段名(字段号)asc(desc)
```

6.4.2 统计批发和零售金额

领导：我现在想知道批发和零售各销售多少金额。

卢子：因为两个表分开，所以要通过UNION ALL将两个表合并才可以。

为了使语句更容易理解，我将语句拆成4部分。

合并语句：

```
select 金额(元) from [批发明细$] union all select 金额(元) from [零售明细$]
```

标示语句：

```
select '批发' as 项目,金额(元) from [批发明细$] union all
select '零售',金额(元) from [零售明细$]
```

筛选语句：

```
select '批发' as 项目,金额(元) from [批发明细$] where 出货管理='出货' union all
select '零售',金额(元) from [零售明细$]
```

汇总语句：

```
select '批发' as 项目,sum(金额(元)) as 销售额 from [批发明细$] where 出货管理='出货' union all
select '零售',sum(金额(元)) from [零售明细$]
```

通过简单的合并，看不出金额是批发还是零售，只有看了标示才知道。标示后，批发有出货跟退货金额，只统计出货金额，就得先筛选出来，最后再进行统计。其实SQL语句跟函数差不多，都在玩积木堆积游戏，如图6-22所示。

金额(元)
575
2300
3250
1750
650
310
520
420
432
102
12
64

项目	金额(元)
批发	575
批发	2300
批发	3250
批发	1750
批发	650
批发	310
批发	520
批发	420
批发	432
批发	102
批发	12
批发	64

项目	金额(元)
批发	575
批发	2300
批发	3250
批发	1750
批发	650
批发	310
批发	520
批发	420
批发	432
批发	425
批发	864
批发	1188

项目	销售额
批发	156571
零售	6316

图6-22 统计批发和零售金额

多表合并，其实就是通过UNION ALL将各个表格连接起来，语法如下：

```
select 字段 from [表1$] union all
select 字段 from [表2$] union all
select 字段 from [表3$]
```

6.4.3 统计产品用量

领导：批发的产品没有统一单位，能否汇总各大类产品的用量吗？

卢子：产品清单记录了每一个规格的产品的用量，只要将两个表格关联起来就可以汇总。前面知道WHERE语句可以筛选符合条件的值，其实多表关联也可以用WHERE语句，效果如图6-23所示。

```
select c.分类,sum(c.含量(斤)*p.数量) as 用量 from [产品清单$]c,[批发明细$]p
where p.出货管理= ' 出货 ' and c.产品名称=p.产品名称 and c.规格=p.规格 and c.单位=p.单位
group by c.分类 order by 2 desc
```

用函数的思路来解读SQL语句：

```
select c.分类,sum(c.含量(斤)*p.数量) as 用量 from [产品清单$]c,[批发明细$]p
where p.出货管理= ' 出货 'and c.产品名称=p.产品名称 and c.规格=p.规格 and c.单位=p.单位
group by c.分类 order by 2 desc
```

忽略加阴影部分及c、p这些字母，我们只要知道是按分类汇总用量，并按用量降序排序。

加阴影部分解读：表WHERE条件，我们知道是筛选符合条件的值。这里的表允许有多个，也就是两个表中同时满足产品名称、规格及单位三列相同，就筛选出来。

字母c、p的含义：它们是表格的表名，c就是"产"的首字母，p就是"批"的首字母，目的是使语句更简短，容易阅读。

分类	用量
小晴	3531.304
腊肠	2097
肉松	452.68
大晴	302
肉条	81
腊肉 咸肉	64

图6-23　统计产品用量

如果看不懂上面的语句，没关系，跟着我再看看下面的一个小例子。

《西游记》，很多人都看了无数遍，现在根据里面的4个人物特点进行关联。如图6-24所示，人物表和特点表有共同的字段编号，通过编号可以将两表相同的字段——"人物"和"特点"关联起来，效果如图6-25所示。

```
select r.人物,t.特点 from [人物$]r,[特点$]t where r.编号=t.编号
```

图6-24　共同字段编号　　　　　　　图6-25　人物特点

多表关联的语法：

```
select 别名1.字段1,别名2.字段2 from [表1$]别名1,[表1$]别名2 where 别名1.相同字段=别名2.相同字段
```

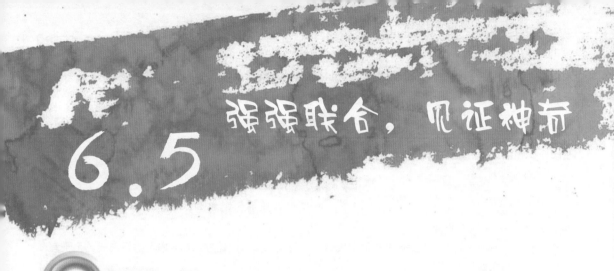

6.5 强强联合，见证神奇

6.5.1 进销存分析

领导：如何根据生产、销售数据，进行进销存分析？

卢子：分三部分来看数据，为了直观地看懂字段名，这里全部采用了别名，让字段名统一。如图6-26所示，在导入数据的时候使用数据透视表，让SQL语句更简短，容易解读。

图6-26 使用数据透视表

生产的产品按损坏率10%计算，每生产100斤产品实际进库量只有90斤。

select 产品,生产量*0.9 as 进库量 from [生产明细$]

批发的数据跟产品清单进行关联，可获得产品销售数量(出货管理排除退货)。

select c.分类 as 产品,c.含量(斤)*p.数量 as 销售量 from [产品清单$]c,[批发明细$]p
where p.出货管理= '出货 ' and c.产品名称=p.产品名称 and c.规格=p.规格 and c.单位=p.单位

零售的数据正常情况下都是散装，零售的数量等同于销售数量，如图6-27所示。

select 产品名称 as 产品,数量 as 销售量 from [零售明细$]

产品	▾	求和项:进库量
大脯		90
腊肠		4950
腊肉 咸肉		252
肉松		1620
肉条		450
小脯		3690
总计		11052

产品	▾	求和项:销售量
大脯		302
腊肠		2097
腊肉 咸肉		64
肉松		452.68
肉条		81
小脯		3531.304
总计		6527.984

产品	▾	求和项:销售量
大脯		13.68
腊肠		27
肉松		43.19
肉条		3.48
小脯		126.03
总计		213.38

图6-27　三表分开汇总

通过观察，三个表总共有三个字段名：产品、进库量和销售量，但每个表都只有两个字段名，缺少一个，怎么办呢？

领导：我看你前面可以用SQL添加没有的字段名，这里也应该可以通过添加字段名进行统一。至于怎么添加我不清楚。

卢子：其实添加没有的字段，与添加辅助列是一样的意思。如生产表现在没有销售量，说明销售量为0，也就是添加一个销售量为0的字段，如图6-28所示。

产品	求和项:进库量	求和项:销售量
大脯	90	0
腊肠	4950	0
腊肉 咸肉	252	0
肉松	1620	0
肉条	450	0
小脯	3690	0

```
select 产品,生产量*0.9 as 进库量,0 as 销售量 from [生产明细$]
```

图6-28　添加销售量

用同样的方法将其余两表补足字段名，然后合并，效果如图6-29所示。

```
select 产品,生产量*0.9 as 进库量,0 as 销售量 from [生产明细$]
union all
select c.分类 as 产品,0 as 进库量,c.含量(斤)*p.数量 as 销售量 from [产品清单$]c,[批发明细$]p
where p.出货管理='出货' and c.产品名称=p.产品名称 and c.规格=p.规格 and c.单位=p.单位
union all
select 产品名称 as 产品,0 as 进库量,数量 as 销售量 from [零售明细$]
```

产品	▾	求和项:进库量	求和项:销售量
大脯		90	315.68
腊肠		4950	2124
腊肉 咸肉		252	64
肉松		1620	495.87
肉条		450	84.48
小脯		3690	3657.334
总计		11052	6741.364

图6-29　三表合并

到这一步已经完成了90%的工作，剩下的就是获取库存值，这个可以通过插入计算字段得到。如图6-30所示，在"数据透视表工具"选项卡的"分析"组中单击"字段、项目和集"按钮，选择"计算字段"，然后在弹出的"插入计算字段"对话框中，将"名称"更改为"库存量"，"公式"改为"=进库量-销售量"，再单击"确定"按钮。

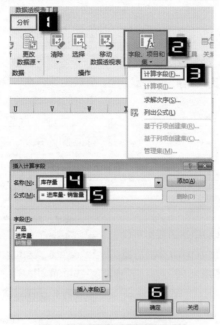

图6-30 插入计算字段

再对数据透视表稍作改变，最终效果如图6-31所示。

产品	进库量	销售量	库存量
腊肠	4950	2124	2826
肉松	1620	496	1124
肉条	450	84	366
腊肉 咸肉	252	64	188
小脯	3690	3657	33
大脯	90	316	-226
总计	11052	6741	4311

图6-31 插入计算字段

温馨提示

产品实际上还得考虑期初的问题，期初就是上一个月的库存量。

领导：这个月的腊肠生产太多了，下个月要减少生产。另外，小脯跟大脯下个月要多生产一些。

6.5.2 资金流动分析

领导：我这里有一份库存单价，如图6-32所示。你大概算算库存的产品有多少金额。

产品	单价
腊肠	17
肉松	27
肉条	32
腊肉 咸肉	18
小腩	23
大腩	28

图6-32 库存单价

卢子：既然有库存单价，用VLOOKUP函数将单价引用过来，然后用SUMPRODUCT汇总就可以了，效果如图6-33所示。

```
=VLOOKUP(A2,库存单价!A:B,2,0)
=SUMPRODUCT(D2:D7,E2:E7)
```

	A	B	C	D	E
1	产品	进库量	销售量	库存量	库存单价
2	腊肠	4950	2124	2826	17
3	肉松	1620	496	1124	27
4	肉条	450	84	366	32
5	腊肉 咸肉	252	64	188	18
6	小腩	3690	3657	33	23
7	大腩	90	316	-226	28
8	总计	11052	6741	4311	87906

图6-33 库存金额

领导：库存金额还不少，8万多的产品，平常可以卖半个月了。你再算算这个月老板的现金流动情况。

卢子：现金增加额=批发+零售-猪肉费-杂费，将这4项涉及现金的表格合并起来，然后再统计，效果如图6-34所示。

通过观察发现两个问题。

金额为计数项：在数据透视表里介绍过，只要数据源存在一个空单元格就会显示计数项，这里可以将金额限制为非空，即金额is not null。

总计：这里的总计并不是我们需要的，可以删除总计，然后添加计算项解决。

```
select '批发' as 项目,iif(出货管理=' ';出货',金额(元),-金额(元)) as 金额 from [批发明细$]
union all
select '零售',金额(元) from [零售明细$]
union all
select '猪肉费',金额(元) from [猪肉费明细$]
union all
select '杂费',金额(元) from [杂费明细$]
```

行标签	计数项:金额
零售	94
批发	251
杂费	31
猪肉费	172
总计	548

图6-34 4表合并

限制金额为非空，效果如图6-35所示。

```
select * from
(select '批发' as 项目,iif(出货管理='出货',金额(元),-金额(元)) as 金额 from [批发明细$]
union all
select '零售',金额(元) from [零售明细$]
union all
select '猪肉费',金额(元) from [猪肉费明细$]
union all
select '杂费',金额(元) from [杂费明细$])
where 金额 is not null
```

行标签 ▼	求和项:金额
零售	6316
批发	144832
杂费	114224
猪肉费	117723
总计	383095

图6-35　限制金额为非空

删除总计，如图6-36所示，在"设计"组中单击"总计"按钮，再选择"对行和列禁用"。

图6-36　删除总计

添加现金增加额计算项，如图6-37所示，在"分析"组中单击"字段、项目和集"按钮，选择"计算项"命令，然后在弹出的"在'项目'中插入计算字段"对话框中，将"名称"更改为"现金增加"，"公式"改为"=批发+零售−杂费−猪肉费"，再单击"确定"按钮。

图6-37　插入计算项

最终效果如图6-38所示。

项目 ▼	金额
零售	6316
批发	144832
杂费	114224
猪肉费	117723
现金增加	-80799

图6-38　现金减少

领导：当老板看到这红红的现金减少金额，估计心在滴血。

卢子：是啊，我们老板只看表面数据，不看实际数据。现金减少不一定赔钱，有很多东西都被转换成库存值。

领导：不过老板是粗人，跟他解释不一定有用，以后还是得减少一些开支才行。

卢子：那系统就别用了，给老板省去一笔费用，要不他更心疼。

领导：既然Excel本身有这么强大的功能，用不用系统关系不大，以后数据处理这一块就交给你负责。

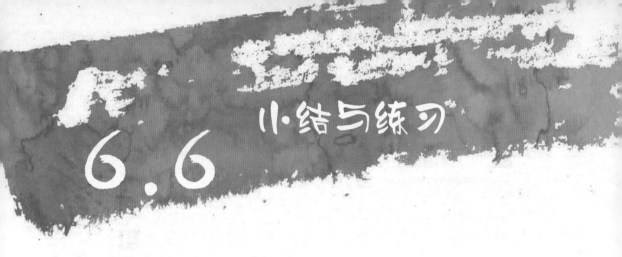

6.6 小结与练习

SQL语句可以很复杂，但实际用到的都是一些很基础的语法，只要记住常见的三种语法：SELECT查询语法、联合查询语法和多表关联查询语法，绝大多数的问题都可以解决。再联合数据透视表，数据分析再无难题。

当然有的时候并不需要输入SQL语句，前提是你懂得MQ(信息队列)或者Access，这是后话。

SELECT查询语法：

```
select {distinct/top} 字段 { as 字段别名} from 表
{where 分组前约束条件}
{group by 指定分组依据}
{having 分组后约束条件}
{order by 指定排序方式}
```

联合查询语法：

```
select 字段 {as 字段别名} from 表1
union all
select 字段 {as 字段别名} from 表2
…
union all
select 字段 {as 字段别名} from 表n
```

多表关联查询语法：

```
select {表名称.}字段 { as 字段别名} from 表1,表2, …表n {where 约束条件}
```

在上述语法中，{ }符号内的内容为可选部分，可省略。

1. 如图6-39所示，根据人员明细表，统计所属部门的人数。

	A	B	C	D	E	F	G	H
1	姓名	性别	所属部门	职务	出生日期			
2	刘晓晨	男	总经理办公室	总经理	1963-12-12			
3	石破天	男	总经理办公室	副总经理	1965-6-18		所属部门	人数
4	蔡晓宇	女	总经理办公室	副总经理	1979-10-22		人力资源部	7
5	祁正人	男	总经理办公室	秘书	1986-11-1		信息部	5
6	张丽莉	女	总经理办公室	秘书	1982-8-26		后勤部	5
7	孟欣然	女	人力资源部	职员	1983-5-15		国际贸易部	7
8	毛利民	男	人力资源部	经理	1982-9-16		总经理办公室	5
9	马一晨	男	人力资源部	副经理	1972-3-19		技术部	9
10	王浩忌	男	人力资源部	职员	1978-5-4		生产部	7
11	王嘉木	男	人力资源部	职员	1981-6-24		财务部	6
12	丛赫敏	女	人力资源部	职员	1972-12-15		销售部	11
13	白留洋	女	人力资源部	职员	1971-8-22			
14	王玉成	男	财务部	副经理	1978-8-12			
15	蔡齐豫	女	财务部	经理	1961-7-15			

图6-39　统计所属部门的人数

2. 如图6-40所示，根据固定资产超年限使用明细表获取最大原值和最小原值。

	A	B	C	D	E	F	G	H
1		固定资产超年限使用明细表						
2	固定资产名称	规格型号	数量	原值	单价		最大原值	最小原值
3	手持气动直升机	MQT-50	1	5,850.00			415982.92	4444.44
4	手持气动直升机	MO-50	1	4,444.44				
5	邦直升机	ZQS-50/300	1	4,900.00				
6	手持气动直升机	ZQS-50/300		4,900.00				
7	手持邦机	ZQS-50/300		4,900.00				
8	直升机	ZQS-50/300		4,899.99				
9	直升机	MQT-70		17,000.00				
10	直升机	MQT-70		20,250.01				
11	锚杆钻机	MQT-70C		21,000.00				
12	冷水机组	MQTC70C		35,852.20				
13	冷水机组	ICW1520D	1	415,900.84	415900.84			
14	锚杆钻机	ICW1240D	1	415,982.92	415982.92			
15	锚杆钻机	MQTC70C		21,000.00				

图6-40　获取最大原值和最小原值

3. 如图6-41所示，在含有各种统计的明细表中，去除多余的汇总、总计项。

	A	B	C	D	E
1	**城市**	**销量**		**城市** ▼	**销量** ▼
2	北京	4617		北京	4617
3	北京	4426		北京	4426
4	北京	3053		北京	3053
5	北京	3233		北京	3233
6	**北京 汇总**	15329		成都	1892
7	成都	1892		成都	3325
8	成都	3325		成都	3650
9	成都	3650		成都	2724
10	成都	2724		广东	2621
11	**成都 汇总**	11591		广东	2163
12	广东	2621		广东	1234
13	广东	2163		广东	3394
14	广东	1234		广东	4087
15	广东	3394		上海	3148

图6-41 去除多余的汇总、总计项

温馨提示

第5章、第6章是我第一份工作的表格，为了使各种功能讲解更符合逻辑，我将它移到这里。如果你留意的话，我在第5章就采用了"穿越"这个词。

第7章

学E千日，用在一时

　　我们学Excel为了什么？一方面，为了能够提高工作效率；另一方面，总幻想有朝一日能够在老板面前大展身手。现在机会来了，老板需要一份2011年度数据分析报告，就看你能不能把握这个机会？一起来看看卢子是怎么将几年所学，通过一份分析报告呈现出来的。

7.1 年度数据分析

领导：卢子，老板刚交代工作下来，让你对リラード(小天使)的年度数据进行分析，可别出差错哦！

卢子：好的。老板那边有没有其他特别交代？另外，我们部门有没有年度分析的模板？

领导：老板倒没特别交代，但リラード(小天使)那边一直是我们公司最主要的供应商，占据三分之一的产品，可见老板对リラード(小天使)非常重视。年度分析报告要靠自己构思，现在都什么年代了，要有创新精神。创新归创新，一定要体现数据分析的重点，在各项数据分析中，应该重点选取关键指标。

卢子：这个任务可不轻，容我好好考虑。

领导：为了保证数据的准确性，我把全部供应商的出货检查记录给你作为参考，同时结合你平常记录的数据，再认真核对下。如图7-1所示，就是全部供应商出货检查记录。

卢子：谢谢老大，有这份数据源，我就省心多了，不用再全部数据核对，只需核对跟您有差异的月份数据就行。我先去核对数据去了，有问题再找您。

领导：好的。

	A	B	C	D	E	F	G	H	I	J	K
1	日期	供应商	番号	颜色	日期印	检查员	人数	检查数	出货数	不良数	合·否
239	2011/1/25	金イ		#N/A	110118	鄭	5	50	420	1	合
240	2011/1/25	金イ		#N/A	110118	鄭	5	80	730	3	合
241	2011/1/25	金イ		#N/A	110118	鄭	5	50	490	9	否
242	2011/1/25	金イ		#N/A	110118	鄭	5	80	790	0	合
243	2011/1/25	東莞宇光		#N/A	110123	藩	4	50	400	2	合
244	2011/1/25	東莞宇光		#N/A	110123	藩	4	50	400	2	合
245	2011/1/25	リラード（介護）	48916	BR	1101030103	盧	4	35	29	6	否
246	2011/1/25	リラード（介護）	48906	BR	1101030103	盧	4	17	14	3	否
247	2011/1/26	リラード（小天使）	98133	#N/A	1101240126	盧	4	60	60	0	否
248	2011/1/26	南海MAX	49336	GR	110124	鄧	3	32	100	0	合
249	2011/1/26	南海MAX	49371	P	110124	鄧	3	32	100	0	合
250	2011/1/26	南海MAX		S V	110122	鄧	3	125	3000	0	合
251	2011/1/26	南海MAX		S V	110118	鄧	3	125	4000	0	合
252	2011/1/26	南海MAX		S V	110122	鄧	3	315	5000	1	合
253	2011/1/26	南海MAX		S V	110118	鄧	3	315	20000	0	合

图7-1　全部供应商出货检查记录

7.1.1　数据核对

给老板的数据一定要谨慎，基础数据必须真实、完整。即使每个月已经将数据核对了一次，但给老板的数据至少还要核对3次以上，保证万无一失。不要因为你一时的疏忽而让老板做出错误的决定。

卢子回到了座位上，打开以前的明细表，如图7-2所示，这才发觉以前记录的数据缺失，数据从2011/4/1开始记录，也就是前面3个月的数据没有。哎，数据用时方恨少！没办法，先把这些数据核对了再做下一步打算。

	A	B	C	D	E	F	G	H
1	日期	分钟	小时	人数	番号	出货数	检查数	不良数
2	2011/4/1	120	2	3	40065	142	142	0
3	2011/4/1	540	9		40066	616	626	10
4	2011/4/2	30	0.5	3	40061	31	35	4
5	2011/4/2	120	2		40066	128	149	21
6	2011/4/2	75	1.25		40062	61	63	2
7	2011/4/6	60	1	5	93657	197	201	4
8	2011/4/6	360	6		93657	1140	1171	31
9	2011/4/7	120	2	5	93657	263	268	5
10	2011/4/7	360	6		43010	1176	1222	46
11	2011/4/8	300	5	5	43010	819	830	11
12	2011/4/9	240	4	4	43010	804	825	21

图7-2　小天使出货检查记录

将两份表格放在一个工作簿中，方便核对。既然是两个表格，先借助SQL将两表合并，然后用数据透视表核对。将月份拖到行字段，将出货数、检查数、不良数拖到值字段，并将供应商拖到列字段，效果如图7-3所示。

列标签	全部			小天使					
行标签	计数项:检查数	计数项:出货数	计数项:不良数	计数项:检查数	计数项:出货数	计数项:不良数	计数项:检查数汇总	计数项:出货数汇总	计数项:不良数汇总
1	2	2	2				2	2	2
2	1	1	1				1	1	1
3	9	9	9				9	9	9
4	25	25	25	25	25	25	50	50	50
5	11	11	9	9	9	9	20	20	18
6	10	10	10	10	10	10	20	20	20
7	17	17	17	17	17	17	34	34	34
8	20	20	20	20	20	20	40	40	40
9	2	2	2	2	2	2	4	4	4
10				7	7	7	7	7	7
11	10	10	10	10	10	10	20	20	20
12	25	25	25	26	26	26	51	51	51
总计	132	132	130	126	126	126	258	258	256

图7-3　简单布局

```
select "全部" as 供应商,month(日期) as 月份,出货数,检查数,不良数 from [全部供应商$]
```

```
where 供应商 like "%小天使%"
union all
select "小天使" as 供应商,month(日期) as 月份,出货数,检查数,不良数 from [小天使$]
where year(日期)=2011
```

 数据透视表整理

右击，删除汇总。然后依次将检查数、出货数、不良数的汇总依据更改为求和。接着简单美化该表，让数据更清楚。

通过上面三步得到图7-4所示的效果。

供应商 ▼	值					
	全部			小天使		
月份 ▼	检查数	出货数	不良数	检查数	出货数	不良数
1	219	217	2	0	0	0
2	33	33	0	0	0	0
3	4514	4411	103	0	0	0
4	8235	8025	210	8235	8025	210
5	2244	2696	50	2244	2696	50
6	1371	1340	31	1371	1340	31
7	3364	3287	77	3364	3287	77
8	4697	4650	47	4697	4650	47
9	278	278	0	278	278	0
10	0	0	0	447	389	22
11	1783	900	114	1783	900	114
12	4028	3929	89	4476	4381	95
总计	30766	29766	723	26895	25946	646

图7-4 初步整理

 插入计算项

名称为：差异。

公式为：= '全部' - 小天使

效果如图7-5所示。

供应商 ▼	值								
	全部			小天使			差异		
月份 ▼	检查数	出货数	不良数	检查数	出货数	不良数	检查数	出货数	不良数
1	219	217	2	0	0	0	219	217	2
2	33	33	0	0	0	0	33	33	0
3	4514	4411	103	0	0	0	4514	4411	103
4	8235	8025	210	8235	8025	210	0	0	0
5	2244	2696	50	2244	2696	50	0	0	0
6	1371	1340	31	1371	1340	31	0	0	0
7	3364	3287	77	3364	3287	77	0	0	0
8	4697	4650	47	4697	4650	47	0	0	0
9	278	278	0	278	278	0	0	0	0
10	0	0	0	447	389	22	-447	-389	-22
11	1783	900	114	1783	900	114	0	0	0
12	4028	3929	89	4476	4381	95	-448	-452	-6
总计	30766	29766	723	26895	25946	646	3871	3820	77

存在异常

图7-5 插入计算项

除了1~3月没有数据外，只有10月和12月两个月的数据存在差异，既然发现了问题，赶紧找原始报表重新核对。

因为核对会对数据源进行改动，利用VBA的工作表事件，可以让数据透视表自动刷新。

```
Private Sub Worksheet_Activate()
    ActiveSheet.PivotTables("数据透视表1").PivotCache.Refresh
End Sub
```

如图7-6所示，利用筛选选择2011年10月和12月的数据。如果是低版本，可以用辅助列=MONTH(A2)获取月份。

卢子好像听到Excel在对自己说：我只能帮到这里了，剩下的得靠你细心查看原始报表，认真输入数据。

卢子翻开10月份的原始数据，一个一个地核对……

接着翻开12月份的原始数据，一个一个地核对……

最后再回到1~3月份的数据，一个一个地输入……

时间一分一秒地过去，半天的时间就过去了。这时卢子总算松了一口气，完成了数据核对工作，领导提供的表格数据完全正确。接下来就是数据分析了，这个更考验人。

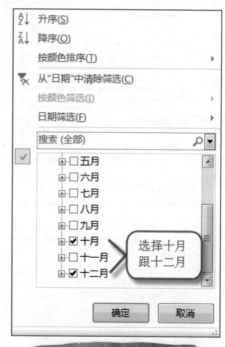

图7-6　筛选10月和12月

7.1.2 数据汇总

通过核对，知道领导提供的表数据是正确的，但领导的表格包含所有供应商的数据，现在只需要对小天使的数据进行总结。

如图7-7所示，利用筛选挑选出包含"小天使"的所有项目。由于领导输入的小天使供应商出现两种形式，所以现在要选择两个小天使。按快捷键Ctrl+A全选筛选后的数据，然后将数据复制到小天使数据源工作表，并调整列宽，将不需要的列删除，如图7-8所示。

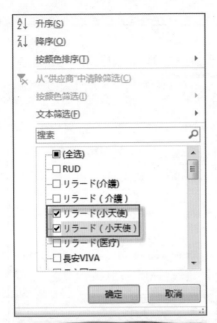

图7-7 筛选包含"小天使"的项目

	A	B	C	D	E
1	日期	番号	检查数	出货数	不良数
2	2011/1/26	98133	60	60	0
3	2011/1/27	98133	159	157	2
4	2011/2/22	98133	33	33	0
5	2011/3/26	93657	710	702	8
6	2011/3/27	93657	616	601	15
7	2011/3/27	40061	240	224	16
8	2011/3/28	40061	272	260	12
9	2011/3/28	40062	546	540	6
10	2011/3/29	40062	775	756	19
11	2011/3/30	40062	120	120	0
12	2011/3/30	40065	434	416	18
13	2011/3/31	40065	801	792	9

图7-8 整理后的效果

如果按"番号"细分，产品种类太多，不利于解读数据。所以，这里利用辅助列，将型号从产品清单引用过来，效果如图7-9所示。

```
=VLOOKUP(B2,产品清单!B:D,3,0)
```

	A	B	C	D	E	F
1	日期	番号	检查数	出货数	不良数	型号
2	2011/1/26	98133	60	60	0	H142
3	2011/1/27	98133	159	157	2	H142
4	2011/2/22	98133	33	33	0	H142
5	2011/3/26	93657	710	702	8	R102
6	2011/3/27	93657	616	601	15	R102
7	2011/3/27	40061	240	224	16	H126
8	2011/3/28	40061	272	260	12	H126
9	2011/3/28	40062	546	540	6	H126
10	2011/3/29	40062	775	756	19	H126
11	2011/3/30	40062	120	120	0	H126
12	2011/3/30	40065	434	416	18	H126

图7-9 获取型号

 按月份汇总

汇总数据首选数据透视表，简单快捷。

将"日期"拖到行字段，将"检查数""出货数"拖到值字段。

将日期按月份分组。

更改"检查数""出货数"的汇总依据为求和。

经过这三步，得到图7-10所示的效果。

行标签	求和项:检查数	求和项:出货数
1月	219	217
2月	33	33
3月	4514	4411
4月	8235	8025
5月	2244	2696
6月	1371	1340
7月	3364	3287
8月	4697	4650
9月	278	278
11月	1783	900
12月	4028	3929
总计	30766	29766

图7-10 按月份汇总

对小天使是按全数检查，还需要考虑良品率问题。

添加计算字段, 将名称改为"良品率", "公式"输入"=出货数/检查数"。

将"良品率"的单元格格式改为"百分比"。

效果如图7-11所示, 发现5月份数据的"良品率"为120%, 明显有问题。

行标签	求和项:检查数	求和项:出货数	求和项:良品率
1月	219	217	99%
2月	33	33	100%
3月	4514	4411	98%
4月	8235	8025	97%
5月	2244	2696	120%
6月	1371	1340	98%
7月	3364	3287	98%
8月	4697	4650	99%
9月	278	278	100%
11月	1783	900	50%
12月	4028	3929	98%
总计	30766	29766	97%

图7-11 添加良品率

怎么回事呢?

难道数据透视表汇总出错, 这不太可能啊?

难道我核对的时候不细心? 也不太可能啊, 我已经核对了一早上!

考虑了几分钟, 先看看5月份的数据源再说。如图7-12所示, 原来2011/5/3和2011/5/20两天的出货检查数据存在异常。难道这两天是使用AQL(Acceptable Quality Level)的抽检水准来检查?

卢子再次翻看了原始报表, 发现还真的有这么回事, 这两天真的是抽检。

卢子一遍又一遍地回忆当初的事情, 毕竟已经过去半年多了。想了很久终于想到原因, 原来这两天因人手不够, 无法全数检查, 科长批准采用抽检。采用不同的检查手段, 抽检数据肯定不能真实将数据混在一起分析, 需要排除掉抽检的数据。

如图7-13所示, 添加检查手段标示。

日期	番号	检查	出货	不良	型号
2011/5/3	93667	50	480	2	H216
2011/5/3	93667	402	400		H216
2011/5/20	93667	50	120	0	H216
2011/5/20	93668	164	157	7	H276
2011/5/21	93668	742	724	18	H276
2011/5/23	41321	153	144	9	H276
2011/5/24	41321	271	266	5	H276
2011/5/24	41323	393	386	7	H276
2011/5/25	41323	19	19	0	H276
2011/5/26	41321	0	0		H276
2011/5/26	41323	0	0		H276

图7-12 数据存在异常

日期	番号	检查	出货	不良	型号	检查手段
2011/5/3	93667	50	480	2	H216	抽检
2011/5/3	93667	402	400		H216	
2011/5/20	93667	50	120	0	H216	抽检
2011/5/20	93668	164	157	7	H276	
2011/5/21	93668	742	724	18	H276	
2011/5/23	41321	153	144	9	H276	
2011/5/24	41321	271	266	5	H276	
2011/5/24	41323	393	386	7	H276	
2011/5/25	41323	19	19	0	H276	
2011/5/26	41321	0	0		H276	
2011/5/26	41323	0	0		H276	

图7-13 添加检查手段

添加了一列，数据透视表没办法反映出来。利用组合键Alt+D+P调出数据透视表向导，先按组合键Alt+D，再按P键单击"上一步"按钮，将选定区域"小天使数据源!$A$1:$F$158"中的F改成G，再单击"完成"按钮，如图7-14所示。

图7-14 更改选定区域

将检查手段拖到筛选器(页字段)，筛选空白，如图7-15所示。

检查手段	(空白)		
行标签	求和项:检查数	求和项:出货数	求和项:良品率
1月	219	217	99%
2月	33	33	100%
3月	4514	4411	98%
4月	8235	8025	97%
5月	2144	2096	98%
6月	1371	1340	98%
7月	3364	3287	98%
8月	4697	4650	99%
9月	278	278	100%
11月	1783	900	50%
12月	4028	3929	98%
总计	30666	29166	95%

图7-15 筛选空白

按型号汇总

有了按日期汇总的数据透视表，再按型号汇总就变得异常简单了。直接复制数据透视表，再取消对日期字段的选中，将"型号"拖到行字段即可，效果如图7-16所示。

检查手段	(空白)				检查手段	(空白)		
行标签	求和项:检查数	求和项:出货数	求和项:良品率		行标签	求和项:检查数	求和项:出货数	求和项:良品率
1月	219	217	99%		H126	8298	8126	98%
2月	33	33	100%		H142	1891	1847	98%
3月	4514	4411	98%		H216	3059	3040	99%
4月	8235	8025	97%		H276	7862	7656	97%
5月	2144	2096	98%		H6284	1898	997	53%
6月	1371	1340	98%		R102	7658	7500	98%
7月	3364	3287	98%		总计	30666	29166	95%
8月	4697	4650	99%					
9月	278	278	100%					
11月	1783	900	50%					
12月	4028	3929	98%					
总计	30666	29166	95%					

图7-16 按型号汇总

不要以为数据汇总就是用数据透视表简单汇总就可以了，还要考虑实际情况。一旦脱离实际情况，汇总也就失去了意义。

7.1.3　数据分析

绘制图表

汇总出来的数据并不能直接交给老板，还需要使用图表呈现出来。为了制图方便，可将数据透视表的汇总结果复制到新表格，并添加目标值，效果如图7-17所示。

月份	检查数	出货数	良品率	目标
1月	219	217	99%	98%
2月	33	33	100%	98%
3月	4514	4411	98%	98%
4月	8235	8025	97%	98%
5月	2144	2096	98%	98%
6月	1371	1340	98%	98%
7月	3364	3287	98%	98%
8月	4697	4650	99%	98%
9月	278	278	100%	98%
11月	1783	900	50%	98%
12月	4028	3929	98%	98%

图7-17　按月份汇总数据

选择月份、良品率和目标三列，插入二维折线图，效果如图7-18所示。

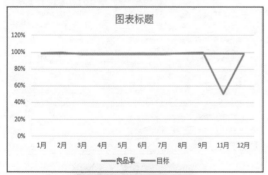

图7-18　二维折线图

默认的图表实在不敢恭维，实在太粗糙，不堪入目。

更改坐标轴

除了11月以外，"良品率"都是90%以上，更改坐标轴的最小值为0.9，最大值为1.0，如图7-19所示。

图7-19　更改坐标轴

设置系列

将"良品率"系列的线条改成平滑线，如图7-20所示。

图7-20　设置平滑线

美化，最终效果如图7-21所示。

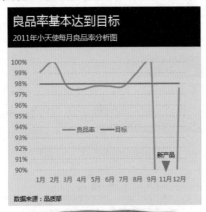

图7-21　月份良品率分析图

利用同样的方法，绘制型号分析图，效果如图7-22所示。

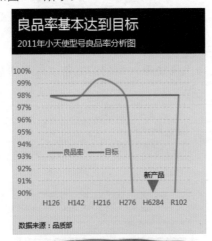

图7-22　型号良品率分析图

 报告呈现

卢子：老大，数据分析报告我已经做好了，如图7-23所示，你看看有什么地方需要修改？

领导：这么快就好了，昨晚应该加班了吧？

卢子：加了一会儿班而已，老板交代的任务我可不敢轻视。费了九牛二虎之力终于完成了，但愿我的分析没有白费。

领导：我看看。报告做得挺简洁，基本问题都能提到，还不错。但还有一个问题没提到，就是新产品的具体不良项目，知道不良项目是什么，才能寻求解决方案。另外注意一下，图表中存在错别字，出现了两个每月，这个问题需要特别注意。

卢子：这是我的疏忽，不好意思，我马上改正。另外我再补充了不良项目分析柏拉图，新产品确实让人头疼，良品率实在太低。

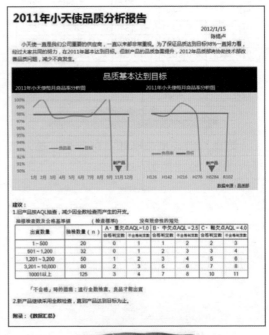

图7-23　分析报告

 柏拉图简介

什么是柏拉图(排列图)？

根据搜集到的数据，按不良原因、不良状况、不良发生位置等不同区分标准，以寻求占最大比率之原因、状况或位置的一种图形。柏拉图又叫排列图，它是将质量改进项目从最重要到最次要顺序排列而采用的一种图表。柏拉图由一个横坐标、两个纵坐标、几个按高低顺序("其他"项例外)排列的矩形和一条累计百分比折线组成。

柏拉图(排列图)格式如图7-24所示。

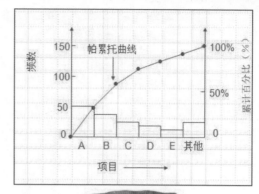

图7-24　柏拉图

柏拉图的主要用途如下。

(1) 按重要顺序显示出每个质量改进项目对整个质量问题的作用。

(2) 识别进行质量改进的机会，即识别对质量问题最有影响的因素，并加以确认。

以上是对品质管理工具之一的柏拉图的介绍，其中柏拉图遵循二八定律，即：

(1) 80%的问题由20%的原因引起；

(2) 80%的索赔发生在20%的生产线上；

(3) 80%的销售额由20%的产品带来；

(4) 80%的品质成本由20%的品质问题造成；

(5) 80%的品质问题由20%的人员引起。

柏拉图是每个品质人员必须掌握的一种手法，非常重要。

 实际实例

图7-25所示为新产品不良统计表。

　因换工作，新产品不良统计数据丢失，以上为模拟数据。

	A	B	C	D
1	不良项目	不良数	不良率	累积不良率
2	A	400	44%	44%
3	B	300	33%	78%
4	C	70	8%	85%
5	D	65	7%	93%
6	E	30	3%	96%
7	其他	36	4%	100%

图7-25　新产品不良统计表

按住Ctrl键，选择A2:A7跟C2:D7，然后插入组合图形，次坐标轴选中系列2，如图7-26所示。这个是Excel 2013版新增的功能，让绘制组合图形变得更简单。

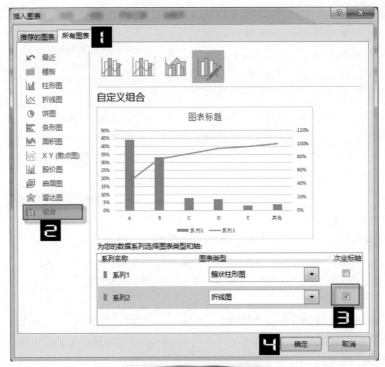

图7-26 插入组合图形

单击系列2，在编辑栏更改引用位置，将D2改成D1。

```
=SERIES(,不良分析柏拉图!$A$2:$A$7,不良分析柏拉图!$D$2:$D$7,2)
=SERIES(,不良分析柏拉图!$A$2:$A$7,不良分析柏拉图!$D$1:$D$7,2)
```

单击系列1，将分类间距改为0%。

将两个垂直的坐标轴，最小值改为0，最大值改成1，主要刻度改成0.2。

添加次要横坐标轴，坐标轴位置：显示在刻度线上，标签位置改为无。

如图7-27所示，基本模型已经出来，只需进一步美化即可完成。

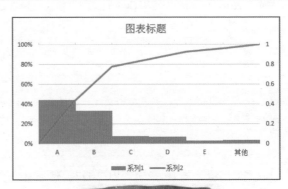

图7-27 柏拉图模型

美化效果如图7-28所示。

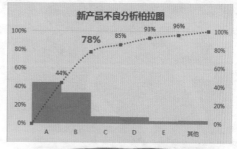

图7-28 新产品不良分析柏拉图

由图7-28可知，不良项目A、B两项占了78%的不良，需要作为重点改善的对象。

如图7-29所示，报告再次呈现……

卢子：老大，麻烦你再看看现在的报告可以不？

领导：这回比第一次好多了，孺子可教也。回头我再仔细看看，没问题的话，我帮你转交给老板。

卢子：谢谢！

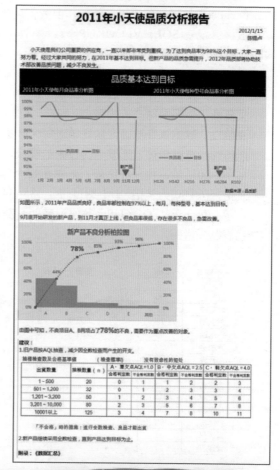

图7-29 2011年小天使数据分析

7.2 小结与练习

Excel博大精深，包含很多技能，但我们只要用其20%的技能就能够完成绝大部分的工作。学好数据透视表(SQL)+VLOOKUP函数+图表，完成一份分析报告就变得简单多了。分析一定要结合业务，不能脱离实际，数据一定要保证正确。

最后说一下分析报告的写作原则。

规范性：使用术语要前后统一、规范。

重要性：体现数据分析的重点。

谨慎性：数据保证准确，认真核对每个数据。

创新性：与时俱进，不要老用过去的模板，要学会创新。

如图7-30所示，根据成绩表，汇总出每个等级的人数，并制作饼图。等级判断为：[0-59]为不及格，[60-80]为及格，[81-84]为良，[85-100]为优秀。

提示：可通过VLOOKUP函数作为辅助列获取等级，再进行数据透视表汇总，最后根据数据透视表制作饼图。

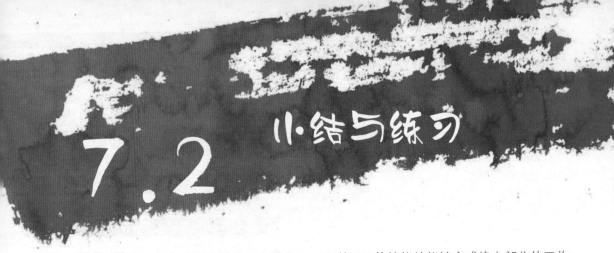

图7-30 汇总出每个等级的人数，并制作饼图

254

第8章

在娱乐中学习

学习Excel很大程度上是为了提高工作效率，但如果仅仅是为了工作，会变得很没趣。在工作之余，用Excel做点其他的事情，玩玩也挺好的，工作娱乐两不误。函数与公式是Excel最好玩的功能，卢子自从学了函数与公式以后，游戏也少玩了，水平也提高了。当然，其他功能也可以玩。这一章的重点只有一个字：玩！以函数为主，其他知识点为辅进行讲解。

8.1 模仿手机功能

现在智能手机越来越普及，我们除了觉得智能手机好用外，有没有想过这些功能是怎么实现的？如果把Excel当成智能手机的话，如何完成这些功能？卢子的手机是安卓系统，现在就以安卓手机为例，进行说明。

8.1.1　手机号码的显示格式

 如图8-1所示，怎么让手机号码显示为"### #### ####"的形式？

	A	B
1	手机号	显示形式
2	15276580050	152 7658 0050
3	15215138107	152 1513 8107
4	15666212009	156 6621 2009
5	18731922378	187 3192 2378
6	13656375815	136 5637 5815
7	15091305302	150 9130 5302
8	18696934939	186 9693 4939
9	13863236788	138 6323 6788

图8-1　手机号码显示形式

 改变数字的显示形式，首选TEXT，想怎么变就怎么变。在"4.4.9百变神君TEXT"那里已经提到，如果要让20100525变成日期形式，可以用0/00/00。同理，现在分隔符是空格，只需将/换成空格就行。

```
=TEXT(A2,"0 0000 0000")
```

0就是占位符，后面8位号码为固定，就用8个0代替。0也可以代表所有数字，可以不用3个0表示。在这里也可以将0换成#。在很多时候0等同于#，但两者并不一样。

```
=TEXT(A2,"# #### ####")
```

如果是电话号码与手机号码混合呢？电话号码是7位连在一起。

 只需做一个判断即可，用LEN确定号码的长度，如果是7位就显示原值，11位就用空格分隔开。

```
=IF(LEN(A2)=7,A2,TEXT(A2, "0 0000 0000"))
```

8.1.2 姓名简称

 如图8-2所示，姓名显示最后一位汉字，符合我们潮汕地区的习惯。我们叫人就叫最后一个字，怎么做到这种效果呢？

	A	B
1	姓名	简称
2	老大	大
3	老二	二
4	老三	三
5	锦兄	兄
6	家庭	庭

图8-2 姓名简称

 提取字符离不开MID、LEFT和RIGHT三兄弟，这里是提取右边一位，就用RIGHT。

```
=RIGHT(A2,1)
```

 提取一位，RIGHT的第2个参数可以省略不写。

```
=RIGHT(A2)
```

 这种是常规的姓名，现在很多人喜欢用英文名，如Mrchen，不显示简称。如果存在中文和英文两种形式的姓名，怎么获取简称？

英文名的字节数等于字符数，也就是LEN()=LENB()，利用这个特点就可以提取。

```
=IF(LEN(A2)=LENB(A2),"",RIGHT(A2))
```

 有些人会用两个号码，第一个就用家庭，第二个用家庭1。这种如果要提取最后一位汉字，也就是庭。

 这种情况可以判断最后一个汉字的位置，怎么判断最后一个汉字的位置呢？

在Excel中规定，只要大于或等于"吖"就属于汉字，"吖"是最小的汉字。利用这个特点，我们可以提取每一位字符跟"吖"比较，就知道它是不是汉字，然后获取最后一个汉字的位置。

正常情况下，姓名字符都不会超过10位，为了保险起见，提取1~15位，逐一跟"吖"比较。

MID(A2,ROW($1:$15),1)>="吖"

最后一位也就是用Max获取最大的位数。

MAX((MID(A2,ROW($1:$15),1)>="吖")*ROW($1:$15))

除了用MAX外，还可以用LOOKUP，这个函数也可以查找最后一个满足条件的值。

LOOKUP(1,0/(MID(A2,ROW($1:$15),1)>="吖"),ROW($1:$15))

如果你对MATCH了解透彻的话，就知道MATCH用在这里最好。第三个参数省略，效果与LOOKUP类似，就是查找最后一个满足条件的值的位置。

MATCH(1,0/(MID(A2,ROW($1:$15),1)>="吖"))

综上，提取最后一位汉字最简洁的方法为：

=IFNA(MID(A2,MATCH(1,0/(MID(A2,ROW($1:$15),1)>="吖")),1),"")

为了防止因没有汉字而出错，加IFNA进行容错。如果你是个足够稳妥的人，用IFERROR容错。因公式为数组公式，所以需要按组合键Ctrl+Shift+Enter结束。

8.1.3 防骚扰

 如图8-3所示，如果陌生人来短信，也就是通讯录不存在此号码，提示骚扰短信；如果有存在，就显示姓名，该怎么做？

	A	B	C	D	E
1	通讯录			信息拦截	
2	手机号	姓名		信息	提示
3	152 7658 0050	老大		187 3192 2378	王五
4	152 1513 8107	老二		188 3192 2378	骚扰短信
5	156 6621 2009	老三		10659240768	骚扰短信
6	187 3192 2378	王五			
7	136 5637 5815	张三			
8	150 9130 5302	Mrchen			
9	186 9693 4939	李四			

图8-3 信息拦截

 利用VLOOKUP函数查找通讯录里是否有存在对应的姓名，有的话显示姓名，没有的话显示#N/A，然后用容错函数IFNA，让错误值显示"骚扰短信"。

=IFNA(VLOOKUP(D3,A:B,2,0),"骚扰短信")

 当然这种判断并不完全正确，毕竟陌生信息有可能是好友更换了新手机号，也说不定。

利用关键词进行短信拦截：超低价、赢好礼、色情。如图8-4所示，只要短信存在关键词，就提示"垃圾短信"。

	A	B	C	D
1	关键词		短信	提示
2	超低价		%%%%免费赢好礼，，，，，	垃圾短信
3	赢好礼		%%%%800元超低价，，，，，	垃圾短信
4	色情		晚安	

图8-4 关键词

```
=IF(COUNT(FIND($A$2:$A$4,C2)),"垃圾短信","")
```

数组公式需要按组合键Ctrl+Shift+Enter结束。利用FIND查找短信是否包含关键词，只要存在关键词就显示位置这个特点。COUNT统计数字的个数，只要有数字就是"垃圾短信"。

Q 如图8-5所示，经常会有响一声就挂掉的电话，如果这种电话是陌生人打来的，就提示"骚扰电话"；如果是熟悉的人打来的，就提示姓名。如果一直响铃，陌生电话就提示号码，熟悉的人就提示姓名。又该如何做？

	G	H	I
1	**电话拦截**		
2	电话	响铃次数	提示
3	187 3192 2378	响一声	王五
4	188 3192 2378	一直响	188 3192 2378
5	10659240768	响一声	骚扰电话
6	150 9130 5302	一直响	Mrchen

图8-5 电话拦截

A 也就是说，熟悉的人不管响铃次数为多少，都显示姓名；而陌生电话要做区分，如果一直响就提示号码，否则就提示"骚扰电话"。一共存在三种可能。

判断语句1：用COUNTIF判断通讯录中是否存在号码，有就显示1，也就是显示姓名；没有就显示0，再执行判断。

判断语句2：利用IF来判断响铃的次数。

```
=IF(COUNTIF(A:A,G3),VLOOKUP(G3,A:B,2,0),IF(H3="一直响",G3,"骚扰电话"))
```

标准写法：COUNTIF(A:A,G3)=1，判断语句1在这里等同于TRUE，可以不用进行判断。

Q 有的时候，我们讨厌某人，不想看见他的电话，就可以将他拉入黑名单，以后再也看不到他的电话。如我不想看到号码187 3192 2378，来电不会有任何提示，该怎么做？

A 利用IF进行简单判断即可，当然也可以结合电话拦截的功能进行完善，不过这里不提供公式。

```
=IF(G4="187 3192 2378","",G4)
```

8.1.4 联系人去重复

只要存在手机号、姓名或者手机号和姓名重复三种情况，都会提示资料重合，建议合并。如图8-6所示，我对合并的理解就是只显示第一个，后面出现的自动删除。怎么根据这三种情况删除重复项呢？

	手机号	姓名			手机号	姓名			手机号	姓名			手机号	姓名
	152 7658 0050	老大			152 7658 0050	老大			152 7658 0050	老大			152 7658 0050	老大
	152 1513 8107	老二			152 1513 8107	老二			152 1513 8107	老二			152 1513 8107	老二
	156 6621 2009	老三			156 6621 2009	老三			156 6621 2009	老三			156 6621 2009	老三
	187 3192 2378	王五			187 3192 2378	王五			187 3192 2378	王五			187 3192 2378	王五
	136 5637 5815	张三			136 5637 5815	张三			136 5637 5815	张三			136 5637 5815	张三
	150 9130 5302	Mrchen			150 9130 5302	Mrchen			150 9130 5302	Mrchen			150 9130 5302	Mrchen
	186 9693 4939	李四			186 9693 4939	李四			186 9693 4939	李四			186 9693 4939	李四
	187 9693 4939	李四			187 9693 4939	李四			152 7658 0050	陈六			187 9693 4939	李四
	152 7658 0050	陈六											152 7658 0050	陈六
	通讯录				根据手机号去重复				根据姓名去重复				根据手机号跟姓名去重复	

图8-6 联系人去重复

如图8-7所示，单击单元格A2，在"数据"选项卡中单击"删除重复项"按钮，如果根据手机号去重复就将"姓名"选中去除，如果是根据姓名去重复就将"手机号"选中去除，如果根据两者去重复就保持默认不变，再单击"确定"按钮。这时会弹出有多少个重复项，只需再次单击"确定"按钮即可。

提取不重复值有很多种方法：高级筛选、数据透视表、公式和SQL，但我一直以来都认为删除重复项是最快捷的办法。

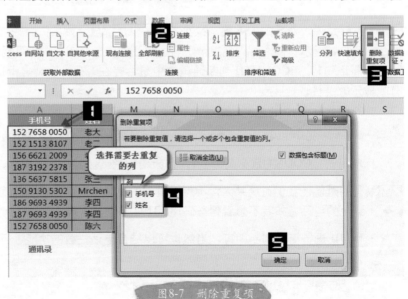

图8-7 删除重复项

8.1.5 智能拨号

智能手机可以通过输入某些数字，得到包含这些数字的号码信息；也可以通过输入某个字，出现包含这些字的号码信息。在Excel中怎么实现通过输入字符获得相关信息呢？

利用筛选中的搜索功能，如按手机号码搜索，只要输入其中几位数字，就会出现相应的手机号码。同理，按照这个搜索功能输入某个汉字，也会出现相关的人员。如图8-8所示，取消对"(选择所有搜索结果)"复选框的选中，然后选择你需要的号码或者人员，重新选中就可以了。

图8-8 智能筛选

其实，搜索功能还隐藏了另一个功能，它可以多次搜索筛选。如图8-9所示，选中"将当前所选内容添加到筛选器"复选框，就可以进行多次搜索筛选，与我们打电话后将记录储存有点类似。

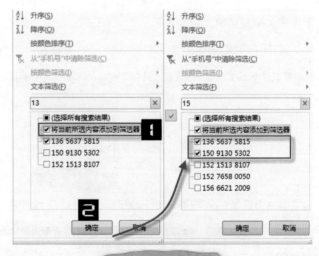

图8-9 多次筛选

8.1.6　QQ通讯录开启人员

 新版的手机QQ提供了通讯录功能，只要QQ中有人员开启通讯录功能，就会自动在QQ
上提示加为好友。如图8-10所示，有可能是利用两个表格关联获得(实际上更可能是两个
数据库关联)。怎么进行表格关联呢？

	A	B	C	D	E	F
1	手机号	姓名			手机号	QQ通讯录开启情况
2	152 7658 0050	老大			152 7658 0050	开启
3	152 1513 8107	老二			152 1513 8107	
4	156 6621 2009	老三			156 6621 2009	
5	187 3192 2378	王五			187 3192 2378	开启
6	136 5637 5815	张三			136 5637 5815	
7	150 9130 5302	Mrchen			150 9130 5302	开启
8	186 9693 4939	李四			186 9693 4939	
9						
10						
11						
12						
13			姓名 ▽	添加提示 ▽		
14			老大	加为好友		
15			王五	加为好友		
16			Mrchen	加为好友		

图8-10　QQ通讯录开启人员

 表格关联首选SQL语句。

先筛选开启QQ通讯录的手机号，为了便于理解，叫新表，如图8-11所示。

```
select 手机号 from [QQ通讯录开启人员$e:f] where QQ通讯录开启情况='开启'
```

手机号 ▽
152 7658 0050
187 3192 2378
150 9130 5302

图8-11　新表

只要将A:B区域的表与新表进行关联，就可以获得开启QQ通讯录的人员。

```
select a.姓名,'加为好友' as 添加提示 from [QQ通讯录开启人员$a:b]a,新表 where a.手机号=新表.手机号
```

将两语句合并：

select a.姓名, '加为好友 ' as 添加提示 from [QQ通讯录开启人员$a:b]a, (select 手机号 from [QQ通讯录开启人员$e:f] where QQ通讯录开启情况= '开启 ')新表 where a.手机号=新表.手机号

其实也可以不用进行两表关联，而用两次筛选语句同样可以做到。第一次筛选开启QQ通讯录的手机号，第二次再从手机号中进行筛选，IN就是只要包含多个手机号中的一个就筛选出来。

select 姓名, '加为好友 ' as 添加提示 from [QQ通讯录开启人员$a:b] where 手机号 in (select 手机号 from [QQ通讯录开启人员$e:f] where QQ通讯录开启情况= '开启 ')

最后再提供一种新语法，SQL中真正的连接，听说这种效率最高。

select a.姓名, '加为好友 ' as 添加提示 from [QQ通讯录开启人员$a:b]a right join (select 手机号 from [QQ通讯录开启人员$e:f] where QQ通讯录开启情况= '开启 ')新表 on a.手机号=新表.手机号

右连接：right join；
内部连接：inner join；
左连接：left join；
效率排序：right(left)join>where>inner join。
正常情况下，不考虑效率问题，哪一种用得熟练就用哪一种。

8.2 其实我是算命的

曾经因几个戏说帖子，导致后来弄假成真，跟紫陌谈了一场一年多的恋爱。为了纪念这段爱情，重新整理帖子，将以前半途而废的事完整展现出来。

8.2.1 戏说生辰八字

话说上回卢子托LOOKUP大哥的福，认识了IT部落的大美女——紫陌，详见"4.4.6LOOKUP潮汕"。两个人交往了一段时间，小日子过得挺不错。这一天，小两口突然说起了出生日期。

> 卢子可是个厉害的角色，上知天文，下知地理，才智可以同诸葛亮相提并论。王婆卖瓜，自卖自夸，呵呵。

紫陌：朝君，听说你对生辰八字这方面挺有研究的。那你也帮我算算，看准不准，我的出生日期是1990-10-23，你帮我算一下，那一天是星期几？

卢子掐指一算：星期二。

> 文中的日期全部以B2代替。

```
=TEXT(B2,"aaaa")
```

紫陌：这么快就算出来了，你好厉害啊。那我再考考你，那一天是那一年的第几周呢？

卢子想了想说：43。

```
=WEEKNUM(B2,2)
```

紫陌：不会吧，这个你也算得出来，那你应该知道我现在几周岁吧？

卢子：这个当然知道啦，不知道等下挨打了，22岁。

```
=DATEDIF(B2,NOW(),"y")
```

紫陌：那我的生肖也知道吧？

卢子：呵呵，属马。

```
=MID("鼠牛虎兔龙蛇马羊猴鸡狗猪",MOD(TEXT(B2,"[$-130000]e")-4,12)+1,1)
```

TEXT(B2,"[$-130000]e")就是将阳历转换成农历年份，如图8-12所示，而农历年份鼠在Excel是排第5的，跟实际鼠排第1不同，所以这里得出来的农历年份减去4就刚好使鼠对应1。

猴	1
鸡	2
狗	3
猪	4
鼠	5
牛	6
虎	7
兔	8
龙	9
蛇	10
马	11
羊	12

图8-12 农历年份生肖对应表

紫陌：我今年的生日你不会忘了吧？

卢子：没敢忘，还有232天才到，如图8-13所示。

```
=TEXT(TEXT(B2,"m-d")-TEXT(NOW(),"m-d"),"还有0天生日;已过0天;今天生日")
```

	A	B	C	D	E	F	G
1	人员	出生日期	星期几	第几周	周岁	生肖	生日提示
2	紫陌	1990/10/23	星期二	43	22	马	还有232天生日
3	今朝	1987/9/5	星期六	36	25	兔	还有281天生日

图8-13　戏说生辰八字

先将日期转变成月日再进行相减，大于0就显示还有多少天生日，小于0就显示已过多少天，0就是今天生日。

紫陌：那你到时应该知道怎么做吧，呵呵？

卢子：这些不用你提醒，我自然会做好的，到时候你就知道了。

紫陌：亲爱的，你太好了。

卢子：不对你好，对谁好呢，你说是不是！

　　……此处省略1000字(女人话比较多，呵呵)。

紫陌：朝君，你知道星座学吧？

卢子：略知一二。

　　要知星座学，请听下回分解！

 实际的生辰八字并不是这些，借用个名称来用。

8.2.2　星座学

有人说过：处女座是这样一个群体，他们的生活井井有条，办事效率居12星座之首，他们的脑子里永远有一个Excel表格，如图8-14所示，将所有的事情清晰地安排稳妥。他们尤其对自己的要求很是严格。

卢子就是处女座的，感觉说得挺有道理的。先给自己算算优点：头脑清晰、完美。别到时搬起石头砸自己的脚。

	G	H	I	J
1	12星座	星座出生日期（阳历）	星座优点	星座致命弱点
2	水瓶座	01月20日-02月18日	创意、智慧	反叛、冷漠
3	双鱼座	02月19日-03月20日	浪漫、善解人意	粗心、意志薄弱
4	白羊座	03月21日-04月20日	积极、直率	自我、没有耐性
5	金牛座	04月21日-05月20日	可靠、有耐心	贪婪、古板
6	双子座	05月21日-06月21日	机智、适应力强	善变、不安分
7	巨蟹座	06月22日-07月22日	真挚、有包容力	不理性、多愁善感
8	狮子座	07月23日-08月22日	热心、有领导能力	武断、自以为是
9	处女座	08月23日-09月22日	头脑清晰、完美	保守、吹毛求疵
10	天秤座	09月23日-10月22日	和谐、平易近人	轻浮、优柔寡断
11	天蝎座	10月23日-11月21日	果断、实际	多疑、狂妄
12	射手座	11月22日-12月21日	活泼、思想开明	粗心、反复无常
13	摩羯座	12月22日-01月19日	有原则、家庭观念	太现实、缺乏热情

图8-14　星座对应表

```
=VLOOKUP("处女座",$G$1:$J$13,3,0)
```

有了这个星座对应表，星座问题都是浮云。

紫陌：朝君，你猜我是什么星座的，看看准不准。

卢子：天蝎座。

```
=IFNA(LOOKUP(TEXT(B2,"mm月dd日"),LEFT($H$2:$H$13,6),$G$2:$G$13),"摩羯座")
```

TEXT(B2,"mm月dd日")将日期转变成年月形式，LEFT($H$2:$H$13,6)提取星座表6位日期，刚好与日期格式对应。摩羯座：12月22日—01月19日，比较特殊。日期分成两个区域，在01月01日到01月19日这段日期是找不到对应值的，所以用IFNA将找不到对应值的显示"摩羯座"。

如果没有对应表可以用：

```
=LOOKUP(--TEXT(B2,"mdd"),{101,"摩羯座";120,"水瓶座";219,"双鱼座";321,"白羊座";421,"金牛座";521,"双
子座";622,"巨蟹座";723,"狮子座";823,"处女座";923,"天秤座";1023,"天蝎座";1122,"射手座";1222,"摩羯座"})
```

紫陌：有人说，我也是天秤座的。我属于天秤尾，天蝎头。

卢子：10月23日是两个星座的分割点，有些人划分为天秤，有些人划分为天蝎。但你还是存在较多的天蝎成分，拥有天蝎的特点。

紫陌：那你说说我的特点。

卢子：你想先听好的，还是先听坏的。

紫陌：我喜欢听好的。

卢子：果断、实际。

紫陌：那坏的呢？

卢子：我家陌陌没有坏的，只有好的。

紫陌：你可别骗我，否则我揍你哦。

卢子：我怎么会骗你呢？（如图8-15所示，其实天蝎座的弱点：多疑、狂妄，这个打死也不能说。女人永远喜欢听好话，即使是假的。）

```
=VLOOKUP($C2,$G$1:$J$13,MATCH(D$1,$G$1:$J$1,0),0)
```

	A	B	C	D	E
1	人员	出生日期	星座	星座优点	星座致命弱点
2	紫陌	1990/10/23	天蝎座	果断、实际	多疑、狂妄
3	今朝	1987/9/5	处女座	头脑清晰、完美	保守、吹毛求疵

图8-15　星座及特点

8.2.3　生日密码

每个人都有属于自己的命运，命运一半掌握在自己的手中，一半掌握在老天手中。尽人

事，听天命。看看老天都给我们安排了什么样的命运。

紫陌：你说，我的命运好吗？

卢子：今后有我跟你相伴，能不好吗？

紫陌：那你具体说下，怎么好法？

卢子：初五出生之人，多半天生聪明伶俐，且自身福禄深厚，如图8-16所示。虽然家庭关系融洽紧密，兄弟姊妹之间的相处也十分和乐，可惜并无任何亲属能够使你获得依靠仰赖，而使你在很年少的时候便已经步入社会。整体大运方面：少年时期较为辛劳，所幸自身才艺丰足，而使学业及事业发展顺利；中年以后运势开始亨通发达，财务收入也日趋稳定；晚年时期生活安稳平顺，少有烦恼，可以说是无匮乏的命格。

```
=VLOOKUP(RIGHT(TEXT(B2,"[$-1E130000]初d日生"),4),'30种生日密码 '!A:B,2,0)
```

TEXT(B2,"[$-1E130000]初d日生")将日期转换成大写的阴历，并显示为初几日生，统一格式。

RIGHT(TEXT(B2,"[$-1E130000]初d日生"),4)提取右边4位，就是将"初十一日生"以上转换成"十一日生"，如图8-17所示。

 这里是用阴历查找，有时阴历与阳历的年份会相差1。如果用真正的阴历，公式会很复杂，这里不提供。

	A	B	C	D	E
1	人员	出生日期			
2	紫陌	1990/10/23			

阴历命运

初五出生之人，多半天生聪明伶俐，且自身福禄深厚。虽然家庭关系融洽紧密，兄弟姊妹之间的相处也十分和乐，可惜并无任何亲属能够使你获得依靠仰赖，而使你在很年少的时候便已经步入社会。整体大运方面：少年时期较为辛劳，所幸自身才艺丰足，而使学业及事业发展顺利；中年以后运势开始亨通发达，财务收入也日趋稳定；晚年时期生活安稳平顺，少有烦恼，可以说是无匮乏的命格。

图8-16　阴历命运

	A	B	C
1	阴历	命运	
2	初一日生	初一出生之人，虽然福气
3	初二日生	初二出生的男女，心地端
4	初三日生	初三出生之人，若是已经
5	初四日生	初四出生之人，无论男女
6	初五日生	初五出生之人，多半天生
7	初六日生	初六出生之人，兴趣广泛
8	初七日生	初七出生之人，性格复杂
9	初八日生	初八出生之人，性情伶俐
10	初九日生	初九出生之人，身体健康
11	初十日生	初十出生之人，天生为人
12	十一日生	十一出生之人，聪慧敏

图8-17　阴历命运对应表

紫陌：还分阴历和阳历两种命运？

卢子：嗯，阴历只有30种，而阳历有366种，更全面，如图8-18、图8-19所示。

紫陌：那我要全面的，这样更准确。

卢子：你是我的领导，魅力、迷人……省略1400字。

人员	出生日期	总评	
紫陌	1990/10/23	领导者	

阳历命运

10月23日出生的人，不太能够在生活里达到面面俱到的平衡状态。不管他们多努力地平衡自己的精力与能量，总是在某方面会出现问题；而且不知道为什么，争议总是跟随着他们。不过老实说，他们确实容易对事物感到厌烦，并且经常向外寻求刺激。也正因为这样，别人觉得压力大或困难的工作，对他们而言或许正是一大享受。

大多数这一天出生的人并不善于预先作计划。他们拥有随机应变的天分，习惯在状况发生时想办法解决。同样地，他们也较为冲动，一看见机会出现便毫不犹豫地争取到底。$当他们对周遭的事物感到不满时，多数会直言不讳地表达出反对的意见。因为他们不喜欢说语意含糊不清或逢迎拍马的话，有时便因此得罪人。在他们的社交圈、工作环境或文化圈子里，他们可能会被某些卫道之士视为粗鲁或不懂人情世故的人。

10月23日出生的人无可否认地拥有组织与领导的天分。他们独特的魅力和幽默感确实令他们受以欢迎。然而，当他们辞职退位时，却很难放手。而同样地，这些人在人际关系上也倾向表现出强烈的占有欲、嫉妒和咄咄逼人的行为。正因如此，随着年岁的增长，学习释放权力及追求无条件的真爱，对他们而言将变得越来越有意义。

由于今天出生的人相当热中冒险与挑战，常常扮演救世的英雄或女英雄，因此往往会发现自己处于极为刺激的情势里。即使是他们之中最冷静勇敢的人，也必须小心身旁突如其来的变化。各种意外对他们来说有如家常便饭，所以这一天出生的成功人士通常极善于处理紧急事件。

因为这一天出生的人喜好积极多变的生活，不喜欢一成不变，因此获得成长与发展的机会也相对地提高许多。从个人和精神的层面来看，10月23日出生的人，一生中将能获得长足的进步。若非如此，他们可能会变成快乐主义者，接连不断地追逐感官刺激。总之，保持均衡发展、拒绝逸乐或误入歧途，并逐渐寻得内心的宁静，是引领他们前进的不二途径。

图8-18　阳历命运

	A	B	C	D	E
1	月	日	总评	内容	
2	1	1	情绪的组织	1月1日出生的人是	
3	1	2	自我要求	1月2日出生的人对	
4	1	3	全心投入	1月3日出生的人天	
5	1	4	精打细算	1月4日出生的人	
6	1	5	强韧的复原	对1月5日出生的人	
7	1	6	脚踏实地	在1月6日出生的人	
8	1	7	兴趣特殊	1月7日出生的人，	
9	1	8	潜力爆发	1月8日出生的人，	
10	1	9	充满野心	1月9日出生的人很	
11	1	10	明察秋毫	1月10日出生的人	
12	1	11	评判专家	1月11日出生的人	

图8-19　阳历命运对应表

总评：

```
=LOOKUP(1,0/('366种生日密码'!A2:A367&'366种生日密码'!B2:B367=TEXT(H2,"md")),'366种生日密码'!C2:C367)
```

阳历命运：

```
=LOOKUP(1,0/('366种生日密码'!A2:A367&'366种生日密码'!B2:B367=TEXT(H2,"md")),'366种生日密码'!C2:C367)
```

紫陌：有你在真好，以后你就是我的算命师，只给我一个人算！

卢子：一切都听你的。

8.2.4　面相

卢子："以貌取人"这句话，看似片面，其实是很有根据的。你的一张脸，五官七孔生成如何，都透露了你的性格和命运。

紫陌：难不成你也会看相？

卢子：看相不过就是根据人的脸型查看本身透露的信息而已。

紫陌：那你帮我看看。

卢子：你属于圆脸型，天生乐天性格，但不爱动脑，容易感情用事，然而性格温和，易受同辈的欢迎，所以适合从事令人开心的职业，如图8-20所示。

图8-20　面相

STEP 01 定义名称。

　　脸型：=面相库!$A$1:$A$5

　　图片：=INDEX(面相库!$B:$B,MATCH(面相!$A$2,面相库!$A$1:$A$5,0))

STEP 02 选择A2单元格，单击"数据"选项卡中的"数据验证"按钮，弹出"数据验证"对话框。在"允许"下拉列表框中选择"序列"选项，在"来源"编辑框中输入"=脸型"，单击"确定"按钮，实现跨表引用单元格，如图8-21、图8-22所示。

图8-21　面相库

图8-22　跨表引用单元格

STEP 03 如图8-23所示，在面相表中插入任意
一张图片，然后选择插入的图片，
在编辑栏中输入公式"=图片"，按
Enter键后图片就会自动改变。

图8-23 插入图片并修改引用公式

STEP 04 输入性格命运的查找公式。

=VLOOKUP(A2,面相库!A:C,3,0)

紫陌：你竟敢说我不爱动脑筋！

卢子：我错了。

紫陌：请我吃饭，我就饶了你。

卢子：好，我请你上饭店撮一顿。

8.2.5 点菜无烦恼

卢子：想吃什么呢？

紫陌：随便。

卢子：平常喜欢吃什么？

紫陌：随便。

卢子：那就吃干锅肥肠、重庆辣子鸡、芹菜炒肉丝，如图8-24所示。

	A	B	C	D	E
1	菜名	价格	随机数		菜名
2	尖椒土豆丝（醋溜、酸辣、清炒）	8	0.723235		干锅肥肠
3	家常豆芽（炝炒、酸辣）	8	0.855242		重庆辣子鸡
4	尖椒豆腐丝	8	0.459937		芹菜炒肉丝
5	酸菜炒粉	8	0.552943		
6	京葱鸡蛋	10	0.613322		
7	青椒肉丝	12	0.952425		
8	榨菜肉丝	12	0.484229		
9	芹菜炒肉丝	12	0.97872		
10	豆角炒肉丝	14	0.542279		
11	炒合菜	14	0.815313		
12	香溢春饼京酱鸭片	16	0.962287		

图8-24 随机点菜

在C列增加一列随机数。

```
=RAND()
```

在E列输入：

```
=LOOKUP(1,0/(LARGE($C$2:$C$86,ROW(A1))=$C$2:$C$86),$A$2:$A$86)
```

轻轻敲几次F9键，然后做出选择。

刚吃完就听紫陌说：今天吃了这么多肉，到时长胖了找你算账。

卢子：没事，吃饱了才有力气减肥。

紫陌：你陪我压马路去。

卢子：好。

8.2.6 别用你的无知挑战概率

走着走着，看到前面有人在买双色球，出于好奇，就走过去看。

紫陌：我们也买几注玩玩，兴许还能中大奖。

卢子：那就让销售员机选5注。

紫陌：如果中了500万，可别忘了是我的功劳。

卢子：那肯定啦，你是最大功臣。

其实，小概率事件完全可以忽略。如图8-25所示，36选7一共有8 347 680种组合，以1年52周算，1周3期，1期5注，需要连续买10 702年才有可能中500万。之所以经常听到有人中500万，那是因为购买的人足够多。

组合公式：

```
=COMBIN (36,7)
```

	A	B
1	双色球	组合
2	36选7	8347680

图8-25 双色球组合

经常看到一些人在研究双色球走势，但说句不好听的，简直就是浪费时间。双色球的号码是随机产生的，完全没有规律可言。试想，如果有规律的话，那些投注站早就关门大吉了。

在我们潮汕一直有人在玩六合彩，很多人挖空心思找玄机，到最后90%以上的人都输穷了。

题外话：紫陌是个好女孩，只是当初不懂得珍惜，放弃了这段感情。最近听说她找到新的男朋友，在这里祝福她。

像这些概率的赌博，玩玩就可以，千万别当真，否则你会输得很惨！

8.3 不会数学计算，Excel来帮你

哥哥嫂子愁死了，女儿数学每次都不及格，这样以后该怎么办呢？我也教了她两回，不过效果不好。嫂子感叹：神仙都教不好她！

卢子：女孩子做文职类工作比较多，其实不会数学也没什么大不了的，学好Excel照样可以完成各种计算。

说句实话，我读了十多年数学，除了四则运算外，其他基本没用到，我不是照样能完成各种统计？

8.3.1　数学基本计算

Excel内置了N多函数，要对数字进行简单的计算，简直就是小菜一碟。

例1：最常用的5种汇总方式，如图8-26所示。

求和：

`=SUM(A2:A9)`

计数：

`=COUNT(A2:A9)`

平均值：

`=AVERAGE(A2:A9)`

最大值：

`=MAX(A2:A9)`

最小值：

`=MIN(A2:A9)`

以下所有例子来源于书本或网络。

	A	B	C	D
1	数字			
2	3		求和	48
3	6		计数	8
4	9		平均值	6
5	12		最大值	12
6	4		最小值	2
7	5			
8	7			
9	2			

图8-26　最常见的5种汇总方式

例2：最小公倍数和最大公约数，如图8-27所示。

最小公倍数：

`=LCM(A2:A3)`

最大公约数：

`=GCD(A2:A3)`

	A	B	C	D
1	数字			
2	112		最小公倍数	448
3	64		最大公约数	16

图8-27 最小公倍数和最大公约数

例3：平方、开方互换，如图8-28所示。

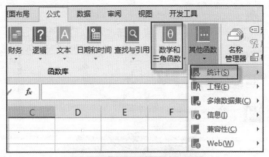

图8-28 函数分类

```
=3^2
=9^(1/2)
```

＾N就是 N次方，平方就是2次，开方就是1/2次。

绝大部分的数学计算都可以用下面两类函数解决：数学和三角函数、统计函数。需要用了，查看一下就可以，也不用记住那么多函数。

8.3.2 解方程

 单变量求解

某面粉仓库存放的面粉运出15%后，还剩余42 500千克，请问这个仓库原来有多少面粉？

利用单变量求解，很轻松就可以获取仓库原来面粉的质量，具体操作如下。

在B2单元格中输入公式：

```
=A2-15%*A2
```

如图8-29所示，单击"数据"选项卡中的"模拟分析"按钮，在弹出的下拉菜单中选择"单变量求解"命令。"目标单元格"为B2，"目标值"为42 500，"可变单元格"为A2，设置好后单击"确定"按钮。经过10多秒钟的计算，就统计出原有面粉为50 000千克。再次单击"确定"按钮就完成了单变量求解过程，如图8-29所示。

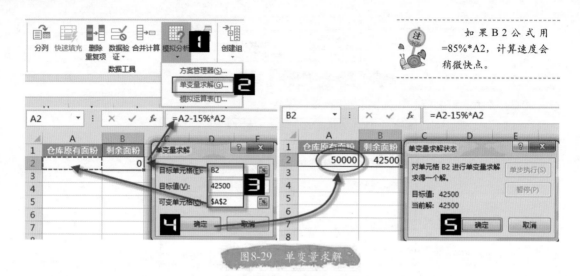

图8-29 单变量求解

如果是一元多次方程，如某数的4次方为16，求某数。

在E2单元格中输入：

`=D2^4`

利用同样的办法可以获得某数为2点多，设置单元格为没有小数点的数值，也就是说，2的4次方是16，如图8-30所示。

图8-30 一元多次方程

穷举法

鸡兔同笼问题：一个笼子里有鸡和兔，现在只知道里面一共有35个头，94只脚，请问鸡和兔各有多少只？

利用穷举法可获得鸡和兔的数量。

在A1单元格中输入：

`=ROW()`

在B1单元格中输入：

`=35-A1`

在C1单元格中输入：

`=A1*2+B1*4`

下拉公式，最后查找C列等于94的对应值，如图8-31所示，也就是鸡23只，兔12只。在Excel中进行穷举相当简单，而现实中计算就很麻烦，还不如解方程简单。

如果B2公式用=85%*A2，计算速度会稍微快点。

数据量比较少可以在单元格中列举出来，当数据量比较大时就得采用另外的办法，如VBA。

解密码：有一个邮箱密码，是5位数，它的百位是1，而且它能同时被81和91整除，求密码。

能被81和91整除也就是余数为0，百位是1，也就是第3位为1的5位数。

VBA代码为：

▲	A	B	C
13	13	22	114
14	14	21	112
15	15	20	110
16	16	19	108
17	17	18	106
18	18	17	104
19	19	16	102
20	20	15	100
21	21	14	98
22	22	13	96
23	23	12	94
24	24	11	92
25	25	10	90
26	26	9	88
27	27	8	86
28	28	7	84

图8-31　简单穷举法

```
Sub 解密码()
    Dim i As Long
    For i = 10000 To 99999
        If (i Mod 81 = 0) And (i Mod 91 = 0) And Mid(i, 3, 1) = "1" Then
            MsgBox "这个邮箱密码为" & i
        End If
    Next
End Sub
```

运行代码，如图8-32所示，得到密码为22113。

图8-32　VBA穷举法

函数法

有一个三元一次方程组如图8-33所示。

求出方程组的解。

$$\begin{cases} x+y-z=6 \\ x-3y+2z=1 \\ 3x+2y-z=4 \end{cases}$$

图8-33　三元一次方程组

将方程的系数和常量依次输入B2:E4单元格区域，然后选择C7:C9单元格区域，输入多单元格数组公式，按组合键Ctrl+Shift+Enter结束，结果如图8-34所示。

```
=MMULT(MINVERSE(B2:D4),E2:E4)
```

	A	B	C	D	E
1	方程	x系数	y系数	z系数	常量
2	x+y-z=6	1	1	-1	6
3	x-3y+2z=1	1	-3	2	1
4	3x+2y-z=4	3	2	-1	4
5					
6		求解	值		
7		x=	2.2		
8		y=	-6.4		
9		z=	-10.2		

图8-34 函数解方程

8.3.3 预测数字

数字1、4、9、16、（　）

数字2、4、6、8、（　）

知道前面4个数字，怎么预测下一个数字？

利用折线图产生公式找到数字的规律，从而预测下一个数字。

STEP 01 将数字输入A1:A4，选择区域，单击"插入"选项卡中的"折线图"按钮，生成一个折线图，如图8-35所示。

STEP 02 如图8-35所示，单击"+"按钮，选择"趋势线"→"更多选项"选项。

STEP 03 如图8-36所示，根据折线图的形状选择趋势线类型为"幂"。

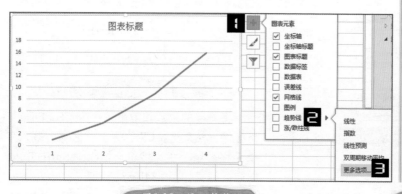

图8-35 添加趋势线

图8-36 选择趋势线类型

STEP 04 如图8-37所示，选中"显示公式"复选框，得到y=x²。

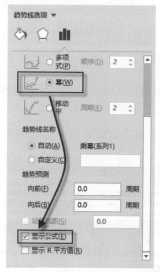

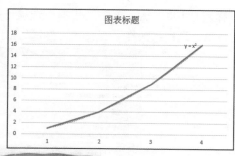

图8-37　显示公式

也就是说，第5个数就是5²=25。

如图8-38所示，利用同样的方法，获取第二组数字的公式y=2x。

也就是说，第5个数就是2×5=10。

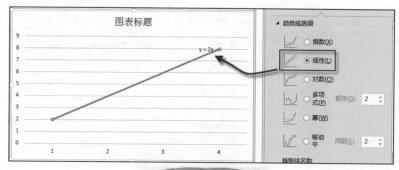

图8-38　线性趋势线

趋势线只是提供一种参考，实际不一定准确。

8.3.4 随机抽样

从100个产品中随机抽取5个作为检验对象。

在数学上经常采用随机数表进行抽取，其实Excel也提供了抽样功能，它使随机抽样变得更加简单。

STEP 01 在A列输入1~100，然后单击"数据"选项卡中的"数据分析"按钮，打开"数据分析"对话框，选择"抽样"选项，如图8-39所示。

图8-39 选择"抽样"选项

STEP 02 如图8-40所示，设置输入区域、样本数、输出区域，然后单击"确定"按钮，就完成了抽样。

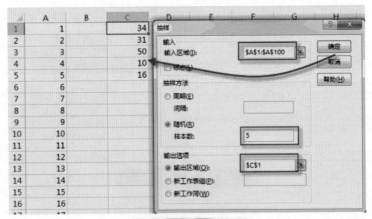

图8-40 抽样设置

 抽样只能为数字抽样，文本抽样可以用辅助列生成数字，然后用VLOOKUP返回对应值。

如果Excel没有抽样功能，如图8-41所示，单击"开发工具"选项卡中的"加载项"按钮。选中"分析工具库"复选框，顺便把"规划求解加载项"复选框也选中，单击"确定"按钮。

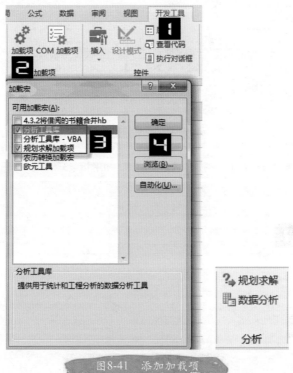

图8-41　添加加载项

8.3.5　利润最大化

某企业计划生产Ⅰ、Ⅱ两种产品。这两种产品都要在A、B、C、D四种不同设备上加工。按工艺资料规定，生产每件产品Ⅰ需分别占用各设备2、1、4、0小时，生产每件产品Ⅱ，需分别占用各设备2、2、0、4小时。已知各设备计划期内用于生产这两种产品的能力分别为12、8、16、12小时，又知每生产一件产品Ⅰ企业能获得2元利润，每生产一件产品Ⅱ企业能获得3元利润。问：该企业应安排生产两种产品各多少件，才能使总的利润收入为最大？

STEP 01 如图8-42所示，将已知信息输入表格中。

设置总用时公式：

```
=SUMPRODUCT($B$2:$B$3,C2:C3)
```

总利润公式：

```
=SUMPRODUCT(B2:B3,G2:G3)
```

	A	B	C	D	E	F	G
1	产品	生产数量	设备A	设备B	设备C	设备D	利润
2	I		2	1	4	0	2
3	II		2	2	0	4	3
4		总用时	0	0	0	0	总利润
5		限制时间	12	8	16	12	0

图8-42　输入信息

STEP 02 单击"数据"选项卡中的"规划求解"按钮。如图8-43所示，设置规划求解参数，单击"求解"按钮。

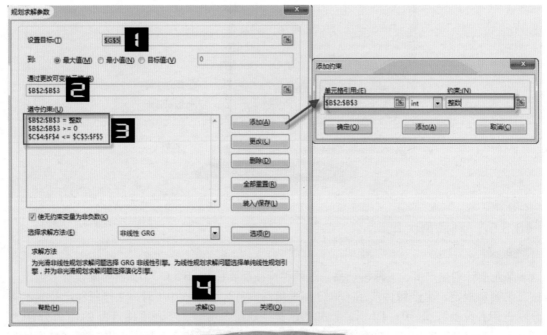

图8-43　设置规划求解参数

STEP 03 如图8-44所示，单击"确定"按钮，就会自动获得生产数量，得到最高的利润值。

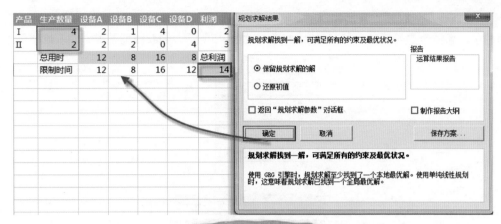

图8-44 利润最大化

卢子：以后如果阿洁真不想读书，我负责教她Excel，即使数学再差都不怕！

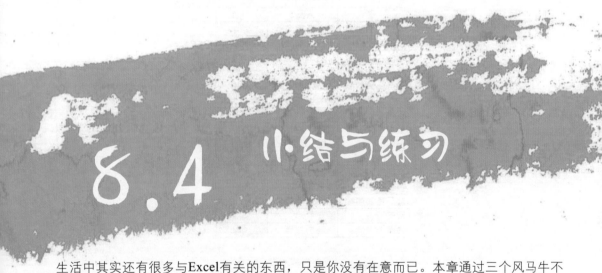

8.4 小结与练习

生活中其实还有很多与Excel有关的东西，只是你没有在意而已。本章通过三个风马牛不相及的领域诠释Excel的具体运用，了解其功能之强大。

智能手机不过如此，我也会；

算命不过如此，我也会；

数学不过如此，我也会。

……

学好Excel，你可以做任何工作！

1. 在玩金花的时候，我们都希望拿到豹子(也就是三个牌一样，如KKK或者AAA)，如果没有豹子，顺子也是不错的，如345或者456。如图8-45所示，判断牌型是否为豹子或顺子。

	A	B	C
1	牌型	豹子或顺子	
2	123	是	
3	456	是	
4	333	是	
5	245	否	
6	589	否	
7	444	是	
8			
9			

图8-45 判断牌型是否为豹子或顺子

2. 消消乐，就是消除相同图案的游戏。如图8-46所示，玩一玩人员消除游戏，只要2个人的名字一样就消除，不区分人员顺序。

	A	B	C	D
1	人员1	人员2	判断	
2	陈少健 黄清云	陈少健 黄清云	消除	
3	曹轶毅 王研	王研 曹轶毅	消除	
4	邓永杰 朱楚怡	邓永杰 朱楚怡	消除	
5	张从平 陆春芳	张从平 陆春芳	消除	
6	罗月满 陈树标	陈树标 罗月满	消除	
7	陆剑华 邓霞	陈剑华 邓霞		
8	王湘婧	王湘婧	消除	
9	罗娜	罗娜	消除	
10	王雷	王雷	消除	
11	李时伟	李时伟	消除	
12	卢艳喜 卢宣恩	卢艳喜 卢宣		
13	黄春辉 吴杨	黄春辉 吴杨	消除	
14	赵天亮 黄丽葵	赵天亮 黄丽菜		
15	罗安平	罗安平	消除	
16	陈燕 苏立兵	陈燕 苏立兵	消除	
17				

图8-46 消除相同人员

第9章

用合适的方法做合适的事

学习Excel的最高境界，我认为不是掌握了所有技能，而是用合适的方法做合适的事情。将复杂的问题简单化，深入浅出化解一切难题，同时也需记住：有数据的地方就有Excel的存在，但Excel并非万能，适当的时候借助其他软件，可以使你事半功倍。

9.1 简单就好

经常听到网友说：这个要用到VBA，这个要用到循环引用，这个要用到复杂的函数嵌套……

虽然这些技能很强大，但有些东西其实很简单，只是我们太固执了。适当的时候跳出来，你会发觉很多问题其实很简单。

前段时间看到一张有意思的图片：老鼠吃奶酪，如图9-1所示。传统思维都是老鼠必须在迷宫里找出口，但真的只能如此吗？绕开迷宫才是正道。

图9-1 老鼠吃奶酪

9.1.1 粘贴成图片，排版无烦恼

网友： 图9-2所示为两份出货单，一份是旧版本的；另一份是新版本的。现在要将这两份出货单合并在一张页面中并打印出来，但由于两份出货单的格式不同，所以排版很麻烦，有没有更好的办法将两份出货单合并在一张表格？

卢子： 对于格式不同的表格，一般采用将文档转换成图片的方法，因为图片的大小调整比排版更方便。

如图9-3所示，复制旧的出货单，然后右击并在弹出的快捷菜单中选择"选择性粘贴"命令，再单击图片图标，即可生成一张图片。

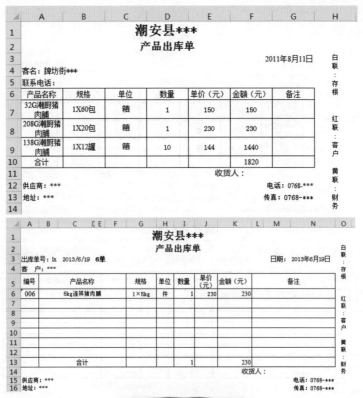

图9-2 新旧单据

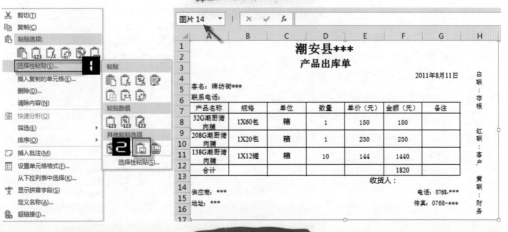

图9-3 粘贴成图片

利用同样的方法，将新的出货单也复制、粘贴成图片，最终效果如图9-4所示。

潮安县***
产品出库单

2011 年8月 11日

客名: 佛街街***
联系电话:

产品名称	规格	单位	数量	单价（元）	金额（元）	备注
32G湖厨猫向腾	1X60包	箱	1	150	150	
208G湖厨猫向腾	1X20包	箱	1	230	230	
138G湖厨猫向腾	1X12罐	箱	10	144	1440	
合计					1820	

收货人：

供应商：***
地址：***

电话：0768-***
传真：0768-***

潮安县***
产品出库单

出库单号：tx 2013/6/19 6单
客 户：***

日期：2013年6月19日

编号	产品名称	规格	单位	数量	单价（元）	金额（元）	备注
006	8k.g滋补猫向腾	1×8kg	伴	1	230	230	
	合计			1		230	

收货人：

供应商：***
地址：***

电话：0768-***
传真：0768-***

图9-4 新旧出货单对比

以前我就用过这个粘贴成图片的功能核对数据。当时表格模板为规定模板，只能用公式汇总数据，公式没有动态引用数据源，很怕出错。新版本利用数据透视表汇总数据，然后粘贴成图片。如图9-5所示，选择"链接的图片"，这种方式有一个好处，就是当数据源更新时，图片也会跟着更新。

图9-5 链接的图片

在Excel旧版本中有一个功能——照相机，其原理就跟这个一样。如图9-6所示，单击"文件"按钮，再选择"选项"命令，在弹出的"Excel选项"对话框中，选择"快速访问工具栏"选项，在"从下列位置选择命令"下拉列表框中选择"不在功能区中的命令"选项，再在下面的列表框中选择"照相机"选项，单击"添加"按钮，再单击"确定"按钮。这样以后就可以直接在快速访问工具栏上调用该功能了。

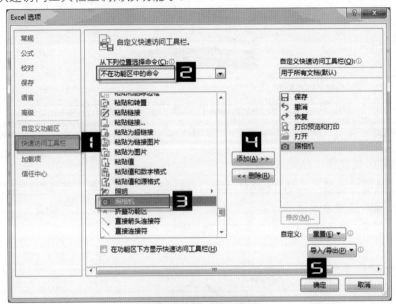

图9-6 添加照相机

网友：原来表格中也能拍照，挺神奇的。

卢子：其实照相机还有一个很实用的功能，就是将图表不可能实现的功能变成可能。正常情况下，图表是不能旋转的，我们可以给图表拍个照，让图表变成图片。选择区域$C$5:$G$14，单击"照相机"图标，选择储存位置，然后旋转图片，并设置图片的格式，最终效果如图9-7所示。很多高难度的图表就是利用照相机功能实现的。

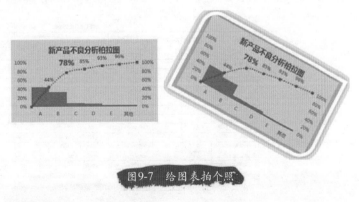

图9-7 给图表拍个照

9.1.2 计算文本表达式

网友：如图9-8所示，在统计数据的时候忘记输入"="，现在如何计算这些文本表达式呢？

图9-8 文本表达式

卢子：解决方案如下。

STEP 01 既然没有"="，那就重新添加。在B2单元格中输入并填充公式：

```
="="&A2
```

STEP 02 将B列的公式复制、粘贴成值。

STEP 03 单击"数据"选项卡中的"分列"按钮，保持默认设置不变，再单击"完成"按钮。分列的作用就是激活表达式，这里文本数字分列就变成可以汇总的数值。

网友：原来这么简单，我还以为要一个个地添加"="呢。

9.1.3 史上最简单的工资条制作方法

卢子转眼来公司也有一段时间了，想到过几天就可以领取工资，心情瞬间好多了。

这时，HR主管让我过去，打开了一张表格：这是3月工资薪金明细表，如图9-9所示，以前没有制作工资条，从现在开始要制作工资条，你教我做吧。

编号	姓名	部门	应出勤天数	实出勤天数	基本工资	全勤奖	本月工资	出勤工资	补贴部份		扣除部份					社保	实发金额
									补工资	电脑补助	个income税	罚款	迟到早退	借支			
1	天丽华	业务部	31	31	5000		5000	5000								-266.88	4733.12
2	姚换全	业务部	31	31	10000		10000	10000								0	10000
3	叶应波	业务部	31	31	4500	100	4600	4600			100					-270.88	4429.12
4	尹俊鹏	技术部	31	31	3200	100	3300	3300								-270.88	3029.12
5	尹莲琼	市场部	31	31	5800	100	6100	6100			100					-270.88	5929.12
6	尹惠平	技术部	31	31	4500	100	4600	4600			100					-270.88	4429.12
7	永开虎	技术部	31	31	2700		3000	3000								-270.88	2729.12
8	余洪智	项目部	31	31	4000	100	4100	4100								-266.88	3833.12
9	余兰美	项目部	31	31	5000		5100	5100								-270.88	4829.12
10	余文翠	项目部	31	31	5000		5100	5100			100					-270.88	4929.12
11	余学利	项目部	31	31	3700	100	3800	3800								-270.88	3529.12
12	俞廷宝	项目部	31	31	4500	100	4600	4600			100					-270.88	4429.12
13	袁树厚	项目部	31	31	4500	100	4600	4600			100					-270.88	4429.12
14	曾建忠	项目部	31	31	3000	100	3100	3100								0	3100

图9-9 双行表头工资表

卢子看了一眼工资薪金明细表，心中暗叫：惨！以前对于双行表头的明细表，因为太麻烦都是直接忽略，现在让我立即想出解决办法，还真有点为难我。我可是Excel专员啊，绝对不能在别人面前出丑，无奈只好想出了缓兵之计：工资条有双行表头跟单行表头，今天先教你单行的，改天再教你双行的。

HR主管：好，那你说这个要怎么做？

卢子：这个挺简单的，就是复制、粘贴然后排序即可。

STEP 01 如图 9-10所示，复制A列的编号，单击A22，也就是最后一个编号下面的第一个单元格，粘贴编号。

13	11	余学利	项目部	31	31
14	12	俞廷宝	项目部	31	31
15	13	袁树存	项目部	31	31
16	14	曾建忠	项目部	31	31
17	15	曾永祥	项目部	31	31
18	16	张炳聪	项目部	31	31
19	17	张炳芬	项目部	31	31
20	18	张炳富	项目部	31	31
21	19	张炳金	项目部	31	31
22	1				
23	2				
24	3				
25	4				
26	5				
27	6				

双行表头 | 单行表头 | 工资条

图9-10 粘贴编号

STEP 02 如图9-11所示，复制表头B2:Q2，选择区域B22:Q40，粘贴表头。

	A	B	C	D	E	F	G	H	I	J	K	L	M	N	O	P	Q
20	18	张炳富	项目部	31	31	3100	100	3200	3200							0	3200
21	19	张炳金	项目部	31	31	2800	100	2900	2900							-270.67	2629.33
22	1	姓名	部门	应出勤天数	实出勤天数	基本工资	全勤奖	本月工资	出勤工资	补工资	电脑补助	个得税	罚款	迟到早退	借支	社保	实发金额
23	2	姓名	部门	应出勤天数	实出勤天数	基本工资	全勤奖	本月工资	出勤工资	补工资	电脑补助	个得税	罚款	迟到早退	借支	社保	实发金额
24	3	姓名	部门	应出勤天数	实出勤天数	基本工资	全勤奖	本月工资	出勤工资	补工资	电脑补助	个得税	罚款	迟到早退	借支	社保	实发金额
25	4	姓名	部门	应出勤天数	实出勤天数	基本工资	全勤奖	本月工资	出勤工资	补工资	电脑补助	个得税	罚款	迟到早退	借支	社保	实发金额
26	5	姓名	部门	应出勤天数	实出勤天数	基本工资	全勤奖	本月工资	出勤工资	补工资	电脑补助	个得税	罚款	迟到早退	借支	社保	实发金额
27	6	姓名	部门	应出勤天数	实出勤天数	基本工资	全勤奖	本月工资	出勤工资	补工资	电脑补助	个得税	罚款	迟到早退	借支	社保	实发金额
28	7	姓名	部门	应出勤天数	实出勤天数	基本工资	全勤奖	本月工资	出勤工资	补工资	电脑补助	个得税	罚款	迟到早退	借支	社保	实发金额
29	8	姓名	部门	应出勤天数	实出勤天数	基本工资	全勤奖	本月工资	出勤工资	补工资	电脑补助	个得税	罚款	迟到早退	借支	社保	实发金额
30	9	姓名	部门	应出勤天数	实出勤天数	基本工资	全勤奖	本月工资	出勤工资	补工资	电脑补助	个得税	罚款	迟到早退	借支	社保	实发金额
31	10	姓名	部门	应出勤天数	实出勤天数	基本工资	全勤奖	本月工资	出勤工资	补工资	电脑补助	个得税	罚款	迟到早退	借支	社保	实发金额
32	11	姓名	部门	应出勤天数	实出勤天数	基本工资	全勤奖	本月工资	出勤工资	补工资	电脑补助	个得税	罚款	迟到早退	借支	社保	实发金额

图9-11 粘贴表头

STEP 03 如图9-12所示，单击"编号"单元格，切换到"数据"选项卡，单击"升序"按钮，Excel将非常智能地帮你排好序。

| 文件 | 开始 | 插入 | 页面布局 | 公式 | 数据 | 审阅 | 视图 | 开发工具 |

获取外部数据   连接   排序和筛选

| A2 | | | fx | 编号 |

	A	B	C	D	E	F	G	H	I	J	K
1								3月工资薪金明细表			
2	编号	姓名	部门	应出勤天数	实出勤天数	基本工资	全勤奖	本月工资	出勤工资	补工资	电脑补
3	1	天丽华	业务部	31	31	5000		5000	5000		
4	2	姚映全	业务部	31	31	10000		10000	10000		
5	3	叶应波	业务部	31	31	4500	100	4600	4600		
6	4	尹连菊	技术部	31	31	3200	100	3300	3300		
7	5	尹莲琼	市场部	31	31	5800	100	6100	6100		
8	6	尹思平	技术部	31	31	4500	100	4600	4600		
9	7	永开虎	技术部	31	31	2700	100	3000	3000		
10	8	余洪菊	项目部	31	31	4000	100	4100	4100		
11	9	余兰美	项目部	31	31	5000	100	5100	5100		

图9-12 排序

经过简单的3步就轻松完成工资条的制作，如图9-13所示。

	A	B	C	D	E	F	G	H	I	J	K	L	M	N	O	P	Q
1								3月工资薪金明细表									
2	编号	姓名	部门	应出勤天数	实出勤天数	基本工资	全勤奖	本月工资	出勤工资	补工资	电脑补助	个得税	罚款	迟到早退	借支	社保	实发金额
3	1	天丽华	业务部	31	31	5000		5000	5000							-266.88	4733.12
4	1	姓名	部门	应出勤天数	实出勤天数	基本工资	全勤奖	本月工资	出勤工资	补工资	电脑补助	个得税	罚款	迟到早退	借支	社保	实发金额
5	2	姚映全	业务部	31	31	10000		10000	10000							0	10000
6	2	姓名	部门	应出勤天数	实出勤天数	基本工资	全勤奖	本月工资	出勤工资	补工资	电脑补助	个得税	罚款	迟到早退	借支	社保	实发金额
7	3	叶应波	业务部	31	31	4500	100	4600	4600		100					-270.88	4429.12
8	3	姓名	部门	应出勤天数	实出勤天数	基本工资	全勤奖	本月工资	出勤工资	补工资	电脑补助	个得税	罚款	迟到早退	借支	社保	实发金额
9	4	尹连菊	技术部	31	31	3200	100	3300	3300							-270.88	3029.12
10	4	姓名	部门	应出勤天数	实出勤天数	基本工资	全勤奖	本月工资	出勤工资	补工资	电脑补助	个得税	罚款	迟到早退	借支	社保	实发金额
11	5	尹莲琼	市场部	31	31	5800	100	6100	6100		100					-270.88	5929.12
12	5	姓名	部门	应出勤天数	实出勤天数	基本工资	全勤奖	本月工资	出勤工资	补工资	电脑补助	个得税	罚款	迟到早退	借支	社保	实发金额
13	6	尹思平	技术部	31	31	4500	100	4600	4600		100					-270.88	4429.12
14	6	姓名	部门	应出勤天数	实出勤天数	基本工资	全勤奖	本月工资	出勤工资	补工资	电脑补助	个得税	罚款	迟到早退	借支	社保	实发金额
15	7	永开虎	技术部	31	31	2700	100	3000	3000							-270.88	2729.12
16	7	姓名	部门	应出勤天数	实出勤天数	基本工资	全勤奖	本月工资	出勤工资	补工资	电脑补助	个得税	罚款	迟到早退	借支	社保	实发金额
17	8	余洪菊	项目部	31	31	4000	100	4100	4100							-266.88	3833.12

图9-13 工资条

HR主管：看起来不难，我先试一下，不懂再找你。

卢子：好的，双行表头比这个难一些，我改天再教你。

卢子为自己争取了充足的时间来考虑这个双行表头制作工资条的问题。这个问题说难也不难，说易也不易，但要教会一个只会基础操作的人来完成就比较难。这时出现了以下几个问题。

■ 纯技巧制作工资条，操作步骤相当烦琐。

■ 用VBA生成工资条，还得跟她解释什么是VBA，如何开启宏等，显然也不合适。

■ 用函数与公式表头没法生成，而且公式很复杂。

综合以上分析，借助任何单一的功能，都不能很好地解决这个问题。

正所谓山重水复疑无路，柳暗花明又一村。卢子突然来了灵感，想到了解决的良策。正难则反，这个可以借助技巧跟函数的配合轻松完成。函数没法直接生成表头，那表头就用技巧，引用数据就用函数。

有了这个想法以后，卢子就开始在表格中进行尝试。

STEP 01 如图9-14所示，将表头复制、粘贴在表格下面的空白位置。

	A	B	C	D	E	F	G	H	I	J	K	L	M	N	O	P	Q
28																	
29	编号	姓名	部门	应出勤天数	实出勤天数	基本工资	全勤奖	本月工资	出勤工资	补贴部份				扣除部份			实发金额
30										补工资	电脑补助	个得税	罚款	迟到早退	借支	社保	
31																	

图9-14　粘贴表头

STEP 02 编号是唯一的，所以可以借助它用**VLOOKUP**函数进行引用。在**A31**单元格中输入"**1**"，并在**B31**单元格中输入公式，向右复制。

```
=VLOOKUP($A31,$A$4:$Q$22,COLUMN(),0)
```

STEP 03 添加边框，如图9-15所示。

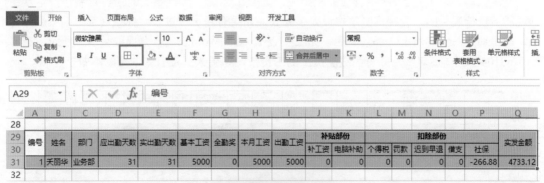

图9-15　添加边框

STEP 04 编号下拉会自动增加，而公式是根据编号进行引用数据，也就是下拉就能获取其他人员的工资条。如图9-16所示，选择A29:Q32区域，然后一直往下拉。

图9-16　下拉生成工资条

STEP 05 因为行数不好把握，如图9-17所示，有多余的再选择删除即可。

	编号	姓名	部门	应出勤天数	实出勤天数	基本工资	全勤奖	本月工资	出勤工资	补贴部份		扣除部份					实发金额
										补工资	电脑补助	个得税	罚款	迟到早退	借支	社保	
	19	张炳金	项目部		31	31	2800	100	2900	2900	0	0	0	0	0	0	-270.67	2629.33

	编号	姓名	部门	应出勤天数	实出勤天数	基本工资	全勤奖	本月工资	出勤工资	补贴部份		扣除部份					实发金额
										补工资	电脑补助	个得税	罚款	迟到早退	借支	社保	
	20	#N/A	#N/A	#N/A	#N/A	#N/A	#N/A	#N/A	#N/A	#N/A	#N/A	#N/A	###	#N/A	###	#N/A	#N/A

图9-17　生成后的效果

自己研究出来以后，就把公式的区域稍微扩大，然后下拉生成了所有工资条，如图9-18所示，并将表格发送给HR主管。

```
=VLOOKUP($A31,$A$4:$Q$27,COLUMN(),0)
```

发送完后，卢子走到HR主管面前跟她说：上回跟你说了单行表头的工资条制作，这次给你说一下双行表头的。我在你的表格设置了公式，如果有新员工进来，你就在工资明细表中添加，记得编号一定要写上。添加完后，如"9.1.7 Excel和Word双剑合璧提取数字"所示，选择A101:Q104区域向下复制，即可生成新员工的工资条，如果人员没有变动可以不做处理。

	编号	姓名	部门	应出勤天数	实出勤天数	基本工资	全勤奖	本月工资	出勤工资	补工资	电脑补助	个得税	罚款	迟到早退	借支	社保	实发金额
	18	张炳富	项目部		31	31	3100	100	3200	3200	0	0	0	0	0	0	0	3200

	编号	姓名	部门	应出勤天数	实出勤天数	基本工资	全勤奖	本月工资	出勤工资	补贴部份		扣除部份					实发金额
										补工资	电脑补助	个得税	罚款	迟到早退	借支	社保	
	19	张炳金	项目部		31	31	2800	100	2900	2900	0	0	0	0	0	0	-270.67	2629.33

图9-18　添加数据的处理

HR主管操作了一遍说：这个好，省去好多时间！

9.1.4 多表数据核对只需几秒

网友：图9-19所示为对不同人员购买的办公室产品进行统计的数据，现在要进行核对，该怎么办？

卢子：利用合并计算，加IF函数可以解决。

	A	B	C	D	E
1	品名	数量1		品名	数量2
2	订书机	758		办公桌	404
3	钢笔	58		订书机	760
4	铅笔	38		钢笔	58
5	文件夹	77		铅笔	38
6	稿纸	218		文件夹	33
7				稿纸	218
8					
9	表一			表二	

图9-19 多表核对

STEP 01 如图9-20所示，单击"数据"选项卡中的"合并计算"按钮，弹出"合并计算"对话框，添加引用位置，选中"首行"和"最左列"复选框，再单击"确定"按钮。

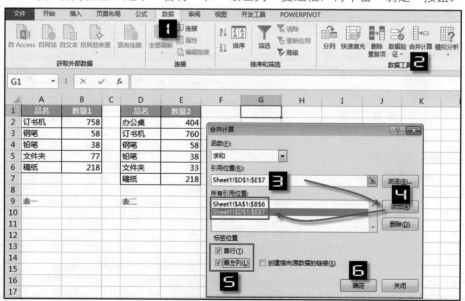

图9-20 合并计算

STEP 02 添加下面的核对公
式，美化后效果如
图9-21所示。

`=IF(H2=I2,"","不同")`

品名	数量1	数量2	核对结果
办公桌		404	不同
订书机	758	760	不同
钢笔	58	58	
铅笔	38	38	
文件夹	77	33	不同
稿纸	218	218	

图9-21　核对结果

网友：没想到合并计算还有这个
功能，以为只是简单汇总
数据而已。

卢子：如果将数量1跟数量2改成
数量，统一项目名，就变
成了多表统计，如图9-22
所示。

品名	数量		品名	数量		品名	数量
订书机	758		办公桌	404		办公桌	404
钢笔	58		订书机	760		订书机	1518
铅笔	38		钢笔	58		钢笔	116
文件夹	77		铅笔	38		铅笔	76
稿纸	218		文件夹	33		文件夹	110
			稿纸	218		稿纸	436
表一			表二				

图9-22　多表统计

9.1.5 多行多列提取不重复

网友：如图9-23所示，我想知道
今年有哪些人参加了公司
组织的活动，如果是单列
的话，则可以用删除重复
项功能做到，但多行多列
时，我就不懂怎么做了？

	A	B	C	D	E	F	G	H
1	月份	人员1	人员2	人员3	人员4	人员5	人员6	人员7
2	1月	张三	李四	张栋	王强	生捷	小六	
3	2月	李四	张栋	王强	胡文	生捷	小六	小姚
4	3月	李四	王强	胡文	小六	小胡	于晨	老毕
5	4月	李四	胡文	小六	小胡	于晨	老毕	韩每
6	5月	李四	胡文	王五	小六	小胡	于晨	老毕
7	6月	李四	王五	小六	小胡	于晨	老毕	
8	7月	李四	胡文	晶晶	小六	小胡	于晨	
9	8月	李四	李桃	胡文	晶晶	小六	小胡	于晨
10	9月	胡文	小六	于晨	韩每	王俊杰	张小虎	徐鸣
11	10月	胡文	晶晶	小六	韩每	王俊杰		
12	11月	胡文	晶晶	小六	威威	韩每	金雄	张小虎
13	12月	胡文	晶晶	小六	威威	韩每	张小虎	徐鸣

图9-23　参加活动的人员清单

卢子：利用数据透视表提取不重复数据也很简单，多列的话就用普通方法创建数据透视表，多行多列就
用多重合并计算区域创建数据透视表。

STEP 01 依次利用快捷键Alt→D→P→C，调出多重合并计算区域，如图9-24所示。连续两次单击"下一步"按钮。

慢慢按，别心急，一个按完再按下一个。

图9-24 多重合并计算数据区域

STEP 02 如图9-25所示，选择区域，再单击"完成"按钮。

懒人原则，能少一步操作就少一步。

图9-25 选择区域

STEP 03 如图9-26所示，取消选中"行""列"和"页1"复选框，并将"值"拖到"行"字段。美化后效果如图9-27所示。

图9-26 重新布局

人员	次数
小六	12
胡文	10
李四	8
于晨	7
小胡	6
晶晶	5
韩每	5
老毕	4
张小虎	3
王强	3
徐鸣	2
张栋	2

图9-27 提取不重复并统计次数

网友：这个多重合并计算区域还挺好用的。

卢子：学会多重合并计算区域，你的数据透视表能力将上一个新的台阶。利用多重合并计算区域创建的数据透视表，只要双击"总计"的数字，就能将二维数据源转换成一维数据源，如图9-28所示。

行	列	值	页1
4月	人员7	韩梅	项1
12月	人员5	韩梅	项1
9月	人员4	韩梅	项1
10月	人员4	韩梅	项1
11月	人员5	韩梅	项1
2月	人员4	胡文	项1
3月	人员3	胡文	项1
4月	人员2	胡文	项1
5月	人员2	胡文	项1
7月	人员2	胡文	项1
8月	人员3	胡文	项1
9月	人员1	胡文	项1
10月	人员1	胡文	项1

李桃	1
小姚	1
总计	79

图9-28　二维转一维

网友：多重合并计算区域快捷键记不住怎么办？

卢子：没事，那就将数据透视表向导添加到快捷访问工具栏上，然后直接调用就好。

　　在Excel 2003版本中默认就有这个功能，而新版本没有。具体操作步骤是单击"文件"按钮，选择"选项"命令，在弹出的"Excel选项"对话框中，选择"快速访问工具栏"选项，然后在"从下列位置选择命令"下拉列表框中选择"所有命令"选项，再在下方的列表框中选择"数据透视表和数据透视图向导"选项，单击"添加"按钮，再单击"确定"按钮，如图9-29所示。

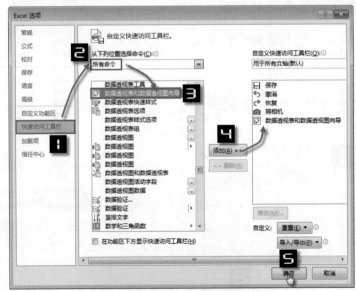

图9-29　添加数据透视表向导

网友：这样以后再用就容易多了。

9.1.6 逗号分隔符

网友：用友凭证导入的模板要求TXT文件用逗号分隔字段，如何将不同单元格的数据用逗号隔开，并储存在TXT文件中？如"12 13 1"显示成"12,13,1"。

卢子：将Excel另存为逗号分隔符文件，然后用记事本打开这个文件就行。

STEP 01 如图9-30所示，单击"文件"按钮，选择"另存为"命令，在弹出的"另存为"对话框中选择"保存类型"为"CSV(逗号分隔)"选项，再单击"保存"按钮。

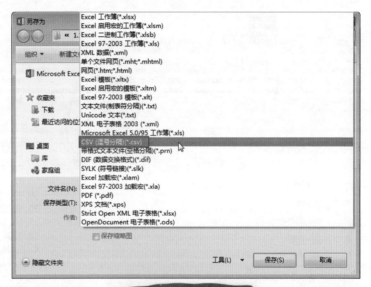

图9-30 设置保存格式

STEP 02 用记事本打开CSV(逗号分隔)文件，效果如图9-31所示。

```
9.2.6逗号分隔符.csv - 记事本
文件(F)  编辑(E)  格式(O)  查看(V)  帮助(H)
数据1,数据2,数据3,数据4,数据5,数据6,数据7,数据8,数据9,数据10
72, 91, 73, 97, 39, 8, 97, 11, 42, 74
95, 75, 93, 83, 35, 92, 94, 57, 62, 12
59, 72, 53, 9, 55, 20, 69, 91, 67, 3
30, 8, 95, 57, 7, 46, 52, 54, 56, 94
36, 59, 98, 36, 90, 97, 22, 82, 98, 29
23, 13, 14, 8, 70, 41, 98, 81, 74, 54
28, 5, 72, 72, 7, 16, 53, 97, 13, 10
4, 75, 84, 4, 38, 91, 1, 87, 37, 60
5, 94, 11, 49, 86, 75, 23, 25, 76, 86
51, 15, 47, 50, 53, 93, 91, 97, 53, 47
```

图9-31 TXT文件打开效果

网友：弱爆了，原来这么简单。

卢子：既然提到这个逗号分隔符，就顺便说一下它的逆操作。

STEP 01 如图9-32所示，单击"数据"选项卡中的"自文本"按钮，找到TXT文件，再单击"导入"按钮。

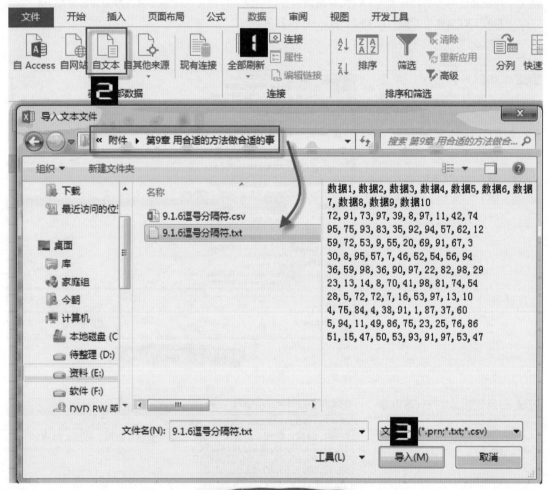

图9-32 导入TXT文件

STEP 02 弹出"文本导入向导"对话框，直接单击"下一步"按钮。在弹出的对话框中选中"逗号"复选框，再单击"完成"按钮，如图9-33所示。

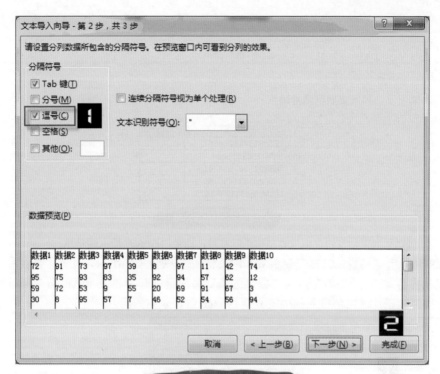

图9-33　按逗号分隔

STEP 03 如图9-34所示，设置数据的存放位置为A1，单击"确定"按钮，就完成了按逗号分隔。

图9-34　设置储存位置

网友：又学到一招，以后导入TXT数据就不用愁了。

9.1.7 Excel和Word双剑合璧提取数字

网友：如图9-35所示，如何提取电话号码？

	A	B
1	联系方式	电话号码
2	杨西粉13756214567	
3	张萍07562356234	
4	李丽拉15987654321	
5	张姚文01023456789	
6	杨阳心语13112345678	

图9-35 联系方式

卢子：用公式可以获取电话号码，但没有基础不好理解，还是用Word来提取简单点。

如图9-36所示，将联系方式复制到Word中，然后按快捷键Ctrl+H，弹出"查找和替换"对话框。查找内容输入"[!0-9]"，在"搜索选项"选项组中选中"使用通配符"复选框，单击"全部替换"按钮，再将替换后的内容复制到Excel中，效果如图9-37所示。

图9-36 替换非数字

	A	B
1	联系方式	电话号码
2	杨西粉13756214567	13756214567
3	张萍07562356234	7562356234
4	李丽拉15987654321	15987654321
5	张姚文01023456789	1023456789
6	杨阳心语13112345678	13112345678

图9-37 提取电话号码

网友： "[!0-9]"是什么意思呢？

卢子： 在特殊格式里面有说明，图9-38所示为部分截图。

　　某个范围内的字符为[-]，数字的范围就是[0-9]。

　　非[!]，不是数字就是[!0-9]。

　　也就是说，将不是数字的内容替换成空。

网友： 如果是字母，该怎么表示范围？

卢子： 字母包含大小写，也就是[A-Za-z]。如果是汉字，就用[!0-9A-Za-z]。其实这些用法跟SQL中的一样。

网友： 原来如此，如果数字要分多段显示呢？如图9-39所示，提取月份跟金额。

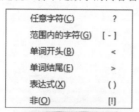

任意字符(C)	?
范围内的字符(G)	[-]
单词开头(B)	<
单词结尾(E)	>
表达式(X)	( )
非(O)	[!]

图9-38 特殊格式

	A	B	C
1	原始数据	月份	金额
2	6月甲经销商A类别入账300元		
3	3月C类别入账被丙录入4000元		
4	12月甲经销商A类别入账500元		

图9-39 原始数据

卢子： 这个相对难点，得经过两步处理才行。

STEP 01 操作方法跟刚才有点类似，只是在替换内容中多输入一个空格而已，如图9-40所示。

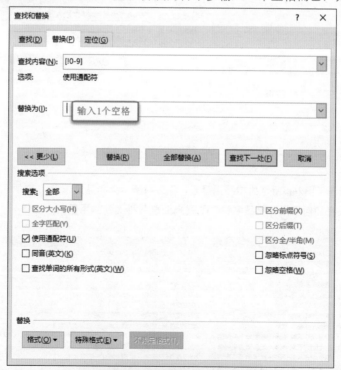

图9-40 将非数字替换成空格

STEP 02 将替换后的数据复制到Excel中，单击"数据"选项卡中的"分列"按钮。单击"下一步"按钮，在"分隔符号"选项组中选中"空格"复选框，同时选中"连续分隔符号视为单个处理"复选框，再单击"完成"按钮，如图9-41所示。最终效果如图9-42所示。

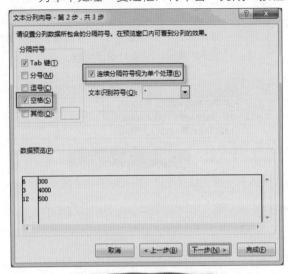

图9-41　按空格分列

	A	B	C
1	原始数据	月份	金额
2	6月甲经销商A类别入账300元	6	300
3	3月C类别入账被丙录入4000元	3	4000
4	12月甲经销商A类别入账500元	12	500

图9-42　分列后效果

网友：Word配合Excel一起用真的很强大！

9.1.8　多表关联

网友：我这里有两张表，图9-43所示为物品用量表，图9-44所示为物品清单表，有唯一的相同字段名"物品名称"。现在如何根据"物品名称"关联来汇总每种类别的用量？

	E	F	G	H	I
1	报修内容	维修时间	是否维修	物品名称	数量
2	阳台水龙头漏水	2012/2/1	已更换	水龙头	1
3	厕所灯不亮 水龙头漏水	2012/2/1	已更换	方形灯	1
4	厕所灯不亮 水龙头漏水	2012/2/1	已更换	方形整流器	1
5	厕所灯不亮 水龙头漏水	2012/2/1	已更换	水龙头	1
6	阳台水龙头漏水	2012/2/1	已更换	方形灯	1
7	卫生灯不亮	2012/2/1	已更换	方形灯	1
8	卫生灯不亮	2012/2/1	已更换	方形整流器	1
9	洗澡开关漏水	2012/2/1	已更换	混水阀（一二号楼专用）	1
10	卫生间灯不亮 洗澡处漏水 淋浴头脱落	2012/2/1	已更换	方形灯	1
11	卫生间灯不亮 洗澡处漏水 淋浴头脱落	2012/2/1	已更换	方形整流器	1
12	卫生间灯不亮 洗澡处漏水 淋浴头脱落	2012/2/1	已更换	混水阀（一二号楼专用）	1
13	卫生间灯不亮 洗澡处漏水 淋浴头脱落	2012/2/1	已更换	花洒	1

图9-43　物品用量表

	A	B
1	类别	物品名称
2	卫浴配件	混水阀（一二号楼专用）
3	卫浴配件	双轮淋浴开水龙头（三号楼专）
4	卫浴配件	厕所冲水阀（一二号楼）
5	卫浴配件	软管
6	卫浴配件	水龙头
7	卫浴配件	花洒
8	卫浴配件	花洒蓬（三号楼专用）
9	卫浴配件	花洒挂架
10	卫浴配件	不锈钢毛巾挂钩
11	卫浴配件	小便池冲洗阀（公共洗浴间用）
12	灯具类配件	环形灯

图9-44　物品清单表

卢子：多表关联首选SQL语句。

网友：我不会SQL语句，怎么办？

卢子：Excel 2013提供了一个表格关系，不会SQL照样可以轻松关联汇总。

STEP 01 单击物品用量表的任意单元格，如图9-45所示，单击"插入"选项卡中的"表格"按钮，弹出"创建表"对话框，保持默认设置不变，再单击"确定"按钮。可用同样的方法为物品清单表插入表格。

STEP 02 选择任意一个表格，创建数据透视表。如图9-46所示，单击"更多表格"按钮，弹出"创建新的数据透视表"提示对话框，单击"是"按钮。

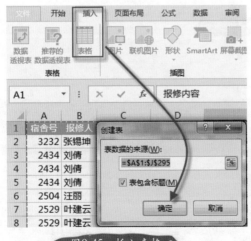

图9-45　插入表格

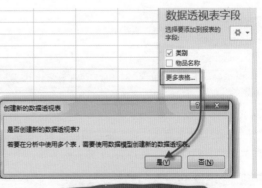

图9-46　获取更多表格

STEP 03 如图9-47所示，单击"分析"选项卡中的"关系"按钮，创建关系，再单击"确定"按钮。

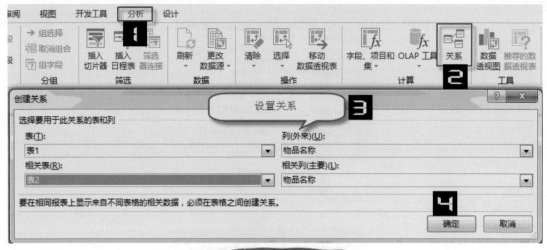

图9-47 创建表格关系

STEP 04 透视表布局按数量降序排序，最终效果如图9-48所示。

类别	数量
灯具类配件	173
卫浴配件	154
管及接头类	20
钟表风扇	17
开关类	7
易耗品类	5
总计	376

图9-48 关联汇总

温馨提示

有一些没有标示物品名称，所以不进行统计。

网友：2013版确实强大，但我还在用旧版本，怎么办呢？

卢子：可以借助Microsoft Query实现表格关联。

STEP 01 如图9-49所示，单击"数据"选项卡中的"自其他来源"按钮，在弹出的下拉菜单中选择"来自Microsoft Query"命令。

STEP 02 如图9-50所示，在弹出的"选择数据源"对话框中选择Excel格式，并取消选中"使用｜查询向导｜创建/编辑查询"复选框，再单击"确定"按钮。

图9-49 选择"来自Microsoft Query"命令

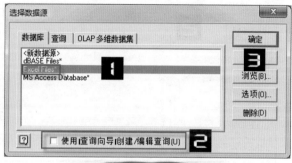

图9-50 选择数据源格式

STEP 03 如图9-51所示,在"选择工作簿"对话框中浏览到工作簿的位置,再单击"确定"按钮。

STEP 04 如图9-52所示,选择需要添加的表格,再单击"添加"按钮。

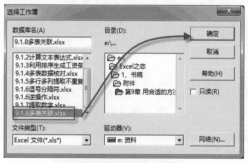

图9-51 选择工作簿

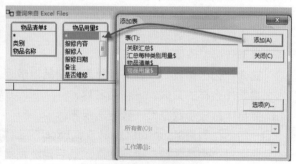

图9-52 添加工作表

STEP 05 如图9-53所示,用鼠标拖动让"物品名称"连接起来,选择需要的字段,返回Excel。

STEP 06 如图9-54所示,选择用数据透视表,设置数据的放置位置为D3,再单击"确定"按钮。

经过上面6步就完成了Microsoft Query的多表关联,剩下就是透视表设置。

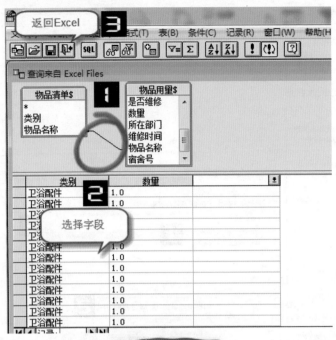

图9-53 关联字段

图9-54 选择数据透视表

网友：步骤这么多，看得我头晕晕的。

卢子：其实，只要有一个总体思路就很容易记住这些步骤。

使用什么查询？→Microsoft Query。

查询什么样的数据？→Excel。

查询什么工作簿？→多表关联。

查询什么工作表？→物品清单表和物品用量表。

需要什么样的关联？→物品名称。

要用什么显示数据？→数据透视表。

一句话：利用Microsoft Query查询Excel的工作簿多表关联，根据物品清单表和物品用量表的共同字段"物品名称"进行关联，最后用数据透视表汇总。

网友：经你这么一说，就比较好理解这些步骤了。

卢子：几万行数据用Excel处理没问题，如果是几十万行，就得考虑用Access处理。Access与Microsoft Query的功能类似，都是一些简单的操作，不用编写代码。我这里有一份接近100万行的Access表格，根据姓名查询手机跟固定电话。这里作简单说明，你也了解一下这个功能。

　　单击"创建"选项卡中的"查询设计"按钮，添加两个表格，如图9-55所示。设置关联字段，并选择显示字段，再单击"运行"按钮。经过短短几秒钟就查询到所有对应值，效果如图9-56所示。

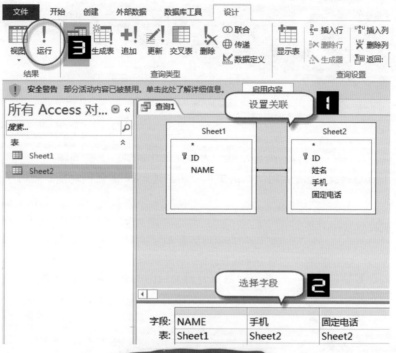

图9-55　设置Access

NAME	手机	固定电话
(suo)丽娟	15087156421	
阿巴阿牛	13981522213	
阿巴莫小英	13734996531	
阿比阿支	15183636678	
阿比么拉作	15283450449	
阿毕有咱	15884029765	
阿卜来海提·伊米提	15509055544	
阿布么色合	18328834195	
阿达来提·吾布力阿西木	15699319990	0903-205054
阿达来提艾山	15599853833	
阿达莱提·穆萨	13899265996	
阿达莱提·斯拉吉丁	15109039993	0903-202813
阿达莱提艾力	15199309420	

图9-56　查找到所有对应值

网友：这么神速！以后有机会一定要了解一下Access。

9.2 聊聊与Excel有关的事儿

如果你用心看完前面所有的内容，就会发现工作中80%以上的问题都已经可以解决，剩下不到20%的问题就靠自己灵活运用了。这里也不再讲述Excel的任何功能，就聊聊天而已。

9.2.1 不知者无罪

Excel是处理数据的软件，任意不以数据分析为目的的表格都是耍流氓，当然牛人除外。先来一起见识下，什么叫牛人？

 以Excel开发游戏

1. 《Excel杀》

《Excel杀》是由马蜂窝工作室发行的一款单机杀人桌面游戏，可以在PC和智能手机上进行体验，可以做到随时随地玩桌游，如图9-57所示。它类似于欧洲流行的BANG！，国内的三国杀、英雄杀、水浒杀等游戏，由玩家一起创作和设计相关的武将智能和游戏模式。因为三国杀的玩家比较多，所以大家都喜欢称呼它为"Excel三国杀""E杀"或"蚂蚁杀"。

《Excel杀》PC-Excel版是Excel杀系列最早的一款游戏，于2010年12月25日发行。PC版在Excel平台上开发设计，需要Excel平台进行游戏。自发行起，《Excel杀》迅速受到学生一族的喜爱和追捧，被玩家广泛传播到各大论坛，新浪和网易等门户网站在第一时间进行了相关报道，微软公司也邀请其参加Office 2010的宣传活动。《Excel杀》PC-Excel版以其独特的创作魅力赢得了玩家的美誉，被玩家誉为"Excel游戏的巅峰之作"。

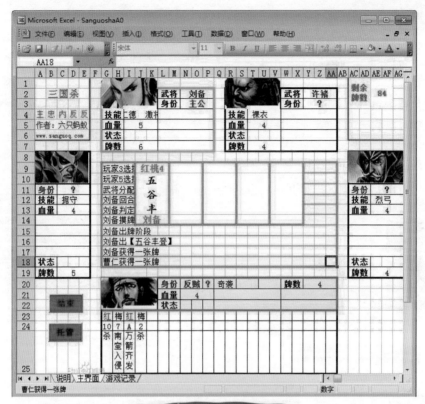

图9-57　《Excel杀》截图

2．RPG游戏

加拿大学生在Excel中创建的RPG游戏，游戏名称叫Arena.Xlsm，这是一款全功能回合制策略角色扮演游戏，如图9-58所示。有2000种不同的敌人和不同的AI、超过1000种物品组合、4种结局、8个boss，31种法术和37个成就。游戏支持Excel 2007以上版本，自其发布以来下载量超过了25万。该学生说：一切始于兴趣！

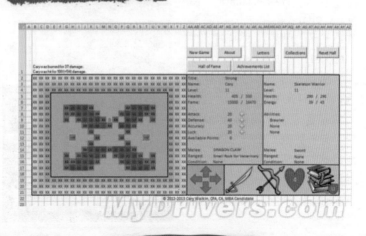

图9-58　RPG游戏截图

以Excel画图

山水画

PS弱爆了,73岁老人用Excel创作山水画。73岁的日本老人Tatsuo Horiuchi用Excel画出了一幅幅日式风格浓重的山水风景画，如图9-59所示。其此前对电脑一窍不通，退休后通过自学掌握了Excel基本操作。当被问及为什么不用其他专业画图软件时，他表示，其他软件都太贵了，而他的机子是预装的Excel。

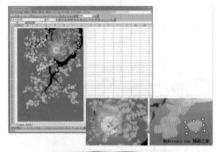

图9-59　Excel绘画

3．人物画

如图9-60所示，推特上的达人用Excel画的玉子，太凶残了！

图9-60　人物画

 以上内容均来源于微博。

以Excel模仿人物功夫图

图表大神Hoa小熊猫，借助Excel图表的雷达图功能制作出逆天的图表，太神奇了！如图9-61所示。

原则上来说，思想有多远，Excel就能走多远，但我们只是普通人，用Excel就是为了分析数据。任何不以分析为目的的事情，我们可以暂时避开。

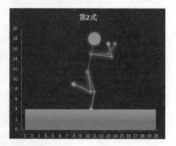

图9-61　人物功夫图

普通人做普通事

1．选择合适的软件

文字排版首选Word，在Excel中排版难度相对较大，如图9-62所示。

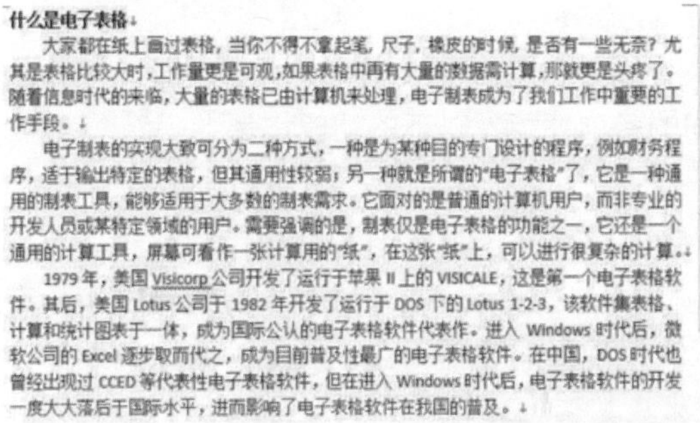

什么是电子表格

大家都在纸上画过表格，当你不得不拿起笔，尺子，橡皮的时候，是否有一些无奈？尤其是表格比较大时，工作量更是可观，如果表格中再有大量的数据需计算，那就更是头疼了。随着信息时代的来临，大量的表格已由计算机来处理，电子制表成为了我们工作中重要的工作手段。

电子制表的实现大致可分为二种方式，一种是为某种目的专门设计的程序，例如财务程序，适于输出特定的表格，但其通用性较弱；另一种就是所谓的"电子表格"了，它是一种通用的制表工具，能够适用于大多数的制表需求。它面对的是普通的计算机用户，而非专业的开发人员或某特定领域的用户。需要强调的是，制表仅是电子表格的功能之一，它还是一个通用的计算工具，屏幕可看作一张计算用的"纸"，在这张"纸"上，可以进行很复杂的计算。

1979 年，美国 Visicorp 公司开发了运行于苹果 II 上的 VISICALE，这是第一个电子表格软件。其后，美国 Lotus 公司于 1982 年开发了运行于 DOS 下的 Lotus 1-2-3，该软件集表格、计算和统计图表于一体，成为国际公认的电子表格软件代表作。进入 Windows 时代后，微软公司的 Excel 逐步取而代之，成为目前普及性最广的电子表格软件。在中国，DOS 时代也曾经出现过 CCED 等代表性电子表格软件，但在进入 Windows 时代后，电子表格软件的开发一度大大落后于国际水平，进而影响了电子表格软件在我国的普及。

	A
1	**什么是电子表格**
2	大家都在纸上画过表格，当你不得不拿起笔，尺子，橡皮的时候，是否有一些无奈？尤其是表格比较大时，工作量更是可观，如果表格中再有大量的数据需计算，那就更是头疼了。随着信息时代的来临，大量的表格已由计算机来处理，电子制表成为了我们工作中重要的工作手段。
3	电子制表的实现大致可分为二种方式，一种是为某种目的专门设计的程序，例如财务程序，适于输出特定的表格，但其通用性较弱；另一种就是所谓的"电子表格"了，它是一种通用的制表工具，能够适用于大多数的制表需求。它面对的是普通的计算机用户，而非专业的开发人员或某特定领域的用户。需要强调的是，制表仅是电子表格的功能之一，它还是一个通用的计算工具，屏幕可看作一张计算用的"纸"，在这张"纸"上，可以进行很复杂的计算。
4	1979年，美国Visicorp公司开发了运行于苹果II上的VISICALE，这是第一个电子表格软件。其后，美国Lotus公司于1982年开发了运行于DOS下的Lotus 1-2-3，该软件集表格、计算和统计图表于一体，成为国际公认的电子表格软件代表作。进入Windows时代后，微软公司的Excel逐步取而代之，成为目前普及性最广的电子表格软件。在中国，DOS时代也曾经出现过CCED等代表性电子表格软件，但在进入Windows时代后，电子表格软件的开发一度大大落后于国际水平，进而影响了电子表格软件在我国的普及。

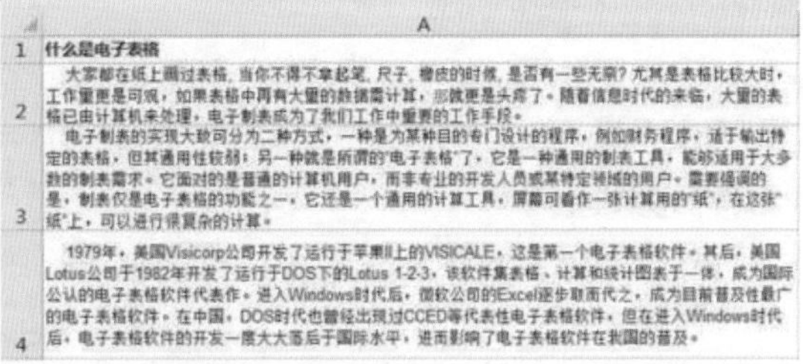

图9-62　两种软件排版对比图

2．大数据处理

随着版本的更新，Excel在处理数据上越来越强大，但它与数据库软件相比还差很多。

以Access跟Excel对比说明，100万行的数据处理，Excel会处于死机状态，Access则游刃有余。

Excel的优点：小数据的处理，格式灵活多变，如图9-63所示。

	A	B	C	D	E	F	G	H	I	J	K	L
1	**序号**	**数据源**	**效果**									**公式**
2												
3	**1**	我	我我我我我我我我我									我我我我我我我我我
4												
5	**2**	今朝	今朝									今朝
6			今朝今朝									今朝今朝
7			今朝今朝今朝									今朝今朝今朝
8			今朝今朝今朝今朝									今朝今朝今朝今朝
9			今朝今朝今朝今朝今朝									今朝今朝今朝今朝今朝
10												
11	**3**	加油	>>>>>>>>加油<<<<<<<<									>>>>>>>>加油<<<<<<<<
12												
13	**4**	13622556810	136****6810									136****6810
14		15024120033	150****0033									150****0033
15												
16	**5**	88888888		8	8	8	8	8	8	8	8	
17		555							5	5	5	
18		258825528	2	5	8	8	2	5	5	2	8	2

图9-63　Excel数据处理

如果要用其他软件制作这样的表格并对数据进行处理，难度非常大，而Excel却可以轻松搞定。

Excel糗事一箩筐

一起来看看网友们所碰到的一些事儿，都是对软件不熟惹的祸。曾经，我也是他们所说的菜鸟中的一员，经过6年的学习，才逐渐了解Excel的各项功能。以下的功能你都会吗？

薛定谔的灌汤包

朋友一直是做数据分析的，在对数据进行跟踪对比后，用来对期货市场作判断和指导。大家一直都很佩服他，毕竟这个工作长期不懈地抓了5年，很不容易，并且期货也做得有声有色。结果最近来了一个小姑娘，除了会拍马屁以外，真正的啥都不会。于是，她做的期货市场数据统计表，居然是Word版的！Word啊，一般市场数据没有40~50张表是没办法做数据跟踪的……一般，市场数据少则也要保存两三年。姑娘，你是打算怎么往里面录入数据啊……大家都很期待她的大作。

winnie_xyh

对Excel是啥的理解：一次去同学的单位，他们正好有一份表格要做，有一人直接打开Word做起来，旁边的同事说为什么不用Excel做呢？这同事回答，Excel也没有什么啊，和Word没有多大区别嘛，不就是加了格子的Word吗？而且老提示这输入不对，那输入不对，麻烦！

原来，他们是这样排序的：他们正在做人口普查的登记核对，信息量蛮大的，在最后一列中对已核对的填上序号，然后对这个序号排序。我看了半天，他们每个人都在不停地剪切、粘贴，没明白他们在干什么，问了句："你们这是在干什么？"他们说："别提了，都搞了几天了。"我问："是要搞什么呢？"回答："就是要把已核对完的序号按顺序排列啊！"我狂晕，当场受打击，我就说你就点一下排序排列啊！我教他这一操作，他崩溃了："我们这么多人，搞了几天……"

敏儿加油

我来讲一个之前发生在我身上的故事，我们需要统计每个月的项目信息，不过，我们有一列单独标出月份的，其实只要筛选并把结果复制出来就好。可是，之前我并不会筛选后用定位条件进行复制，就用了非常"可爱"的方法，我筛选后将本月的信息标出颜色，然后再取消筛选，将没有颜色的删除……

LEECHAO16

我老婆现在打印工资单还是选一个工人，然后按快捷键Ctrl+P，选打印区域，放一张纸，打一个再选下一个……20多个工人就打了一个多小时。我教她在两个工人间插入分页符，用连续纸按打印后就去喝茶，她就是听不进。又到发工资的时候了……

dingboy_VBA

　　讲一个我看到的故事。我妹妹对Excel懂一丁点，她的报表是每个产品一行，一个月就30到31列，每一列对应一天的，她的汇总公式就是：=B2+B3+B4+B5+B6+B7+B8+…+B31。最绝的是，她的库存量就是：=C2−B2+C3−B3+C4−B4+…−…+C31−B31，然后跟我说，做这个统计累死了。我大吃一惊！教她用SUM函数amu001。

　　某天，一MM说电脑没声音，让我去看看。要下班时去帮她弄好了，她说晚上和她们办公室里的人一起吃饭，我以为是请我，就说这点小事不用了，她说不是请我，是办公室庆祝，请我只是顺便。吃饭时看她们个个高兴的样，我好奇地问了一下什么事。原来，她们手上有两个Excel表，一个是3万多人的户口信息，包括身份证号码什么的，另一表是参加了养老保险人员的信息，有1万多人，她们要把那些没参保的找出来。于是，她们商量后分别把两个表打印出来，再两个人一组一个个地对，找到的再标上记号……六个人加班加点忙了三天，终于对完了，所以庆祝一下。我听了差点把嘴里的饭喷出来了……

xiaomayi_511

　　说说我自己刚上班时做过的最"牛"的两件事。

　　因为是汽车行业，为了方便输入，将18位车架号分成了三栏，比如完整的车架号是LSGPC54UXCF173031，分成LSGPC、54UX、CF173031三列，所有表格都是这样做的。后来厂家盘库，要求填报车架号，必须是18位完整的车架号，且要求写在一个单元格中。我当时刚上班，什么都不懂，就只知道复制—粘贴—复制—粘贴—复制—粘贴，600多个车架号我贴了两个多小时，还有同事帮忙做。我的天！后来才知道用&连接符号，几秒钟的事情。我晕！

　　第二件事情还是关于车架号的。每次查询都习惯用快捷键Ctrl+F，遇到几个车架号还好，要是碰到几十个甚至上百个车架号要查询相关状态，就Ctrl+F死了。之后百度学习了VLOOKUP，终于知道也是几秒钟就搞定了。学好Excel真的是事半功倍，努力努力！加油加油！学习一点点，每天进步一点点……

卢子

　　我也来一段，这是我还没有学习数据透视表之前的事。

　　以前在汇总数据的时候，都是复制需要汇总的项目，删除重复项，如果是二维汇总表，还得删除重复项两次，然后用SUMPRODUCT跟SUM求和。每一次改变布局都得重复以上操作一次，费时费力。数据透视表是2010年才接触的，刚开始老是学不下去，后来一狠心，逼自己看了一个晚上，终于入了门。入门之后，数据汇总变得很轻松，拖拉几下鼠标，即可完成各种各样的操作。

　　像这类糗事太多太多，说也说不完。我不是让你取笑他们，而是从别人失败的经历里获取经验，这才是目的。

9.2.2　假如生活就是Excel

Excel学习久了，看什么都觉得是Excel。生活中的事都希望能用Excel进行处理，觉得离开了Excel天就会塌下来。

看到网格，就会想起Excel，如图9-64所示。

图9-64　Excel网格

看到跟Excel有关的牌子就会特别关注，如图9-65所示。

图9-65　与Excel相关的图示

购买东西就想要"筛选"最好的，如图9-66所示。

图9-66　Excel筛选

遇到好吃的就想全选Ctrl+A，如图9-67所示。

图9-67　全选表列

下面就不再传图片了，要不别人还以为我在刷屏呢！

每次发工资就那么点百元大钞，恨不得克隆Ctrl+D N张。

做错事，说错话，就想反悔Ctrl+Z。

不开心的往事，就剪切Ctrl+X。

受到别人表扬，就想多重复上一次表扬F4。

在茫茫人海中挑选对象，寻找Ctrl+F。

初恋的感觉，希望一直复制Ctrl+C粘贴Ctrl+V下去。

将长辈的意见，随时保存Ctrl+S。

想到外面闯出一片新的天地，新建Ctrl+N。

让我打扫垃圾，就定位F5垃圾，删除Delete之。

厌倦了现在的工作，就想换一行Alt+Enter。

······

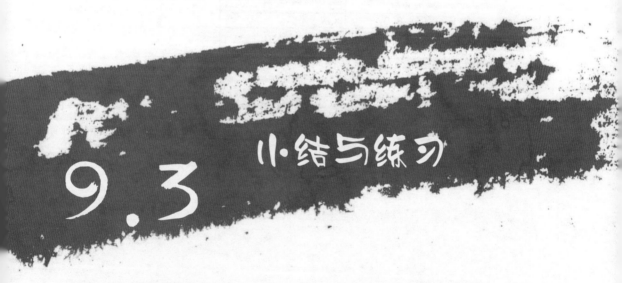

9.3 小结与练习

用Excel的原则就是越简单越好，能借用其他软件就借用，不要一味地用Excel。每个人在刚开始学习时都会遇到各种各样的问题，不要怕别人取笑，没有人不犯错误。不过，下次遇到同样的问题要想办法解决，避免同样的问题发生。Excel学到一定程度，也许她将变成你的所有，做什么都会想到她。

1. 如图9-68所示，将项目金额以千和万为单位显示。

	A	B	C
1	项目金额	以千为单位显示	以万为单位显示
2	2711489	2711	271
3	109500	110	11
4	4008326	4008	401
5	858060	858	86
6	678	1	0
7	123	0	0
8			

图9-68　将项目金额以千和万为单位显示

2. 如图9-69所示，在字符串中提取最后一个分隔符号之后的字符。

	A	B	C
1	字符串	提取最后分隔符号的字符	
2	A-B-CC	CC	
3	AA-BCD	BCD	
4	EE-FGH-F-GHJ	GHJ	
5	NN-YT-G	G	
6			
7			

图9-69　在字符串中提取最后分隔符号之后的字符

后记

　　2011年年初，在Excel交流群跟朋友举办两个月的函数讲座，同时创建IT部落窝论坛（IT部落窝网站的延续）在论坛里认识了李云龙等。2012年年初，原本跟李云龙等开始筹划写Excel书籍，目录跟附件都准备好了，后来因个人原因中途退出，有负大家的期望。

　　退出的原因，下面是原话。

　　看到书稿群聊天记录不知说啥好，说真的，最近没法静下来，很多东西都没法继续。技能虽然重要，但还要结合其他东西，如文笔、思路。现在完全没有思路，如果写出来只是一堆垃圾，意义不大。最近看了N本书，不过说真的，没有一本书的内容可以吸引我。不知道这几个月的等待最后会怎样，或许会竹篮打水——一场空，这也是最悲剧的结果。不过，即使我退出，相信你们也能做好！

　　2012年年底，李云龙的《绝了！Excel可以这样用》出版，写得还不错。

　　2013年年初，在新浪微博连续几次收到邀请写Excel技巧书籍，原本还信心不足。跟好友无言的人等提起，他们都挺支持我写书。后来一狠心，坚持下来，才有了此书。

写这本书多亏了以前总结的四个帖子，它给我提供了一些很好的思路。

常用函数课件附件下载：

http://www.blwbbs.com/forum.php?mod=viewthread&tid=7&fromuid=3

里面有几句话，一直牢记于心。

真正大师不是拥有最多学生的人，而是协助最多人成为大师的人；

真正领袖不是拥有最多追随者的人，而是协助最多人成为领袖的人；

这一生不在于"你超越多少人"，而是你协助多少人不断超越自己。

未来成功的新典范：不在你赢过多少人，分享是一种成就。

《Excel各种问题汇聚(函数版)》

http://www.blwbbs.com/forum.php?mod=viewthread&tid=5555&fromuid=3

《【原创】Excel 2010数据透视表完全剖析》

http://www.blwbbs.com/forum.php?mod=viewthread&tid=457&fromuid=3

《从实例一步步带你走进select的世界》

http://www.blwbbs.com/forum.php?mod=viewthread&tid=2141&fromuid=3

(出处：IT部落窝论坛)

最后送上我在东莞5年的点滴生活。

微博语录之整理版，这也是我继2009年后第一次如此的感慨，本打算用千言万语来描述，可惜发觉很多话早已说不出，只能成为内心深处的记忆。一图抵千言，就让图表来说明一切吧！

再过1周就告别Richell，5年时间弹指一挥间，将重新开始我的新生活。

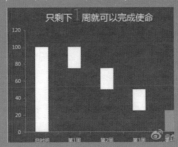

因为我的离开，部门将出现清一色，希望以后她们会更好！

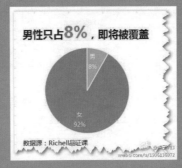

现居地东莞，跟目的地潮州相比差距悬殊，不过这早已心里有数。

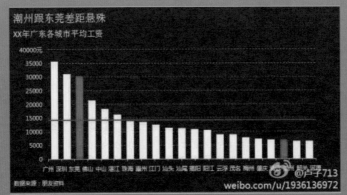

家乡发展虽不好,但难免有时会想念。

东莞5年,期间点点滴滴在心头,2007、2008浑浑噩噩不值一提。2009年删除了所有记忆,一切只能从2010年开始。

在2010—2012年这三年中,我的业余时间几乎都被微博、论坛占据了,这也验证了人的差异在于8小时以外。正因为每天泡在论坛、微博里,所以认识了很多网络朋友。

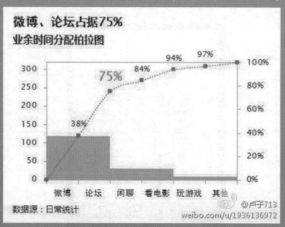

这才有了后来王力弘的：每个人都有250位朋友，其中80%对你毫无帮助，20%会给你正面的影响，而只有5%的朋友会帮助你，以致改变你的一生！

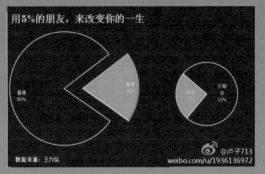

笑一个，生活还需继续，一切还得靠自己不断努力。

临走晒一下自己的部分书籍，虽说读万卷书不如行万里路，但读书始终会令你改变。

再补充一张漏发的图，读书可以给你提供一个更好的角度。勤读书吧，朋友们！